广东省水利行业专业技术人员培训系列教材

水利工程事故应急预案的编制与应急措施

边振华　编著

U0238010

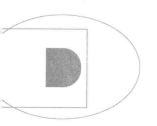

中国水利水电出版社
www.waterpub.com.cn
·北京·

内 容 提 要

　　本书针对水利工程的特点，对工程建设与运行管理阶段事故应急预案的编制进行叙述讲解。全书共分八章，分别讲述应急管理有关概念和应急管理主要工作内容，水利工程事故特点，应急预案编制的目的、意义，应急预案的作用和功能，应急预案的结构设计与编制方法，水利工程事故应急措施等。

　　本书可作为政府行业管理部门、水利工程建设与管理单位的技术与管理人员学习参考之用，也可作为培训教材用于对水利工程事故应急预案编制人员培训。

图书在版编目（ＣＩＰ）数据

水利工程事故应急预案的编制与应急措施 / 边振华
编著． -- 北京 ： 中国水利水电出版社，2018.11
广东省水利行业专业技术人员培训系列教材
ISBN 978-7-5170-7132-7

Ⅰ．①水… Ⅱ．①边… Ⅲ．①水利工程管理－安全管理－应急对策－技术培训－教材 Ⅳ．①TV6

中国版本图书馆CIP数据核字(2018)第266235号

书　　名	广东省水利行业专业技术人员培训系列教材 **水利工程事故应急预案的编制与应急措施** SHUILI GONGCHENG SHIGU YINGJI YUAN DE BIANZHI YU YINGJI CUOSHI
作　　者	边振华　编著
出版发行	中国水利水电出版社 （北京市海淀区玉渊潭南路 1 号 D 座　100038） 网址：www.waterpub.com.cn E-mail：sales@waterpub.com.cn 电话：(010) 68367658（营销中心）
经　　售	北京科水图书销售中心（零售） 电话：(010) 88383994、63202643、68545874 全国各地新华书店和相关出版物销售网点
排　　版	中国水利水电出版社微机排版中心
印　　刷	天津嘉恒印务有限公司
规　　格	170mm×240mm　16 开本　18.5 印张　342 千字
版　　次	2018 年 11 月第 1 版　2018 年 11 月第 1 次印刷
印　　数	0001—2000 册
定　　价	**68.00 元**

凡购买我社图书，如有缺页、倒页、脱页的，本社营销中心负责调换

提高预防和处置突发性公共事件能力
为构建社会主义和谐社会提供保证

——《广东省水利行业专业技术人员
培训系列教材》总序

　　党的十六届六中全会做出《关于构建社会主义和谐社会若干重大问题的决定》，这是以胡锦涛同志为总书记的党中央站在新的历史高度做出的重大战略决策，是我们党在新世纪新阶段治国理政的新方略，对我们党团结带领全国各族人民，树立和落实科学发展观，全面建设小康社会，加快推进社会主义现代化具有十分重要的意义。

　　构建社会主义和谐社会，关键在党，核心在建设一支高素质的干部队伍。广东要在构建社会主义和谐社会中更好地发挥排头兵作用，必须培养造就一支素质高、作风好、能力强的干部队伍。实践证明，培训是提高干部素质和能力的最有效手段之一。各级党委、政府要十分重视干部培训教育工作，认真落实中央提出的大规模培训干部、大幅度提高干部素质的战略任务，坚持以马克思列宁主义、毛泽东思想、邓小平理论和"三个代表"重要思想为指导，全面贯彻落实科学发展观，紧紧围绕党和国家工作大局，逐步加大干部培训投入，完善干部培训制度，加强干部培训考核，按照胡锦涛总书记提出的"联系实际创新路、加强培训求实效"的要求，努力开创培训教育工作新局面。

积极预防和妥善处置突发公共事件，是维护人民群众利益和社会稳定，构建社会主义和谐社会的重要任务，是对各级党委、政府执政能力的现实考验。我省正处于改革和发展的关键时期，必须把积极预防和妥善处置突发公共事件摆在突出位置，认真抓好。

广东省人事厅组织省直单位编写突发公共事件应急管理培训系列教材，是一项具有战略意义的基础性工作。要利用好这套教材，对全省公务员和专业技术人员开展全员培训，提高预防和处置突发公共事件能力。

各部门、各单位要以对党和人民高度负责的态度，精心组织培训，全省公务员和广大专业技术人员要积极参加培训，我们共同努力，为建设经济强省、文化大省、法治社会、和谐广东，实现全省人民的富裕安康而奋斗！

2007 年 1 月 3 日

前　言

　　随着经济的发展和修建工程规模的不断扩大，加之城镇化等使工程保护区人口密度提高，水利工程一旦发生事故损失是惊人的。所以，如何正确认识水利工程的安全性，如何对水利工程进行科学的监测预报，如何采取措施避免或减少事故发生，在发生事故时如何提高快速反应能力以及采取有效措施降低事故损失等，是各级政府和水利工程建设、管理单位应该考虑的问题。

　　事故应急管理是安全科学的研究成果。国内外众多事例表明，实施事故应急管理可大大减少事故发生的可能性和降低事故发生后的损失。2002年颁布实施的《中华人民共和国安全生产法》及2014年修订版，2007年颁布的《中华人民共和国突发事件应对法》等法律法规，规定了各级政府、行业主管部门、工程建设管理单位在事故应急管理中的权力、责任与义务。

　　但近年来通过作者的调查了解，发现事故应急管理思想远没有深入人心，只是停留在政府文件中和学者的教案里，许多地方政府、行业主管部门、水利工程建设与管理单位的预案编制不符合应急管理要求。有的是参照《国家防汛抗旱应急预案》结构再改头换面，有的是照搬其他单位的应急预案复制几页纸。预案没有经过分析论证，没有具体措施，缺乏针对性和可执行性，只能挂在墙上、锁在抽屉里应付检查，不能具体落实。究其原因是，有的管理人员对水利工程事故的危险性和严重性认识不足，有的不熟悉应急管理理论和国家对应急管理的要求，有的不懂应急预案对应对事故风险的重要性。这些思想认识阻碍了应急管理有关法规的落实，影响了应急预案的编制水平，从而也大大降低了对水利工程事故的应急管理能力。

　　为了提高广大水利工程建设、管理人员的应急管理意识和应急预案编制水平，有必要对水利工程事故应急管理与应急预案的编制进行系统介绍。本书是作者在多年水利工程建设与安全管理技术研究、教学和实践的基础上编制的。全书共分八章，主要针对水利工程事故应急预案的编制问题，从水利工程事故应急管理过程的危险源识别、评价，到应急预案编制等部分进行了叙述，并提供了各种应急措施供读者参考。第一章主要介绍与水利工程事故应急管理有关的概念和应急管理的主要工作内容；第二章与第三章叙述事故应急管理的技术基础；第四章介绍水利工程事故应急预案的结构设计与编制方法；第五章至第八章介绍水利工程事故应急措施。

水利工程事故包括建设期事故、管理运营期事故、维修和报废拆除期事故等。因为施工现场安全管理与事故处理问题在《中华人民共和国安全生产法》《中华人民共和国建筑法》《建设工程安全生产管理条例》及《安全生产许可证条例》等法律法规和《水利工程建设安全生产管理规定》《水利水电工程施工安全管理导则》等部门规章和标准中有比较明确的规定，本书不作为重点。

本书编写过程中，华南农业大学的王红旗教授，广东水利电力职业技术学院的徐晶教授、宋东辉教授等进行了认真评审，并提出了宝贵意见。

要使水利工程事故应急预案达到科学性、有效性和实用性的效果，其编制过程应该是动态的。希望读者用发展和创新的观点参阅本书，发展出切合工程实际的应急预案编写内容和编制方法。本书若能给读者以启示，提高各单位水利工程事故应急预案编制水平和增强各单位应急管理能力，那将是作者最大的荣幸。

由于作者水平所限，书中难免存在疏漏和不足之处，敬请读者批评指正。

作者

2018.8

目　录

第一章

概论

第一节 水利工程及其安全特性

第二节 水利工程事故及特征

第三节 水利工程事故应急管理

我们几乎每天都能见到有关自然灾害的新闻报道，如地震、洪水、飓风、火山爆发、海啸、森林火灾、冰冻灾害等；我们时常听到工程发生事故的消息，如矿难、滑坡、火灾、核电站爆炸、楼房倒塌、施工事故、工程失事等。

是大自然要毁灭我们吗？

虽然我们向大自然过分索取，但大自然母亲并不想实施报复。自然系统还在按照其自身一贯的规律运行。

那么，为什么人类越来越多地受到灾害和事故的影响，损失也越来越大呢？

原因可能是人口数量的增长和灾害威胁区财产价值的增加；可能人们愿意选择在危险地带生活，如美丽的海边、河畔、山崖旁；人们愿意集聚在一起生活，建一个叫作城市或村庄的社区；人们建造了太多的工程，改变了自然态势和平衡，造成了很多的技术灾害；人们往往喜欢选择危险的建筑设计和不安全的建筑材料，将房子建到高得不能再高，将工程建得大到不能再大；人们发明了许多机器，汇集了庞大能量来满足吃穿住行等日益膨胀的需要，事故与灾难就伴随着科技发展步伐而来。

事故和灾害包括自然灾害、人为灾害和二者结合。统计表明，目前的事故和灾害属于纯自然因素的只占 2%，其他 98% 或多或少都与人类行为有关。

有些自然灾害由于人类的不当行为而引起。例如，人为破坏植被导致山洪暴发和旱灾；水库诱发地震；热岛效应产生城市暴雨等。有些自然灾害由于人类认识不足而使灾害加剧。比如：人类的集中居住和建筑安全标准偏低；城市地面硬化减少雨水蓄存使汇流加快；城市防洪标准偏低、排水不畅产生城市涝害；居住区位置选择不当等。

水利工程事故除一部分属于人为灾害外，一般属于自然因素与人为因素组合。而工业事故和交通事故大都属于"人为灾害"。

也许有人会问：我们能否充分了解和掌控自然、熟练驾驭人类自己制造的工程和设备，免除自然灾害和事故对人类造成的损害呢？

答案是否定的。人类的历史很短，有文字记录的历史不过几千年；人类科学研究的能力相当有限，仅有的一点科研成果和科学记录相对于博大的自然体系和漫长的历史来说不过是沧海一粟，人们很难从可获取的地质、气象、水文过程的科学记录中，从已经掌握的材料、结构、机械和能量的特性中，明确掌握有关自然灾害和事故发生的频率和灾害程度的变化规律；人类的能力和可用的资源都是有限的，有时即使预知到危害，我们也无法抗拒强大的自然力。

我们只能利用有限的资料和对大自然有限的认识来尽量多地预知自然危险；选择安全的地方居住生活；工程建造得足够坚固使之能够抵抗一般灾害；严格检测与观测，及时发现隐患和维修加固工程；制定事故应急预案，在灾害发生前预防和及时预警，灾害发生时从容应对，灾害发生后尽快恢复，尽量减轻灾害损失。这样，我们可以在改造自然环境，利用工程造福人类，使人们在享受现代文明成果的同时少受灾害打扰。

第一节　水利工程及其安全特性

一、水利工程的作用

水既是人类生产和生活必不可少的宝贵资源，又是生态环境的重要组成部分和最活跃因素。长期的生产生活实践，使人们体会到水与人的关系。水为人类提供了必要的生活条件，同时洪水泛滥也常带来灾害，危及人的生存和社会发展，因而懂得既要取水之利又要避水之害，就逐渐形成了水利的概念。随着生产的发展和人们生活水平的不断提高，人们对水的需求日益增多，但其自然存在的状态并不完全符合人类的需要。由于河川径流在地区间、年际和年内分配不均，使来水与用水之间不相适应：一年四季降水丰枯变化；枯水年出现水量减少甚至断流，而丰水年又往往由于水量过多发生洪涝灾害。人们修建水利工程控制水流，防止洪涝灾害，并调节水量在时间和空间上的分配，以满足人们生活和生产对水资源的需求。

水利工程是用于控制和调配自然界的地表水和地下水，达到兴水利、除水害目的而修建的工程。除水害主要是防止洪水泛滥和沥涝成灾；兴水利则是从多方面利用水资源为人类造福，包括灌溉、发电、供水、航运、养殖、旅游、改善环境等。水利工程包括防洪工程、农田水利工程、水力发电工程、航道和港口工程、供水和排水工程、环境水利工程、海涂围垦工程等。拦沙坝、拦灰坝、尾矿坝等涉水工程也包括在水利工程范围之内。

水利工程需要修建坝、堤、溢洪道、水闸、进水口、渠道、渡槽、筏道、鱼道等不同类型的水工建筑物来实现兴利除害目标。而作为重新分配径流、调节丰枯水量的主要手段就是兴建水库，把部分洪水和多余的水存蓄起来，一则控制下泄水量，减轻洪水对下游的威胁；二则可做到蓄洪补枯，以丰补欠，为发展灌溉、水电等兴利事业创造必要的条件。

二、水利工程的安全特性

水利工程自身的特性决定了其建设和运行过程的安全特性与其他工程不同。而且水工建筑物的安全状况，不仅关系到其自身能否正常运用和充分发挥经济效益，更重要的是大坝和堤防安全关系到下游和保护范围内人民生命财产的安全。水利工程保护范围往往人口稠密，有重要的城市、广阔的农村、厂矿等工业设施、铁路公路交通干线，比其他工程对公众事业的安全有更大的影响。

（一）水利工程设计标准的安全特点讨论

水利工程的安全主要是防洪安全，其他还有抗震安全，材料和结构强度、刚度、稳定性，地质安全条件，抗风浪等。由于人类的认知水平以及经济和技术等原因，不可能将工程修建得绝对安全可靠。

1. 水利工程防洪标准

以《水利水电工程等级划分及洪水标准》（SL 252—2017）为例对水利工程防洪标准进行讨论。

《水利水电工程等级划分及洪水标准》（SL 252—2017）规定，水利水电工程根据其工程规模、效益和在经济社会中的重要性，划分为Ⅰ、Ⅱ、Ⅲ、Ⅳ、Ⅴ五等；永久性水工建筑物，根据工程的等别或永久性水工建筑物的分级指标，分为1、2、3、4、5五级；对于施工期使用的临时性挡水和泄水建筑物，根据保护对象、失事后果、使用年限和临时性挡水建筑物规模，分为3、4、5级。

在水利水电工程设计中，不同等级的建筑物按某种频率或重现期的洪水标准进行设计。水库及水电站工程永久性水工建筑物的洪水标准，按山区、丘陵区和平原、滨海区分别确定。比如：山丘、丘陵区水库工程的永久性水工建筑物的洪水标准，按表1.1确定。

表 1.1　山区、丘陵区水库工程永久性水工建筑物洪水标准

项目		永久性水工建筑物级别				
		1	2	3	4	5
设计/[重现期(年)]		1000～500	500～100	100～50	50～30	30～20
校核洪水标准[重现期(年)]	土石坝	可能量大洪水（PMF）或10000～5000	5000～2000	2000～1000	2000～1000	300～200
	混凝土坝、浆砌石坝	5000～2000	2000～1000	1000～500	500～200	200～100

临时性水工建筑物洪水标准，应根据建筑物的结构类型和级别，按表 1.2 的规定综合分析确定。

表 1.2　　　　　　　　　　临时性水工建筑物洪水标准

建筑物结构类型	临时性水工建筑物级别		
	3	4	5
土石结构[重现期(年)]	50～20	20～10	10～5
混凝土坝、浆砌石结构[重现期(年)]	20～10	10～5	5～3

不言而喻，水利工程洪水标准即是工程所能抵御的洪水，也就意味着超过洪水标准的洪水有可能就不能抵御。而按照降雨与水文规律，更大的洪水虽然少见，但是肯定会发生。即使按照"可能最大洪水"设计，也会因为对降雨洪水规律的认知不足和自然环境的变化而有所偏差。也就是说，水利工程遇超标准洪水并不是什么稀奇的事。

比如施工期防洪问题。如果你是业主，一生只做一个工程，你就会期盼老天照应，祈祷千万不要在施工期间出现超标准洪水；但是如果你是施工方，你就不能指望在几十年的生涯中不会遇到超标准洪水。

2. 自然世界未知性与自然条件变化对技术标准的影响

我国实测水文资料只有几十年，即使加上调查洪水资料，其对于所推求的"千年一遇""万年一遇"来说代表性有限；而众多的水利工程在建设前并没有水文测站，只能靠水文资料移置或查降雨等值线图等来推算设计洪水，其代表性更是可想而知。曾出现某堤防工程原设计防洪标准 300 年一遇，而一场洪水过后推算，防洪能力只有几十年一遇。

人类对大自然的认知有限，对历史降雨洪水规律研究成果有限，对地球降雨波动规律和影响因素研究不足，目前只能对短时期内的降雨洪水做出预测，对年际、多年的降雨洪水预测还做不到。

随着人类活动的增加和自然生态的改变，众多的蓄水工程、引调水和围河（湖）造田工程，造成气温、降雨等规律变化，改变了降雨洪水规律，打破天然河道的冲淤平衡。三门峡工程对上游造成的洪涝灾害、1998 年长江流域洪灾以及三峡工程上游水位逐渐壅高就是典型例证。

钢筋水泥经济和经济畸形发展造就的城市巨怪又产生新的灾难类型。北方某特大型城市每年都会遭受暴雨袭击，在研究了暴雨规律后发现一个奇怪现象：无论是降雨次数还是降雨范围、降雨量，好像老天都特别"关爱"本城市居民。当然原因并不复杂——热岛效应。城市环境已与野外环境明显不同，高楼大厦阻滞了空气流动和热量交换，下垫面没有植物调节温度，柏油马路和钢筋水泥吸热多、升温快，加之汽车发动机、空调、电器、餐饮场所和人体散热加热空气，热气团上升产生对流雨。

城市路面硬化和渠塘整治改变了产流规律，温室气体的无限制排放和人类对自然生态的无序破坏，打乱了地球原有的运营脚步。极端天气、最强"厄尔尼诺现象"、最强"拉尼娜现象""历史最大"飓风暴雨等不绝于耳，给降雨洪水规律带来更多变数。

（二）水利工程建设阶段的安全特性

水利工程与其他类型工程相比，在安全方面有其独特的性质。其在工程建设阶段安全特性包括以下几个方面。

（1）地质条件复杂，边坡、基础安全性要求高。适宜修建水利工程的地点，一般是在河流上游的高山峡谷，开挖后边坡稳定问题突出；中下游河段一般存在深厚沉积层；有时因各种原因不得不在地形、地质条件恶劣的位置修建大坝和水电站。而水利工程对基础的要求不但要有足够的强度、刚度和稳定性，而且还要有足够的完整性，能够抵抗压力水渗漏；不但要求基础有足够的抗压能力，而且要有足够的抗剪能力；还要求边坡与基础具有抗风化、抗侵蚀能力。这就要求水利工程建造时充分考虑地形、地质方面的不利因素，采取有效措施以达到安全要求。

（2）水利工程施工环境复杂，施工期易遭受洪水侵害。水利工程多坐落在河床内、河道边，施工环境复杂；施工过程受自然来水影响，有很强的季节性。修建过程自然风险和管理风险较大。

（3）水利工程施工技术难度大，易造成安全隐患。水利工程地下部分占比较大，涉及施工对象纷繁复杂，施工项目专业跨度大，不确定性因素多，给施工质量和安全管理带来很大困难。

（4）水利工程施工系统的安全管理难度大。水利工程往往现场工地分散，工地之间的距离较大，施工现场多为"敞开式"施工，无法进行有效的封闭隔离；交通联系多有不便；施工单位多，单项管理形式多变，给施工对象、工地设备、材料、人员的安全管理增加了很大的难度。

（5）水利工程一般规模大、工期长、安全风险大。为了抵抗所受到的推力和扬压力，水利工程一般要有较大的自重，故工程量较大、工期较长，相应暴露在危险中的时间长，遭遇超标准洪水的概率高。

（三）水利工程运用阶段的安全特性

水利工程运用阶段的安全特性包括以下几个方面。

（1）水利工程管理范围广、类型多样，安全管理监控困难。水利工程按管理范围可分为点防守、线防守、面防守。平时检查、维修、管理工作量大；当遇洪涝灾害时会出现所有工程部位都同时面临威胁，有顾此失彼之忧。

（2）水利工程工作条件复杂，水文、气象、自然环境等对工程管理和运行安全有很大影响。水利工程是对水进行控制、治理、保护和利用的设施，水反过来又对水工程产生作用，水工建筑物要承受水的推力、浮力、渗透力、冲刷力等的作用；其安全性不但受基础、结构本身的坚固程度影响，还受难以确切把握的气象、水文等自然条件的制约，工作条件较其他建筑物更为复杂。水文、气象因素的随机性和未知性对水利工程修建、管理和运行造成很大风险。

（3）建坝后形成水库，蓄水后会引发库内和下游两岸灾害。例如，水位升高会引发库岸坍塌、滑坡、诱发地震等；水库截断河水，使河流不能按原来的规律下泄，大量泥沙沉积在库中，从坝或洞下泄的清水对下游河槽产生淘刷，使原有堤防和闸坝等变成吊脚工程，增加了溃堤等风险。

（4）水工程的功能目标一般是江集水量、集中水头（势能）、增加单宽流量等。有的河流经淤积、加高堤防、再淤积、再加高，所谓"魔高一尺、道高一丈"，多年运行后已成地上悬河。这些工程一旦失事，损失规模会比自然状态大得多，甚至出现不可估量的后果。

（5）有的水利工程经多年运行，达不到设计防洪能力。在水库规划设计时一般假定是水平淤积，预留死库容以承接淤积物质。但实践证明，在多沙和平缓河流产生的主要是三角洲淤积。淤积使防洪库容逐渐缩小，水库调节能力下降。此外，工程沉陷变形与河道淤积使防洪高度不足，以及下游河口淤积与修建工程后回水模型不准确等，都会造成工程运用期间防洪能力降低。

（6）水利工程的工作对象是水，水介质的流动性特点造成水利工程事故的损失具有扩散性。水利工程一旦失事，其损失不只是工程本身，还会对下游广大地区造成灾难性后果，也就是说水利工程涉及公共安全，所以损失往往远大于工程损失。

（7）对多数水库而言，人们进行水位管理以实现效益目标，但有时效益目标是有冲突的。发电、城市供水和灌溉是通过蓄水状态实现的，而洪水的控制则需要空库。来水丰富时不允许蓄水，当可以蓄水时又无水可蓄，这对于水库管理者来说是十分矛盾的；在一场剧烈的暴风雨后，水库会汇聚大量的洪水，要求快速泄洪以保护大坝，这可能会导致下游洪水泛滥；如果大坝不能承载洪水，可能导致大坝失事，造成更大灾难。所以必须在各种利益间权衡。

水利工程的安全特性决定了其在防灾抗灾过程中的重要作用，也决定了水利工程容易遭受灾害侵袭，招致严重的事故损失。

第二节 水利工程事故及特征

一、水利工程事故

水利工程事故是指在水利工程建设、运行管理、维修加固和拆除过程中发生的，违反人们意愿，并可使正常工作过程发生暂时性或永久性终止，同时造成工程本体损坏、现场和下游人员伤亡、财产损失和环境破坏的意外事件。

自古以来，水利工程在造福人类、抵御和抗击暴雨洪水灾害中扮演的角色都是极其重要的，但是随着人造工程的数量越来越多、规模越来越大，水利工程事故也曾给人类造成巨大灾难。

水利工程像无私的父母，为我们提供所需要的一切；水利工程是守护神，日夜抵御暴雨洪水，保卫着我们的家园；水利工程事故隐患像阴影，从来就没有离我们很远，它使水利人魂牵梦绕、坐卧不宁；水利工程事故如同魔鬼，不时吞噬人们的财产和生命。

每次劫后余生，都离不开水利工程的忠诚保护；而每次洪涝灾害，水利工程不是罪魁祸首也是帮凶，起到了推波助澜的作用。

水利工程的特点决定了一旦工程出现事故其危害后果的严重性。联合国公布了20世纪全球10项最具危害性的战争外灾难，水灾位列"地震灾害""台风灾害"之后的第三位。虽然水灾损失不完全是水利工程事故所致，但水利工程事故损失无疑占有很大比例。

表1.3是工业革命以来10次典型水库垮坝事故及死亡人数。

表1.3　　　　　　　　10次典型水库垮坝事故及死亡人数

时间	工程名称	国家	死亡人数	原　因
1864 年	戴尔戴克水库	英国	250	在蓄水中发生裂缝垮坝
1889 年	约翰斯敦水库	美国	4000～10000	洪水漫顶垮坝
1959 年	佛台特拉水库	西班牙	144	发生沉陷垮坝
1959 年	玛尔帕塞水库	法国	421	因坝基地质问题发生垮坝
1960 年	奥罗斯水库	巴西	1000	在施工期间被洪水冲垮
1961 年	巴比亚水库	苏联	145	洪水漫顶垮坝
1963 年	瓦伊昂水库	意大利	2600	坝上游库区滑坡填满库容
1963 年	河北刘家台水库	中国	943	
1967 年	柯依那水库	印度	180	诱发地震，坝体震裂
1979 年	曼朱二号水库	印度	5000～10000	

表 1.3 中当然没有全部包括史上最严重的水利工程事故。其中就没有包括损失严重的河南"75·8"灾难。我们还可以列出以下伤亡较大的水利工程事故。

1928 年 3 月 13 日清晨，美国洛杉矶弗朗西斯水库大坝坍塌决口，逾 4000 万 m^3 的洪水涌进圣弗朗西斯科峡谷和圣克拉拉河流域，近 24m 高的水墙卷走了民宅、牧场、道路、桥梁、家畜，当然还有人。该地区至少有 700 人失踪，死亡估计超过 400 人。

1975 年 8 月，特大暴雨引发的淮河上游大洪水，使河南省驻马店地区包括两座大型水库、两座中型水库在内的数十座水库漫顶垮坝，1700 万亩农田受到毁灭性的损害，1100 万人受灾，经济损失近百亿元，死亡人数据水利部组织编写的《中国水利史》一书，超过 2.6 万人。板桥水库重建志碑碑文"卷走数以万计人民生命财产，为祸惨烈"。2005 年 5 月 28 日，美国《Discovery》栏目编排了一期名为《世界历史上人为技术错误造成的灾害 TOP 10》的专题节目，河南"75·8"灾难排名第一。

1993 年 8 月 27 日 22 时 40 分左右，青海省海南藏族自治州共和县沟后水库发生垮坝事故，找到尸体 288 具，有 40 人失踪。给当地人民群众的生命财产造成巨大损失。

2005 年 2 月 10 日傍晚 6 时，由于连降大雨，巴基斯坦俾路支省靠近海滨城市伯斯尼的沙迪·科尔大坝忽然决口，导致 50 多人死亡，700 多人失踪。伯斯尼机场的跑道被洪水损坏，还有几座桥梁被冲毁，通往这一地区的道路也被冲断。

近些年来，广东省由于水利工程设计问题、建造质量问题、工程管理问题、事故隐患处理决策问题等造成多起事故。例如，1998 年 6 月 26 日阳江市恩平茶山坑水库副坝垮坝事故，1998 年 6 月 29 日樵桑联围南海市段丹灶镇荷村水闸崩决，2006 年 6 月 18 日英德市石牯塘镇北部的白水寨电站溃坝等。

板桥水库重建志碑有这样一句话："除水害、兴水利，必须对人民负责，确保安全。"

二、水利工程事故分类

为了充分认识和理解水利工程事故的特点，可以将水利工程事故按不同特征归类。

1. 按建设和使用阶段分类

按建设和使用阶段，水利工程事故可分为建设阶段事故、管理使用阶段事故、维修加固阶段事故、拆除阶段事故等。

2. 按工程种类和失事部位分类

按工程种类和失事部位分类，水利工程事故可分为以下几种。

（1）施工安全事故。

（2）库岸坍塌事故。

（3）挡水建筑物（围堰、闸或坝、堤防）失事。

（4）溢洪道、泄洪洞损坏事故（设计能力不足或操作失灵）。

（5）河道淤塞、宣泄不畅导致的漫堤事故。

（6）基础渗漏、堤防不固造成滑坡事故。

（7）穿堤、穿坝建筑物周边接触部位渗漏引起的事故。

（8）排水工程设计能力不足造成内涝事故等。

3. 按事故的诱因分类

按事故的诱因，水利工程事故可分为以下几种。

（1）违反建设程序，不按规划和科学原理建设造成的事故。

（2）擅自降低建设标准造成的事故。

（3）设计水平低下，对材料、结构和营力认识不足造成的事故。

（4）缺乏资料时没有进行深入研究盲目上马而造成的事故。

（5）施工现场违反安全规程造成的安全事故。

（6）施工质量低下工程达不到设计要求引起的事故。

（7）出现超标准地震、暴雨、洪水以及遭遇意外破坏造成的事故。

（8）因管理不善致使工程排水泄洪措施失灵而造成的事故。

（9）巡查制度不落实，没有及时发现事故隐患，或虽然发现事故隐患但没有及时排除造成的事故。

（10）在出现险情时决策不果断而贻误战机，或决策能力不足采取措施错误而造成的事故等。

三、水利工程事故特征

水利工程事故发生与其他事故一样具有偶然性、因果性和潜伏性的特点，同时水利工程事故还具有灾害流动性和影响全局性的特点。要减少和杜绝水利工程事故的发生，减轻或避免事故对人类的伤害，就必须对水利工程事故的特征充分认识。

（一）偶然性

事故的偶然性是指事故的发生是随机的，不是每一次错误都会导致事故，但在多次尝试或在长期管理中，会发现事故的发生存在规律性。事故的发生具有偶然性，事故的后果也具有偶然性。

水利工程事故诱发的原因包括自然原因、工程原因、社会原因等，影响因素比较复杂。而这些影响因素本身的规律性又多是复杂和未知的,所以不能建立影响因素的现象与事故是否发生之间的固定关系;事故发生有时有一个发展的过程和前兆,有时在没有预兆、没有发展过程前提下突然发生;有时一定条件下发生了事故,而同样条件又可能什么也没有发生。这样对没有经验的管理者具有很大的欺骗性,也容易给轻视安全者以某种借口。

偶然之中存在必然的规律性。比如暴雨降在哪里、什么时间降雨是随机的,但经过长期观察降雨洪水符合一定的统计规律;工程随着使用时间延长会逐渐劣化,事故概率会增加;火灾对于失火现场是偶然的,对于消防队是有规律的,一个城市、一个地区每年的火灾次数是可以预期的;又如交通事故对于车主是偶然的,但对于交通管理部门和保险公司来说是有规律的,每年的交通事故起数和损失数目是可以预期的。安全事故对于某个工地和某个工程是偶然发生的,但对于长期从事建设管理的人来说是有规律的。安全投入有保障、安全管理正规严格,事故发生率就低;反之事故发生率就高。

俗话说,"常走夜路总会碰上鬼"。这就要求管理者充分认识事故的规律性,杜绝"搏猛"、侥幸心理,按科学规律办事。

(二)因果性

事故的因果性是指事故发生必然存在导致其发生的原因。事故不会凭空发生,其有着孕育、成长、发生、伤害、损失扩大等一个完整的过程(图1.1)。事故是一连串事件发生的后果,这些事件一件接一件地发生,上一个事件就为下一个事件发生的原因。但是,只要这一系列事件中有一件不发生,事故的损害结果就不会发生。

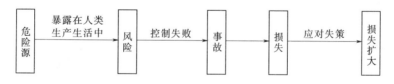

图 1.1 事故发生过程

预防事故发生的最根本措施是消除危险源;当危险源不能消除时,采取有效的控制手段可以减少和消除事故发生的可能性;事故不可避免地发生时,还可以采取合理的应对方法减少和避免损失。

(三)潜伏性

事故的潜伏性是指存在于水利工程中的危险在事故发生之前处于潜伏状态,人们不能确定事故是否会发生。而事故一旦发生过程就非常迅猛,具有爆发性和突然性,留给事故控制和抢险的时间是非常短暂的。这就要求管理者树立风险意识，提前做好准备，做到常抓不懈、有备无患。

（四）灾害流动性与影响全局性

水利工程的工作对象是水，水可以携带大量能量而且可以流动，所以水利工程一旦发生事故，带来的损害一般不止于工程本身，还会对下游带来巨大灾难。水利工程事故发生有一个发展过程，水的流动有一定速度，所以灾害发展扩散需要一定的时间，这给抢险与救援留下了机会，也更加凸显水利工程事故应急管理的必要性。

（五）事故风险的恒久性

水利工程事故风险不像其他风险会随着过程的进行而降低，而是在整个项目生命期内比较恒定。在水利工程策划方案中可能存在构思的缺陷、重要边界条件的遗漏、目标优化的错误；可行性研究中可能有方案的失误、调查不完全、试验研究错误；设计中存在专业不协调、地质不确定、图纸和规范错误；施工中存在着实施方案不完备、管理失误；项目建成运行中又会有工程逐渐劣化、管理制度不完善、不可抗力作用、操作失误等风险；维修、拆除阶段可能存在方案不合理、时机选择错误等风险。这一性质决定了水利工程安全管理工作需始终如一。

（六）事故的可预防性

1. 水利工程事故发生需要一定条件

尽管水利工程事故风险是客观存在的，但它的出现只是一种可能，这种可能要转变为事故还需要有一个诱因，有赖于其他相关条件。这使人类可以利用科学的方法正确鉴别事故风险，改变危险源的存在条件，从而达到减少事故、控制风险的目的。

2. 水利工程事故发生有一个过程

每次事故都有其发生、发展的过程。水利工程事故虽然具有爆发性和突然性，但与其他如地震、海啸、建筑物坍塌、交通事故等相比，其过程显然漫长得多。只要事故前预防到位，事故过程中应对得当，事故后及时恢复，损失是可以控制在一定范围内的；反之事故有可能失控，损失可能是无法估量的。

3. 水利工程事故风险具有一定的规律性和可预测性

事故具有偶然性特点，有些事故是很难准确预测的。但这种偶然性并不是指对客观事物变化的全然不知，并非表明人们对它束手无策。水利工程内在品质、外部环境存在一定的规律性，所以事故的发生和影响也有一定的规律性，它在一定程度上是可以进行预测的。人们可以根据以往发生过的类似事件的统计资料和经验，经过分析、研究，对水利工程事故发生的可能性和损失的严重程度做出一定程度上的统计分析和主观判断、估计，从而对可能发生的风险进行预测与衡量。危险源评价就是对事故风险预测和衡量的过程。

第三节 水利工程事故应急管理

水利工程建设和运行要采取措施，千方百计地避免事故的发生，做到防患于未然。但是如前所述，由于人的认知有限，有时不能预知危险；即使认识到危险，有时也是不能消除的；有时可以认识到危险，也可以消除，但没有精力、财力和物力来解决；有时原有的问题解决了，随着时间的推移又会出现新的危险。

从某种程度上说，世界上没有一个场所是绝对安全的，也没有一项工程能做到绝对不发生事故。任何工程都存在或潜伏着危险因素。目前的科学技术还没有发展到能有效预测和预防所有事故的程度。这就要求我们正确面对事故风险，在事故发生前预防事故发生，在事故发生时及时抢险救援，降低事故损失，事故发生后及时恢复生产。

水利工程事故的发生是工情、水情和环境相互作用的结果，工情和水情出现异常是工程事故产生的原因。而工程劣化和水情的发展需要一个过程，这就为我们争取了时间，以便通过检查、监测提前预知事故危险、评估危害大小和影响范围，并采取措施在事故发生前维修加固工程、在事故发生时通过抢险和救援减少损失。

一、水利工程事故应急管理的概念

水利工程事故应急管理是应用科学、技术手段，运用规划、组织、指挥、协调和控制等管理措施，预防、控制及消除水利工程事故；事故发生时采取措施，减少其对人员伤害、财产损失和环境破坏的程度；事故发生后迅速组织恢复正常状态等而进行的活动。

事故应急管理是安全科学技术学科的重要组成部分，其主要目标是控制事故的发生与发展，并尽可能消除事故，将事故对人、财产和环境的损失减小到最低程度。工业化国家的统计表明，有效的应急管理系统可将事故损失降低到无应急管理系统下事故损失的 6%。

二、水利工程事故应急管理过程

水利工程事故应急管理贯穿于工程的建设和运行管理阶段、事故将要发生的临界阶段、事故发生阶段和事故后阶段，是对事故的全过程管理，包括事故发生之前管理、事故发生过程中管理、事故发生后管理，而不只限于事故发生时的应急抢险救援行动。

水利工程事故应急管理是一个动态过程，主要包括事故预防与应急准备、监测与预警、应急处置与救援和事后恢复与重建4个阶段。水利工程事故应急管理工作循环如图1.2所示。

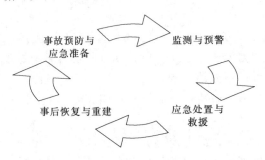

图1.2 水利工程事故应急管理工作循环图

在实际事故应急管理过程中，这些阶段是连续的且往往是重叠的，但每一部分都有自己单独的目标，并且成为下一个阶段内容的一部分。

1. 事故预防与应急准备

水利工程事故预防包含两层含义：一是采取措施防止或避免事故的发生，即通过管理和技术手段控制危险源，尽可能避免水利工程事故的发生，避免应急抢险救援行动，以实现本质安全的目的。如施工现场安全管理措施、工程的日常保养维护、工程的检查与监测、病险工程的维修加固、库区与行洪河道管理等，对于任何有效的事故应急管理而言，事故预防是其核心，此阶段事故最容易控制，成本最小。第二层含义是在假定事故必然发生，通过预先采取预防措施来降低或减缓事故影响和后果严重程度，如抗灾设施建设、民众防灾抗灾教育、分洪工程与蓄滞洪区建设与管理、水库非常溢洪设施设置等。

应急准备是水利工程事故应急管理过程中一个极其关键的过程，它是针对可能发生的事故，为迅速有效地开展应急行动而预先所做的各种准备，包括事故应急管理机构设立和职责落实、应急预案编制、应急抢险队伍建设、应急设备及物资准备和维护、应急预案培训和演习、与外部应急力量衔接等。其最终目的是保持水利工程事故应急抢险救援所需的应急能力。一旦事故发生即快速反应，力求损失最小化，并尽快恢复到常态。

2. 监测与预警

监测就是观测与检查，了解工程施工现场安全状况、水利工程运行状态、水情信息和周围环境信息，以判断工程运行的安全性的过程。监测的方法有：通过日常的巡视检查，利用目测、耳听、手摸、尺量等手段了解现场情况与工程的外部表象；通过埋设记录仪器、设置观测点等记录气象、水文、地质、工程运行状态数据；通过物探、试验等研究手段对建筑物内部进行探查等。

监测活动贯穿工程日常管理、事故应急管理全过程。工程日常监测可归入事故预防阶段。当发现工程状态不正常应及时查找原因，采取措施预防事故发生；当预测有事故发生危险时，就要及时通报以便做好抢险救援准备，也就进入了预警阶段。

监测工作要一直延续到事故发生时和发生后，对事故造成的危险、危害进行监测、检测，测定事故的危害区域、危害性质及危害程度，为应急响应决策和应急恢复提供依据。

预警就是通过建立便捷、快速、稳定、安全的信息传递系统。监测人员在事故将要发生或已经发生时，及时将情况传递到工程管理单位和应急指挥中心，管理单位或应急指挥中心能够快速沟通组织内部各部门和外部事故影响区、外部抢险救援力量等，以便快速抢险、及时转移，减少事故损失。

3. 应急处置与救援

应急处置与救援又称为应急响应，是在事故发生之前、发生期间和发生后对事故情况进行科学、合理的分析判断并快速做出决策，应用预先设计的抢险、抢护、疏散、搜寻和营救以及提供避难所和医疗服务等应急措施，立即采取应急行动，迅速控制事态发展，利用一切可以利用的力量保护现场人员和下游居民的安全，将事故造成的人员伤亡、环境和财产损失降至最低程度。

应急抢险救援要做到迅速、准确、有效。

4. 事后恢复与重建

恢复工作包括应急恢复和长期恢复。应急恢复在事故发生后立即进行，首先查清事故原因，对事故造成的损害进行评估；恢复事故影响区最起码的生活条件，包括：提供避难所，饮水食品供应，医疗防疫，清理废墟；然后继续努力使灾区生活恢复到正常状态。长期恢复工作包括工程重建、灾区生产恢复和再发展以及实施减灾计划。

恢复阶段还要对应急预案进行评审，改进预案的不足之处。

三、水利工程事故应急管理工作内容

水利工程事故应急管理过程的 4 个阶段，在应急抢险救援行动产生之前，事故预防和预备阶段可持续几年、几十年乃至几百年，而水利工程事故

发生导致随之的响应和恢复阶段则是短暂急促的，恢复后新的应急管理又从预防工作开始。各阶段时间长短不同，紧迫性不同。各阶段的工作内容分配要体现这一特点，充分贯彻"预防为主"的方针。

事故应急管理阶段与工作内容见表1.4。

表 1.4　　　　　　　　　事故应急管理阶段与工作内容

阶段	目　标	工　作　内　容
事故预防与应急预备	预防、控制和消除事故对人类生命、财产和环境的危害	(1) 落实和遵守有关工程建设管理的法律法规、技术标准； (2) 安全规划与公共应急教育； (3) 查找危险源、风险分析与评价； (4) 安全设施建设； (5) 工程日常检查、监测、维护与病险工程维修加固； (6) 库区与行洪河道管理； (7) 灾害保险
	事故发生之前采取的行动，提高应急行动能力及推进有效的响应工作	(1) 编制应急预案，应急培训、训练与演习； (2) 应急通告与报警系统建立； (3) 避难所建设与应急医疗系统建立； (4) 应急抢险队伍建设与应急资源准备
监测与预警	及时了解工程与环境状况	(1) 安全监测设施建设； (2) 安全检查、监测项目设置与监测计划； (3) 安全监测监控措施
	及时将事故情况传递到指挥系统	(1) 启动应急报警系统； (2) 对公众通告事故信息
应急处置与救援	事故发生前、发生期间和发生后立即采取措施控制险情和灾害扩大，保护生命、财产、环境破坏的行动	(1) 启动应急抢险系统； (2) 启动应急救援系统、提供应急医疗援助； (3) 疏散和避难； (4) 搜寻和营救
事后恢复与重建	使生产、生活恢复到正常状态或得到进一步改善	(1) 生命保障系统恢复（衣、食、住、饮水、通信）； (2) 清理废墟、消毒、去污； (3) 损失评估、保险赔付； (4) 应急预案的复查、评审与改进； (5) 灾后重建

四、水利工程事故应急预案

水利工程事故应急预案又称为应急计划，是指政府、行业主管部门或水利工程建设、管理单位为降低水利工程事故后果的严重程度，以对危险源评价和事故预测结果为依据而预先制定的事故控制和抢险救灾方案，是水利工程事故应急抢险救援活动的行动指南。它是应急管理系统的重要组成部分。

1. 应急抢险救援工作要点

由于事故往往是突发的，事故过程是发展的，所以事故抢险救援时间紧迫，要求管理者及应急抢险救援工作必须做到以下几点。

（1）要对水利工程可能发生的紧急情况提高警惕，提前预防。

（2）在事故发生时，管理者应及时组织抢险救援。应急抢险救援组织要快速上岗，各岗位要分工协作，各尽其责，避免多头指挥造成现场混乱或无所适从。

（3）应急设备、物资应快速到位。

（4）应急抢险方案要提前拟定和快速选择确定，避免决策错误或决策延误造成损失扩大。

（5）应急过后，管理者需要有条不紊地对随之而来的恢复和重建进行管理。

这就要求管理者对事故提前预测、提前做好应急抢险救援安排。水利工程事故应急预案就是针对可能发生的事故或灾害，为保证迅速、有序、有效地开展应急抢险与救援行动，降低事故损失而预先制订的计划或方案。

2. 应急预案的本质涵义

水利工程事故应急预案是应急管理的文本体现，是应急管理工作的指导性文件，其总目标是控制事故的发展并尽可能消除事故影响，将事故对人、财产和环境的损失降到最低限度。针对各种不同的水利工程事故制定有效的应急预案，不仅可以指导应急人员的日常培训和演习，保证各种应急资源处于良好的备战状态，而且明确了在事故发生之前、发生过程中以及刚刚结束之后，谁负责做什么，何时做，以及相应的策略和资源准备等。应急预案可以指导应急行动有序进行，防止抢险救援不力而贻误战机。

水利工程事故应急预案实际上是一个透明和标准化的反应程序，使应急抢险救援活动能按照预先周密的计划和最有效的实施步骤有条不紊地进行。这些计划和步骤是快速响应和有效抢险救援的基本保证。应急预案应该有系统完整的设计、标准化的文本文件以及行之有效的操作程序和持续改进的运行机制。

3. 应急预案核心要素

应急预案的内容不仅限于事故发生过程中的应急响应和抢险救援措施，还应包括事故发生前的应急准备和事故发生后的紧急恢复以及预案的管理和更新等。因此，应急预案的核心要素有以下几个。

（1）应急管理的方针与原则。它是开展应急抢险救援工作的纲领。

（2）应急策划。包括危险源分析、资源分析以及法律法规要求等。

（3）应急准备。指基于应急策划的结果，明确所需的应急组织及其职责权限、应急队伍建设和人员培训、应急物资准备、预案演习、公众应急知识培训、签订互助协议等。

（4）应急响应。包括接警与通知、指挥与控制、警报与紧急公告、通信、应急抢险、事态监测与评估、警戒与治安、人群疏散与安置、医疗与卫生、公共关系、应急人员安全、消防与抢险、泄漏物控制等。

（5）现场恢复。

（6）预案管理与评审改进。对预案的制定、修改、更新、批准和发布做出明确的管理规定，并保证定期或在应急演练、应急抢险救援后对应急预案进行评审，针对实际情况的变化以及预案中所暴露出的缺陷，不断地更新、完善和改进应急预案文件体系。

第二章

水利工程事故发生的原因

水利工程建设环境、应用管理环境复杂，事故原因也多种多样。既有先天不足，也有后天失调的因素；有管理原因、技术原因，还有自然不可抗力原因等；既有自然作用、体制和机制因素，也有管理不善等人为责任事故。

由于人们对自然界事物发展规律的认识还具有一定的局限性，因此，在水利工程的勘测、规划和设计中，难免有不符合客观规律之处，从而使水工建筑物本身不同程度地存在一些缺陷和弱点；在施工过程中，由于各种主观因素和客观条件的限制，以致工程质量控制不严格，未能按照规范规定和设计文件进行施工，造成建筑物中存在隐患；在长期运用中，可能因管理制度不健全或违规操作造成危险；可能因没有及时养护维修而使工程劣化；建筑物可能受到设计中所不能预见的自然因素和非常因素的作用，如遭遇超标准洪水、强烈地震或特大流冰的作用等；水工建筑物经常在水中工作，长期受到水压力、渗透、冲刷、气蚀和磨损等物理作用以及侵蚀、腐蚀等化学作用，造成性能降低。

引起水利工程事故的原因有很多。本章介绍几种主要原因。

第一节　工程建设先天不足

一、工程建设不规范

我国现有水利工程有很大一部分修建于 1958—1976 年。在那个特殊的时期，大部分工程是边勘查、边设计、边施工的"三边"工程，有的工程甚至就没有设计。有的即使有设计，也往往缺乏足够的水文等基础资料。当时的技术标准和规范也极不完善；施工设备简陋，技术人员和技工不足，大搞群众运动和人海战术；基建投资不足，频繁地停建、缓建造成不少"半拉子"工程。"工期马拉松、投资无底洞、质量说不清"。这些先天不足的因素，致使大部分水利工程建设从设计到施工都难以保证质量，给工程管理和运行留下了很多安全隐患。

二、有些项目不遵守建设程序，缺乏监管，质量安全无保障

近些年来，水利工程建设程序逐步完善，管理逐渐规范。但随着小水电投资热兴起，许多个体投资人和股份公司参与水利工程建设，无序开发的现象比较严重。各地不同程度出现一些无立项、无设计、无管理（建设管理）、无验收的"四无"违规小水电站。这些投资人很大一部分不懂水利工程建设程序，或嫌程序繁杂琐碎、申报审批耗时过长而不遵守建设程序，违规建设

工程。地方政府因招商引资的需要，对违规工程大开绿灯，使一系列工程躲开了行业管理部门的监管，造成了很多工程不符合规划、没有进行方案论证、设计不符合安全标准、施工质量低下等，导致小水电站险情时有发生，给人民生命财产安全造成极大危害，群众称为"行业发昏，老板发财，群众发抖"。

广东省从 2007 年开始开展违规小水电站清理整顿工作，截至 2007 年 6 月共清查出违规小水电站 385 宗，其中无立项的 72 宗、无初步设计的 294 宗、无验收的 368 宗、建设管理缺位的 218 宗、擅自更改批准的建设内容的 150 宗。通过对 385 宗"四无"电站逐一进行设计复核和安全鉴定，发现不同程度地存在安全隐患。至 2008 年 4 月全部进行了处理。其中除险加固的小水电站 273 宗，拆降坝 51 宗，加高培厚坝体 60 宗。

【案例 2.1】　未经政府审批私自建设的低劣工程造成的事故

2006 年 6 月 18 日凌晨，广东省英德市石牯塘镇局部大暴雨，导致山洪暴发，地处该镇北部的白水寨电站砌石拱坝发生溃坝，洪流冲到下游锦潭第三级电站，该电站拦河坝被冲决口约 50m；锦潭第二级电站厂房机组也同时受浸，尾水渠长 250m 被毁坏。地处白水寨电站下游的石牯塘沙坪等村及石灰铺镇受损作物 6300 亩（其中鱼塘 800 亩），冲毁大小桥梁 3 座，冲走耕牛 1 头，直接经济损失约 2000 万元。幸无人员伤亡。

经调查确认，这场暴雨没有超过该水库大坝的设计标准，业主违规建设、违章经营是造成垮坝的主要原因。最先发生垮坝的白水寨电站由于其业主不按设计要求，擅自加高大坝并堵塞溢洪道，造成了此次事故。

白水寨水电站是个私人建设经营的电站，业主在没有审查报批的情况下就开工建设。水电站从开工到竣工，整个过程躲过了水利行业主管部门的监控。电站建成后运行了几年，政府没有发现，也没人过问。

据调查，白水寨水电站工程质量存在问题。为了节省投资，水库部分坝体由土堆砌而成，而首先被洪水冲垮的正是这一部分。工程竣工后也没有验收；业主还私自提高坝的高度并阻塞溢洪道增加库容以提高电站的发电效益。正是由于私营业主擅自修改了设计，加高了水坝，才导致这次灾害的发生。

三、工程存在决策和设计缺陷

由于人们对自然界事物发展规律的认识还具有一定的局限性，因此，在水库工程的勘测、规划和设计中，难免有不符合客观规律之处，从而使水工建筑物本身存在一些不同程度的缺陷和弱点，或者诱发灾难。

1. 勘查资料不详细

由于多年来地质勘查市场恶性竞争，致使勘查工程价格远低于成本。勘查企业采用的普遍应对做法有两种，一是将项目承包给无资质或低资质的"游击队"；二是偷工减料，即抽减勘查项目。

【案例 2.2】 抽减勘查项目造成的工程事故

广州某景观岛河堤工程，混凝土扶壁挡墙背后填土结构。勘探资料表明，有 60m 左右长度挡墙基础下覆淤泥层深度为 1～3m，设计采用换填砂处理。

工程施工时，发现河堤基础有长度约 200m 存在淤泥层，深度 6～9m。现场决定仍采用换填砂深度 3m 的方案。当工程堤后填土基本完毕时，淤泥段产生向河槽方向的整体滑动；后采用加碎石强夯处理，在工程快完工时又发生了第二次滑塌。

2. 设计方案不合理

【案例 2.3】 设计方案错误引起的事故

广东某中型水库主坝与副坝之间的条形单薄山体，设计采用高压喷射灌浆帷幕防渗。但蓄水后此处大量漏水，将山体后的发电厂房冲成了"吊脚楼"。

事后分析原因，高压喷射灌浆工艺不适用于在风化破碎岩体中建造防渗墙，此次事故属于设计方案错误引起。

3. 库区地质不良

库岸地质情况是勘查阶段的工作重点之一。在工程设计阶段应该对库岸坍塌的可能性进行论证和评价，减少和避免其对水利工程的危害。

我国许多滑坡、崩塌发生在水利工程附近。它们毁坏水渠管道，破坏大坝、水电站、变电站以及其他设施。崩塌、滑坡体落入水库中常造成水库淤积，有时甚至激起库水翻越大坝冲向下游造成伤亡和损失。有些滑坡、崩塌还可以造成水库报废。位于意大利阿尔卑斯山东部的瓦依昂坝因库区滑坡失事的案例已经成为全世界水库地质问题的典型案例。总之，滑坡、崩塌常常破坏山区水利水电工程，使其不能正常运营，造成经济损失。

【案例 2.4】 库岸坍塌造成的事故

1978 年 9 月，甘肃省武都县化马寨子沟发生滑坡，损坏 80kW 电站一座。

1980 年 6 月，甘肃省民乐县瓦房城水库发生 100 多万 m^3 的大滑坡，将钢筋混凝土结构的进水塔推倒，岸坡护墙被毁，水库因此不能正常运行。

4. 水利工程设计抗灾能力不足

如城市排水工程设计能力不足产生内涝；水库没有非常溢洪道；水库溢洪道没有辅助启闭设施，电动、液压启闭机没有备用电源；溢洪道排水能力不足（没有做模型试验，参数选择不合理）；偏远山区没有洪水资料，堤防设计标准偏低等。

5. 水库诱发地震

水库诱发地震是因水库蓄水而诱使坝区、水库库盆或近岸范围内发生的地震。自1931年希腊的马松水库首次观测到诱发地震以来，至今为止，全世界有100多座水库曾经诱发地震，中国就有20多座水库诱发了地震。

【案例2.5】　新丰江水库诱发地震

新丰江水库建于1958年。1962年3月19日凌晨，当库区在蓄水水位首次接近满库110.50m高程时，诱发6.1级地震，当时共造成新丰江大坝下游及其周边地区1800余间房屋倒塌，严重破坏10500间，损坏13400间，10余人死亡，数十人受伤。

此后，新丰江水库及其周边地区的地震活动极为频繁，据河源市地震局统计，自水库首次诱发地震至今50多年来，新丰江水库在河源地区先后诱发的地震总频度为35万余次，其中3.0级以上（包括3.0级）的有356次，最大一次为1962年的6.1级地震。

据广东省地震局专家监测，在河源地区发生的这些地震均为水库地震，是人类蓄水活动诱发的一种地震，2012年的3次有感地震均为主余震型的地震，是河源新丰江水库1962年3月19日地震主震的余震。

有观点认为，2008年汶川地震与紫坪铺水电站建设有关。

四、项目建设期管理混乱、工程不符合质量标准

有些国有投资工程，存在项目法人机构不健全、运作不规范、规章制度不完善的现象，人员缺乏建设管理经验，难以胜任建设管理的要求。招投标不规范，监理不到位，最为突出的问题是资金财务管理混乱，违规现象严重。个别项目出现不按科学和法律法规行事，随意降低建设标准，委托不具有资格的设计和施工单位设计和施工，现场质量、安全管理不到位。致使工程建设安全事故时有发生，工程质量不具有应有的可靠性。

【案例2.6】　未委托有资质的施工单位造成的事故

广州某水库大坝为浆砌石重力坝，坝高28.55m，坝顶高程552.35m，设计库容94.6万 m^3，属于小（2）型水库。按50年一遇洪水标准设计，500年一遇洪水标准校核，工程等别为Ⅳ等，主要建筑物等级为4级。

该水库于2004年12月底动工，2006年5月底完工蓄水发电。

1. 事故经过

2008年6月25日6号台风"风神"登陆后，库区6月25日、26日两天连降暴雨。自6月26日18时至27日12时，水库大坝连续18h溢洪，6月27日该水库超过防洪限制水位。此时水库同时出现了多处险情。

（1）水库大坝出现严重变形，变形坝体向下游侧发生较大位移，坝体下游斜面发现明显鼓包。

（2）水库坝体上游面、下游面、顶面存在多条竖向、水平向裂缝，特别是上游坝面约539m高程处，发现一条从左至右水平向贯通坝面的裂缝，裂缝宽约4cm，裂缝上下坝体错位约8cm；下游坝面约535m高程处也发现一条从左至右贯通性水平向裂缝，上下游贯通左右岸的裂缝可能已经贯穿坝体，形成向下游倾角约23°的滑动面。

（3）大坝消能工损毁严重，溢洪道泄槽混凝土在约535m高程处掀裂破坏，形成了每块面积3～4m²的脱落4处；溢洪道衬砌混凝土面板顶端与坝体顶端之间有约10cm裂缝，面板有整体脱落趋势，挑流鼻坎损毁，导流墙遭受严重破坏。

经现场检查发现，水库大坝裂缝仍处在发展中，特别是大坝约535m高程以上的坝体存在向下倾滑的险情，水库大坝已丧失挡水能力，严重威胁现场抢险人员人身和设备的安全，并危及下游二级水库和下游群众的生命财产安全。

广东省防总专家组认为大坝处于高危状态，应立即采取抢险措施：一是开启放水管和安装排水虹吸管，增大排洪流量，尽快降低库水位；二是对出现严重险情的大坝上部坝体进行拆除，降低至安全高程。

2008年7月4日下午5时，水库右半边大坝被爆破拆除了一道长20m、深12m的豁口。就这样，该水库大坝在首次经历了洪水考验后就完结了生命。

2.原因分析

分析后认为，该水库没有严格招标投标程序，委托了不具备水利工程施工资质的施工单位进行施工（挂靠）；施工阶段质量控制失效，事故后检查，坝体浆砌石砂浆基本没有强度，用手指就可轻易捻碎；没有完善必要的基建程序，没有经过验收就草率蓄水。这样的工程根本不可能经受住洪水的考验，出事是迟早的事情。

第二节　施工期不遵守安全规程和设计标准

一、施工期擅自降低围堰防洪标准

目前水利水电工程投标计价采用工程量清单形式。一般实体项目按工程量乘以投标单价计价，措施项目按项计价。在目前招投标市场比较成熟的情况下，想从实体项目中取得超额利润是不容易的，所以施工单位从措施项目中获利就成为惯常做法。措施项目是为了保证实体项目施工而采取的措施，并不需要交付业主，一般合同不做硬性规定，由施工方根据情况选择采用。其中包括导截流工程在内的临建工程，现行法规允许施工方修改方案优化设计。

导截流工程属于临时工程，在招标时业主在招标文件中提出导流标准、施工工期，并推荐导截流方法和围堰结构。有些施工单位在优化中擅自降低围堰防洪标准，改变围堰结构，造成围堰施工期安全度降低，施工期围堰事故屡屡发生。

【案例 2.7】　擅自降低围堰防洪标准造成的事故

2004 年 5 月 26—27 日，清江流域骤降暴雨，27 日下午 5 时 49 分，位于湖北省恩施市上游 11km 处的清江大龙潭水利枢纽工程（当时在建）洪峰流量为 1071m³/s，洪水漫过围堰导致围堰溃决，致使发电引水洞内 4 名施工人员死亡，下游河滩便道上一辆面包车被洪水冲走，车内 14 人死亡（其中有 12 名儿童、1 名司机、1 名幼儿教师）。

经调查确认，围堰溃决造成人员伤亡是一起典型的安全责任事故。洪峰流量不到当地两年一遇标准，远低于围堰设计防洪标准，从而造成 18 人死亡的严重后果。主要原因包括以下几个。

（1）施工方擅自改变围堰结构，降低围堰防洪标准。调查表明，大龙潭水利枢纽工程初步设计及招标文件中，围堰设计为过流式围堰，要求经得起汛期洪水考验，即洪水漫过也不会溃决。而修改选定的自溃式围堰，投资只有过流式围堰的 1/3，而且是按枯水期洪水流量标准设计。

（2）工程进度滞后。在 2004 年 4 月 30 日汛期到来之前，施工单位的大坝浇筑实际高程没有达到进度最低要求的 437m，围堰漫溃后，通过大坝的 5 号与 6 号坝段缺口下泄，大坝未能起到及时拦蓄洪水、有效削减洪峰流量的作用。

（3）项目业主和施工单位没有按要求制定防汛预案，没有采取相应的应急措施。

（4）政府和防汛管理部门监管不力，防汛责任制不落实等。

二、安全措施无保障

水利工程往往地处偏远山区，工程分散，安全监管有难度，尤其中、小型工程与工程维修、保养任务，一般施工管理组织不健全，监管人员不到位，容易忽视施工安全；有些施工单位不能保证安全措施投入，安全管理制度不落实，不遵守安全技术规程，导致施工期发生安全事故。

【案例 2.8】 忽视安全标准、违反安全规程造成的事故

广东省云浮市某村辖水圳始建于 1958 年，用于灌溉约 150 亩的水田。输水明渠依山而建，全长约 2000m，外侧挡水墙主要为浆砌石，部分加砌红砖结构。1993 年开始在明渠出口建设一电站。

2011 年 3 月，输水渠右岸渠段出现渗漏，由电站业主临时雇请 4 个民工对内墙基础浆砌石进行开挖处理。3 月 6 日上午约 10 时 10 分，当挖到深约 0.5m、长约 5m 时，约 16m 长的墙体向渠内侧倒塌，正在渠底作业的 3 人被掩埋。约 11 时人员被挖出，经抢救无效于 11 时 30 分宣布死亡。

事故原因：维修作业人员安全意识淡薄，因维修作业方式不当，缺乏相应安全防护措施所致。对开挖浆砌石内墙基础下部使墙体悬空而可能引发倒塌的预见性不足；没有采取安全防范措施，施工过程中既没有控制好开挖长度，也没有采取相应的支护防塌等安全措施。

第三节 应用管理后天失调

一、不能保证正常的维修改建投入、工程带病运行

"重建轻管"思想在各级政府中都不同程度存在，使得人们在投资决策时，往往注重投资新建项目，而忽视对已建工程的运行、维修的投入；在进行项目前期工作时，往往着重项目建设的工程技术方案设计，而忽视对项目经济问题和建成后管理方案的考虑；在项目审批和实施时，看重主体工程各部分的完整性，而往往压减管理设施的投资。

水利工程各部位以及各种设备都是有寿命的。即使在正常的设计寿命内，也需要对工程进行保养和维护。但目前各地对水利工程的管理和正常的更新改造重视不够，对所需投入不足。

对病险工程除险加固没有稳定的投资渠道，大部分地方政府没有专项资金用于病险工程除险加固，对病险工程除险加固的职责和事权未能分清，有限的投资撒了"芝麻"，没有集中起来，没有做到加固一个、除险一个、摘帽一个。

二、工程管理单位管理责任不明确

水利工程既有社会公益性又有经营开发性。近年来，小水电中民营经济成分越来越多，即使国管、镇管、村管项目也多以承包方式经营。工程管理者偏重于追求经济利益而轻视安全性管理，进行赌博式、掠夺式经营，安全

隐患较多。比如：擅自加高坝体、堵塞溢洪道；水库汛期蓄水占用防洪库容；河滩内植树、耕种、养殖甚至建房开发影响行洪等。这些现象不仅严重影响了水利工程综合效益的发挥，而且积累了很多安全隐患。

广东省从 2009 年 7 月开始，组织开展了历时一年的"千人万站"大核查——广东省小水电工程安全检查及分类定级工作。组织近 1000 名相关专业的大学生和教师以及专业工程技术人员对 9000 多座小水电站进行了全部核查。通过核查，发现了一批存在严重安全隐患的小水电工程。其中包括 306 宗 C 类小水电站、62 宗 D 类小水电站（小水电站按安全性分成 A、B、C、D 四类，A 类安全性最高，D 类为存在严重安全隐患，必须立即停产整改）。这些工程主要存在擅自加高坝体、堵塞溢洪道等问题。整治工作于 2010 年汛期前全面完成。共发出整治通知书 374 份，吊销取水许可证 10 宗，停止并网 28 宗；对 21 宗小水电站进行报废，287 宗小水电站拆除了擅自加高坝体和堵塞溢洪道的违规建筑物，60 宗小水电站采取了降坝、加固等工程措施。

三、缺乏专业的管理人员

水管单位机构臃肿，人员总量过剩与结构性人才缺乏并存。一方面，水管单位严重超编，人浮于事；另一方面，人员结构不合理，水管单位真正需要的工程技术管理人员严重短缺，技术力量薄弱，无法满足规范管理的需要，在遇到危险状况时决策能力不足。

【案例 2.9】　管理人员素质低及管理制度不落实造成的事故

恩平市大田镇茶山坑水库建成于 1978 年 12 月。集雨面积 7.4km²；主坝、副坝各 1 座，主坝坝高 30m，副坝坝高 22m，均为均质土坝，总库容 597 万 m³。溢洪洞 1 座，装有 3m×3m 平板钢闸门。水库正常蓄水位 74.30m，汛限水位 71.00m，500 年一遇校核洪水位 76.70m。坝后电站装机 160kW。设计灌溉面积 5000 亩。

1998 年 6 月 20 日开始流域普降暴雨，造成水库水位猛涨。6 月 26 日 6 时，水库发生副坝垮塌，洪水直冲下游村庄，历时 30min 左右。离副坝最近的南庄村（约 900m 远）受灾严重。经调查核实，造成 34 人死亡，2 人失踪，受伤 25 人，冲淤农田 2000 亩，冲毁桥梁 5 座，倒塌房屋 151 间，死亡耕牛 100 头，家禽 11583 只，附近矿山、企业电力通信设施遭到破坏，直接经济损失 3611.38 万元。

茶山坑水库副坝垮坝主要原因有以下几个。

（1）降雨量超过设计标准。从 6 月 20 日 8 时至 26 日 8 时 6d 总降雨 1546.6mm，其中 23 日 8 时至 26 日 8 时 3d 降雨 1180.6mm。比 500 年一遇

3d 雨量 932mm 超出 248.6mm。根据事后现场察看，至 26 日凌晨 3 时，蓄水位达到 76.71m 的历史最高水位，超过校核洪水位 0.01m。

（2）防汛责任制不落实，造成防汛检查、抢险指挥、组织措施不力。茶山坑水库权属大田镇，但自大田镇 1997 年 9 月调整领导班子后，一直没有明确防汛责任人，镇主要领导不积极履行防汛职责；镇领导和业务部门防汛责任不明确，造成互相推诿，防汛工作不能落实到位。同时，处理抢险的工作预案和应急措施贯彻不力，遇险后无法及时紧急排洪，护坝救坝、紧急疏散群众的措施没有落实到底，从而导致群众伤亡和财物损失。

据调查，当水库水位超过 64.00m 标高时，副坝下游中间偏右侧有 1cm 左右的水眼漏水。至 24 日 6 时水库水位达到 73.00m 时（超过汛限水位 2.00m），电站职工才去开启泄洪闸门。但只开启 1.55m，未达设计开度 3.00m（葫芦吊钩已收尽）。管理人员未进一步研究加大开度的措施。下午大田镇委书记等一行 4 人到水库检查防汛工作并察看了泄洪闸，并未对泄洪闸未完全吊起提出意见。25 日水位继续上升，电站却无人上班。直到下午 4 时，该政府才组织 160 人到水库防洪。现场决定在泄洪闸右侧开挖临时排水渠；下午 6 时要求各村组织村民疏散撤离；晚上 11 时，副镇长、水利会长前往泄洪闸指挥抗洪，于 26 日凌晨 3 时采用爆破方法，在泄洪闸右侧炸成宽 2m、深 2m 的临时泄渠。凌晨 5 时副镇长见水库水位似已下降了 40cm 左右，与抢险人员一起返回，留在现场值班的沙田村村长、会计、欧村村长等 3 人随后于凌晨 5 时 10 分也离开了大坝，至 6 时副坝崩垮时现场并无值班人员。

（3）水库管理体制不顺。水库运行管理与电站运行管理分离，不能对库区进行有效的维护、维修，排查除险，对存在的隐患得不到及时处理；在工程管理过程中到底是保效益还是保安全游移不定，致使"小问题"变成"大灾难"。

该水库泄洪洞闸门启闭设施手动葫芦是在当年 3 月镇防汛会议后重新装上，未做试吊。由于上端钢丝绳吊点太低，导致闸门无法完全开启。这次洪水虽经采取紧急措施，在泄洪洞右侧人工爆破开挖了 2m×2m 的临时排洪渠，但实际增加的泄洪效果不大。按照这次实测暴雨洪水过程线进行比较计算，如果在 6 月 24 日 6 时库水位达到 73.00m 时能采取有效措施将闸门全开泄洪，比实际的最高库水位 76.71m 可降低 1.21m；若能在库水位达到汛限水位 70.00m 高程时即全开启闸门泄洪，则最高库水位可降低 1.92m，此次事故可能就不会发生。

（4）水库管理人员素质差，没有经过专门培训，没有能力制定有效措施排险；水电站负责人已知水库存在隐患却不及时处理，电站员工在水库险情严重时，擅离岗位，携家属避灾。

（5）职能机构和水利行政管理部门平时缺乏指导检查和技术服务，对存在问题的检查、督促、整治、干预不力。

四、管理技术手段落后、法规制度不完善

没有引入规范合理的管理手段和科学的管理方法，责任制落实不到位，致使管理人员责任心不强、效率不高，不能及时发现事故隐患，发现隐患不能及时排除，有的甚至导致人为事故的发生，形成了"小病变大灾"的恶性循环。

一些地方在工程设计时，未能充分考虑从现代化管理的需要出发设置必要的管理设施，既不将工程的安全监测、水情测报和防汛通信设施纳入，更不考虑管理单位必要的工作条件改善。即使在设计中考虑了必要设施，但在建设实施时又由于资金不到位等问题，压减的也多是管理设施部分。即使修建了，在管理阶段也没有使用而长期废置，或者资料没有整编，没有起到指导管理的作用。

【案例 2.10】　工程质量差、遇险情处置不当造成灾害扩大

广东省佛山市樵桑联围南海市段丹灶镇荷村水闸是丹灶镇自筹资金建设的水利工程，其主要作用是从北江的分支南沙涌引水，解决围内日益严重的水污染问题，改善围内的水环境和方便渔业水上运输。该工程主要建筑物包括引水闸闸室、总长 58.9m 的钢筋混凝土整体式穿堤方涵以及涵管出口喇叭口后的船闸。

1998 年 6 月 29 日 23 时 35 分左右，荷村水闸崩决，造成南海市、三水市 5 镇 48 个管理区 153km² 面积受淹，直接经济损失达 23.1 亿元。

1. 出险经过

1998 年 6 月 29 日 7 时 30 分，闸内船室右侧斜坡 0.40～0.50m 高程处有浊水渗出，当时闸前水位 7.75m，闸后水位 0.90～1.00m。镇水利所所长认为是堤坡脚渗水所致，要求水闸管理人员注意观察渗漏变化情况。技术人员提出关闭船闸人字门以提高闸内水位、减少内外水位差，但没有被采纳。

14 时 30 分水闸情况恶化，潜水观察发现喷孔直径约 20cm，离闸底约 1.5m，喷出物多为粉细沙夹带少量粗沙。15 时 30 分后曾用麻包装石块堵塞但无效。16 时 30 分，又发现闸内船室左侧斜墙喷水，情况与右侧相似。17 时左右船室左右两侧浆砌石护坡有多处带黑砂泥水渗出，船室护坡与底板交接处间歇出现几次较大向水面涌出带黑砂泥水。18 时 05 分，决定采取：①关闭船室人字门，蓄高船室水位，观察渗漏情况；②往船室填砂石压渗；③开船到闸前外坡，用帆布铺盖、沙包压顶进行堵漏等措施抢险。

在实施上述方案的过程中，20 时 50 分，在船室左侧距离涵洞后翼墙约 2m 处，突然出现一个约 2m 直径的漏洞，喷涌水柱高出水面约 0.7m。尽管

向孔口抛投沙包，填砂填石，仍无法阻止喷孔继续扩大。

约 21 时 10 分，在前坡闸门启闭架与水闸控制室之间的涵管左侧，发现水面有一个大漩涡，随后涵洞左、右两侧水面又发现两个小漩涡，涵洞两侧水柱撞向出口八字墙向南北方向散射。虽然用帆布封堵大漩涡的孔口，再沉船压堵，船室喷水量仍继续增大。此时控制室右侧出现垂直的堤段裂缝，并向坡脚延伸。22 时 30 分后，船闸涵洞两侧的堤坡面分别下陷，自堤脚向堤顶发展。右侧堤先下陷过水，抛沙包两次抢出水面，第三次再抢无效，决口越来越大。左侧堤后下陷，推了装满沙包的 3 辆日式 20t 自卸车和两辆东风自卸车，沉放 3 艘船都未能堵住决口。23 时 35 分左右，该堤段崩决，决口总长 93m，最大落差 7m，决口最大深度 7m，最大流量 1700m³/s。

2. 原因分析

据联合调查组调查分析，造成荷村引水闸堤段崩决的主要原因：一是建设单位严重违反建设程序；设计对回填土填筑技术指标不够周详；施工单位无资质，填土质量不好，致使洪水到来时水从涵洞两侧接触面集中渗流引起失稳破坏，最终导致堤段崩决。二是误判险情，警惕性不高；抢险措施不当，延误抢险时间，抢险预案不落实。

（1）荷村水闸工程没有采取公开招标的方法确定施工单位，而是把工程安排给没有施工资质的丹灶水利水电施工队总体承包。该施工队由于施工力量和机械设备不足，又把工程分解成五部分，分别承包给 5 个包工队。工程施工没有实行监理，也没有向质监机构办理质监手续。建设过程的质量管理由丹灶镇水利所派驻工地的有关技术人员组成的质检组负责，质监组人员既是施工员又是质检员。

（2）南海市水利局派去工地的工程技术人员对施工过程中的质量问题多次提出意见，但施工组织者不予理睬。

（3）回填、复堤质量差是决口的主要原因。他们采用原堤开挖土回填，堤顶部分掺入少量岗泥；回填方式是用反铲挖掘机在二级平台处边清挖涵洞侧基坑的杂物、淤泥等，边用反铲挖掘机下料回填，每层土厚约 50cm，用反铲挖掘机、蛙式打夯机作为碾压机具；临时雇佣毫无技术、知识的外来民工操作蛙式打夯机；由于开挖基坑宽度不够，影响回填质量；回填复堤施工设计无技术指标、无取样试验、无质检记录。在回填基坑时，工程技术人员曾提出加石灰搅拌以吸收水分，但镇水利所长不予采纳。

（4）发现问题时，现场决策者误判原因，对事件的严重性认识不足，没有从最坏处着想采取措施，从而延误 6～7h，贻误了抢险时机，使险情不断扩大并最终造成了巨大损失。

（5）抢险预案不落实，没有针对可能出现的险情制定抢险预案，当险情来临时手忙脚乱，没有统一指挥，不能采取统一行动，设备材料不落实，不能采取有效措施，结果只能是"按倒葫芦起来瓢"。

第四节　水利工程运用阶段安全度逐渐降低

一、水利工程运用期性能下降

水利工程在正常管理运用情况下，因处在野外，经常受到风吹、日晒、雨淋和温度变化等自然风化作用，以及自然界中化学物质侵蚀、生物侵害作用，使建筑结构和材料劣化；水工建筑物经常处于水中，长期受到水压力、渗透、冲刷、气蚀和磨损等物理作用和侵蚀、腐蚀等化学作用。如果工程管理运用不善，会加速工程的损害。

在长期运用中，建筑物可能受到设计中所不能预见的自然因素和非常因素的作用，如遭遇强烈地震或流冰、流排、污水浸泡等。

所以在水利工程运用中，各种建筑物必将随着时间的推移，逐渐降低其工作性能，甚至造成严重事故。

二、水库工程淤积后调洪能力下降

多泥沙河流水库淤积的模式是粗颗粒首先自库尾沉积，以三角洲的形式向坝前推进，并逐渐淤高和向源头方向回淤。淤积体改变了库内地形，从而改变了"水位-库容曲线"，使调洪库容减小、防洪能力降低。在近些年病险水库加固中经常遇到淤积体严重改变库容的案例。

三、河道淤积和人为设障使行洪能力不足

河道淤积多出现在上游水土流失严重的河道中。上游水流挟带泥沙在中下游水流平缓区沉积在河道中，造成过流断面减小、行洪能力不足。在多次加高培厚河堤后，会成为地上悬河，更增加了工程事故的危险性；在下游修建工程后也会对上游产生回淤。

有的地方在河滩上种植高秆作物、植树，甚至在河滩修建养殖场、大型游乐场等。河槽内植物、建筑物、构筑物等阻碍水流，也降低了河道的正常行洪能力。

四、河道冲刷和采砂使河道下切形成吊脚工程

有些地方的水土保持工程发挥了重大作用，使原来的河水变清，清洁的

河水对原河道产生冲切作用，使河槽变深。

近些年大规模建设基础设施及大力发展房地产行业等，消耗了大量的河砂，河道抽砂采砂使许多河道下切，原来河道稳定时期设计修建的堤、涵、闸、泵站等变成了吊脚工程，造成许多工程破坏和失效，增加了工程的危险性。如广州某水闸工程，由于河道大量抽砂造成滚水坝基础外露，2010年投资几千万元维修加固。

五、库岸风浪冲刷改变原来边坡稳定条件

在水库设计时对岸坡进行过技术论证，水库建成时岸坡是稳定的。但在多年运用后，库水浸泡会使岩土性能劣化，原边坡不能自稳；风浪淘刷使岸坡局部损坏，增加了滑坡危险。例如，广西贵港市某大型水库8号副坝前坡基础部位，因多年运用岩石产生风化，加之风浪淘刷作用，使坝下基础边坡局部几近直立，不能保证坝体稳定。

第五节　超过设计标准的自然灾害引起事故

如前所述，人类历史很短，地震、暴雨、洪水、台风等灾难案例较少，记录不足，人类远没有认识灾害规律。我们并不知道最大的灾难有多大，在哪里发生、何时发生，我们不可能建造出绝对安全的工程。而且由于越是大的灾难发生的概率越少，而工程寿命是有限的，将工程建得太结实也是不经济的。工程技术人员经过权衡，人为设定工程设计标准，也就是特定的工程能够抵御特定级别的灾害，超过设计标准的灾害也就当然不能抵御了。所以即使工程按标准建设，超过设计标准的灾害还是很容易造成工程损坏而酿成事故。

一、水利工程的设计标准与安全性

根据水利工程设计标准的定义，当暴雨洪水等外力超过设计标准时，工程就不能保证能够抵御。尤其是在施工期，洪水标准较低，围堰工程失效概率高。如4级土石围堰，设计洪水重现期10～20年，每年的失效概率为5％～10％；平原地区水库工程3级永久建筑物，设计洪水重现期100～300，每年的失效概率为1％～0.33％。考虑到水库的使用寿命是几十年到上百年，工程遇到超标准洪水的概率是比较高的。虽然工程设计时已考虑了必要的超载能力，但也不能抵御所有洪水。

二、资料的准确性对工程安全性的影响

由于降雨洪水资料历史较短,洪水资料不足,人类对暴雨洪水规律了解不够,水文计算成果的代表性有限。目前我国降雨资料长度最长只有100多年,而洪水资料大部分在中华人民共和国成立后才开始收集,到目前只有50～60年。用如此短的资料推求"千年一遇""万年一遇"的规律性,结果可想而知。利用调查洪水补长系列,也会因为时过境迁,无法精确还原数据。在几十年防汛实践中经常出现"300年一遇洪水""千年一遇洪水""历史最大暴雨"等,就是没有充分了解水文规律的例证。

随着人类活动的增加,气候出现明显变化,极端天气过程增加,也增加了水文规律的未知性。

除了水文规律了解不足外,其他灾害如台风、地质灾害、地震等未知性也造成了水利工程风险大。目前的科技水平下,有些灾害可以监测和准确预报,但因点多面广,没有精力和资金做到全面监控,如滑坡、火灾、施工现场安全等;有的灾害能够预报过程,但时间、地点、强度等不能准确预测,如台风、降雨等;有的灾害至今无论过程、时间、地点、强度等均不能准确预测,如地震等。这些未知性对水利工程的安全危害很大。

【案例2.11】　广东省乐昌峡水利枢纽施工期遇超标准洪水情况

广东省乐昌峡水利枢纽位于韶关乐昌市武江乐昌峡河段,枢纽以防洪为主,兼有发电、航运和灌溉效益,工程等别为Ⅱ等,总库容3.44亿 m^3,防洪库容2.11亿 m^3,调节库容1.04亿 m^3,工程静态投资约32.5亿元。

乐昌峡水利枢纽工程于2009年6月26日开工建设,于2009年9月15日截流,2009年12月19日,大坝建基面验收并浇筑了第一块混凝土。计划到2010年年底大坝具备防洪功能。

2010年1月20—23日,受较强冷空气影响,广东省西北部出现强降雨过程,20日20时至23日16时,武江流域乐昌峡坝址以上的平均降雨量为98mm。强降雨造成了乐昌峡水利枢纽坝址以上大约40km的坪石水文站23日16时洪峰流量1130 m^3/s,为历史同期实测最大流量,略超100年一遇(同期洪水)。乐昌峡坝址23日20时出现最大流量1360 m^3/s,超百年一遇。

根据历史资料分析,在农历12月出现"2010·1"这种量级的洪水为历史同期罕见。

1月20日前后,围岩达到枯水期防洪高度而没有达到全年围堰高度,大坝共浇筑两层,混凝土约4.5m高。上游降暴雨后,施工现场立即停止施工并启动防汛预案,加高加固围堰,并将基坑内的设备、材料转移。但在百

年一遇的洪水冲击下，右岸子堰首先决口，临时抢修的子堰也在多处出现险情。为保证抗洪抢险人员的安全，决定停止抢险作业。23 日 15 时，上游围堰决口扩大，之后全堰过水，基坑全部淹没。

【案例 2.12】 大藤峡水利枢纽工程施工期遇超标准洪水

大藤峡水利枢纽工程是国务院批准的珠江流域防洪控制性枢纽工程，工程坝址位于珠江流域黔江河段大藤峡峡谷出口（即广西桂平市南木镇弩滩村），下距桂平黔江大桥约 6.6km。

大藤峡工程枢纽建筑物主要包括泄水、发电、通航、挡水、灌溉取水、过鱼建筑物等，水库总库容为 34.79 亿 m³，其中防洪库容 15 亿 m³；电站装机 160 万 kW，工程总投资约 300 亿元。大藤峡水利枢纽于 2015 年 9 月开工。

2015 年 11 月，受黔江上游普降大雨、局部暴雨影响，13 日 10 时武宣水文站流量达到 14000m³/s，预计 14 日 8 时流量将达到 17000m³/s。超过大藤峡水利枢纽工程施工期 11 月百年一遇洪水（9040m³/s）标准，远超围堰设计标准。

2015 年 11 月 13 日 6 时 40 分，围堰全线过水，11 时上游围堰处水位已达到 33.06m，超过了一期导流工程围堰子堰设计的 31.46m 高程，子堰基坑已全面过流，水深淹没子堰顶超过 1.6m。

【案例 2.13】 管理运营期遇超标准暴雨洪水

1. 工程概况

大湾水库位于湛江雷州市土贡河的上游，控制集雨面积 33.55km²，捍卫耕地 2.105 万亩。水库工程始建于 1969 年 12 月，原设计为中型水库，大坝为均质土坝。当时由于资金不足等原因，未能按设计标准完成，坝高尚欠 7m，长期按小（1）型水库运行。

2000 年 5 月按最终达到中型水库规模进行续建。建设内容包括加高培厚大坝、新建溢洪道、加固输水涵管等。水库主要建筑物为 3 级，工程永久性挡水和泄水建筑物按 50 年一遇洪水设计、千年一遇洪水校核。大坝加高培厚后，坝顶高程为 59.2m，防浪墙顶高程为 60m，最大坝高 20.95m，坝轴线长 1400m，坝顶宽 5m（含防浪墙）。水库续建后正常蓄水位 56.5m，相应库容 880 万 m³，设计洪水位 57.18m，校核洪水位 58.71m，总库容 1088 万 m³。

新建溢洪道位于大坝左段（桩号 0+792.56m），闸室采用单孔开敞式钢筋混凝土结构，净宽 12m，驼峰堰堰顶高程 52m，弧形钢闸门挡水，手电两用卷扬式启闭机。溢洪道消能防冲按 30 年一遇洪水设计，采用底流消能。

2. 工程事故情况

2007 年 8 月 9—11 日，受"帕布"和热幅合带的影响，雷州市遭受特大暴雨袭击，从 10 日起降雨区就一直维持在雷州半岛的西南部一带。位于暴雨中心的雷州市大湾水库集雨区幸福农场站录得 24h 最大雨量 1146.8mm、过程雨量 1335.3mm。

受暴雨影响，大湾水库水位从 8 月 10 日 8 时自 45.6m 起涨，至 18 时库水位涨至 46.8m。10 日晚降雨强度骤然加大，11 日 1 时水位涨至 54.0m，开始开启溢洪道闸门泄洪。11 日 8 时，库水位涨至 59.4m，漫顶水深 0.2m，漫坝时间约 2h，8 时 30 分，闸门开到本次最大 5.0m，11 时库水位回落至 58.0m，中午降雨强度再次加大，库水位复涨，13 时水库再次漫坝，15 时达到最高库水位 59.7m，漫顶最大水深 0.5m，漫坝时间约 4h。造成溢洪道塌陷和大坝被冲毁。

洪水第一次漫坝后，溢洪道陡槽末段左岸侧墙受漫坝洪水的侧向冲刷已经倒塌，为了防止溢洪道险情扩展，管理人员停止继续开启溢洪道闸门，维持闸门开度 5.0m。溢洪道左岸陡槽岸墙倒塌后致使水流紊乱，冲刷崩塌缺口上下游岸墙后填土和陡槽底板基础。约 9 时，右岸陡槽最下游分缝段岸墙也倒塌。11 日 13 时水库再次漫顶后，受泄洪高速水流的不断冲击和漫坝洪水的冲刷，溢洪道陡槽崩塌范围不断向上游扩展，陡槽段被冲毁 4 个分缝段共长 35.4m。降雨停止后，水库水位虽不断下降，但由于陡槽段受水流冲刷时间过长，8 月 12 日凌晨 3 时 30 分，陡槽崩塌扩展至闸室控制段，闸室控制段由于基础淘空而坍塌，溢洪道最终全部破坏。

据调查，洪水破坏情况为：溢洪道泄槽挡墙、底板塌陷冲毁，闸室、弧形闸门、启闭机室、混凝土挡墙整体向下游坍塌，钢筋混凝土结构及钢闸门均已破坏并移位，原溢洪道位置形成上宽约 60m 的决口。溢洪道消力池整体仍在原位，但混凝土侧墙多处开裂破坏，消力池后的排洪渠两边混凝土墙被冲塌移位。

大坝桩号约 0+100m 处下游果园被洪水冲刷形成一条沟槽，宽约 6m；防浪墙没有封闭的位置，大坝背水坡可以明显看到漫坝水流冲刷造成的坑坑洼洼，与有防浪墙的坝段明显不同；大坝桩号 0+890m 处下游坝脚冲刷形成一面积约 25m²、深度 2~3m 的大坑。

3. 事故原因分析

经分析，本次事故原因有以下 3 点。

(1) 本次暴雨来势猛，降雨强度大，持续时间长。入库洪水为双峰洪水，入库洪量大。经入库洪水还原法推算，最大洪峰流量为 664m³/s，超过初步设计千年一遇的洪峰流量 527.4m³/s；最大 24h 洪水总量 3170 万 m³，远大于初步设计千年一遇的 24h 洪量 1660 万 m³；整个计算洪水过程共 53h 的洪水总量为 3432 万 m³，也远大于初步设计千年一遇的 72h 洪量 1844 万

m^3。这是造成本次事故的主要原因。

（2）水库设计时没有考虑非常溢洪措施是造成水库漫顶、溢洪道坍塌的次要原因。

（3）基本防汛设施配套不全。闸门启闭设备没有配备备用电源，停电时溢洪道闸门靠人工开启，速度较慢，影响泄洪；水情测报系统未建设，影响了水库的预报和防御工作等也是此次事故的原因。

第三章

水利工程危险源辨识与管理

危险源是可能导致事故发生的潜在的不安全因素，是造成人员伤亡、影响人的身体健康、对物和环境造成急性或慢性损坏的根源。

由于水利工程本身的安全性和环境复杂性等特点，在其建设与运用过程中存在着许多危险因素，比一般工程具有更大的危险性。有鉴于此，我们必须知道哪些因素有可能导致事故，确定事故风险是否能够承受。而且因为时间和资源都是有限的，需要确定哪些危险源是需要处置的，哪些危险源必须引起关注。

当有理由确定某个危险源需要处置时，就集中人力、物力和财力，利用有限资源消除危险源，或改变危险源的存在方式，或是改变人类与危险源的关系；必须引起关注的危险源就要加强监测、花精力加以控制、制定应急预案，以消除或降低事故损害。

水利工程危险源管理的目的是在追求水利工程带给人们财富和舒适生活的目标下，利用科学的管理思想和管理手段实现工程可靠和安全运行，降低对人类生命和财产的威胁。通过对水利工程危险源即潜在事故诱因进行识别、对事故影响进行评估，并根据具体情况采取相应的对策与决策、实施决策及实施后评价，以最小代价、在最大限度上实现降低事故率和减少损失。

水利工程危险源管理的目标是控制财产损失和人员伤亡，一般包括以下几个方面。

（1）降低工程事故对工程本体造成的财产损失。

（2）降低工程事故对工程建设者、管理者的人身伤害。

（3）降低工程事故对下游地区造成的财产损失和人身伤害。

（4）使水利工程能够正常使用，保证设计功能正常发挥，使工程收益稳定。

（5）降低工程的使用和维护费用。

（6）提高水利工程的安全度，树立水利工程、管理单位和政府在社会上的良好形象。

危险源辨识、风险分析与评价是水利工程事故应急管理过程中事故预防阶段的主要工作内容，是应急管理的基础性工作。

第一节　水利工程危险源概述

水利工程危险源种类繁多，它们在导致事故发生、造成人员伤亡和财产损失方面所起的作用很不相同，相应地，控制它们的原则、方法也很不相同。

根据危险源在事故发生、发展中的作用，把危险源划分为两大类，即第一类危险源和第二类危险源。第一类危险源是危险有害因素，是导致事故发生的主动因素，是事故发生的根本原因；第二类危险源是导致约束、限制危险有害因素的屏蔽措施失效或破坏的各种不安全因素，是事故发生的间接原因，如图 3.1 所示。

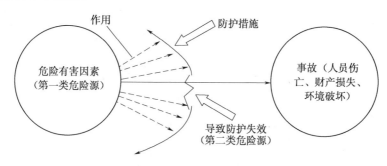

图 3.1　危险源与事故的转化过程

一、第一类危险源及危害性

根据能量意外释放理论，事故是不正常或不希望的能量释放和危险物质泄漏，意外释放的能量作用于人体、财产或环境是造成损害的直接原因。把系统中存在的、可能发生意外释放的能量称为第一类危险源。现实世界中充满了能量，即充满了危险源，也即充满了发生事故的危险。

第一类危险源是事故的终极根源，没有第一类危险源就没有事故。所以从理论上讲，消除第一类危险源就彻底消除了事故。但是有的能量是大自然客观存在，不以人的意志为转移，人们无法消除和改变，如风雨雷电、暴雨洪水、地震陨石等；有些能量是人们生活所需要，人们舍不得改变它，如水、火、树木、煤炭、石油、天然气等；有些能量是人们所喜爱的，人们刻意制造或积聚起来，以满足生产、生活和政治、国防等需要，如水库蓄水、发电、汽车、飞机、炸药、军火武器等。

一般地，能量被解释为物体做功的本领。做功的本领是无形的，只有在做功时才显现出来。因此，实际工作中往往把产生能量的能量源或拥有能量的载体看作第一类危险源来处理。例如，水库与河道中的水，岸边不稳定的岩体，易燃易爆物体，施工现场堆叠不稳的材料设备，不稳固的脚手架和模板，高空坠物和跌落，输电线路与用电设备等。

对于水利工程建设阶段而言，第一类危险源种类较多，如机械、电力、洪水、滑坡与塌方、排架倒塌、起重事故、高空坠落与物体打击等。而水利工程管理阶段第一类危险源主要是水，水的动能、势能和压能是水利工程事故的主要诱因。其他还有库岸坍塌、堤坝滑坡和地震等。

第一类危险源的危险性主要表现为导致事故而造成后果的严重程度方面。第一类危险源危害性的大小主要取决于以下几方面情况。

（1）能量的大小。第一类危险源导致事故的后果严重程度主要取决于事故时意外释放的能量多少。一般地，第一类危险源拥有的能量或危险物质越多，则发生事故时可能意外释放的能量也越多。当然，有时也会有例外的情况，有些第一类危险源拥有的能量或危险物质只能部分地意外释放。如混凝土重力坝不易垮坝，其发生事故时水库中的水是不会全部泄出的。

（2）能量意外释放的强度，即事故发生时单位时间内释放的能量。在能量总量相同的情况下，能量释放强度越大，对人员或物体的作用越强烈，造成的后果越严重。水库的坝型、坝高、库容、蓄水体形状、入库流量等影响垮坝流量，也即影响垮坝时能量释放强度。

（3）能量的种类。不同种类的能量造成人员伤害、财物和环境破坏的机理不同，其后果也很不相同。

（4）意外释放能量的影响范围。事故发生时意外释放的能量影响范围越大，可能遭受其作用的人或物越多，事故造成的损失越大。例如，施工安全事故只对现场的人员和财产产生作用，一般损失有限，后果容易控制；而溃堤或垮坝事故不但造成工程本体损坏、现场人员伤亡和财产损失，还对下游的很大范围造成损失，梯级水库还有可能造成连锁反应，波及更大范围。

二、第二类危险源

第一类危险源是不能全部消除或不情愿消除的。为了利用能量，让能量按照人们的意图在生产过程中流动、转换和做功，我们就需要采取措施屏蔽、约束、限制能量，控制第一类危险源，防止能量意外地释放，以达到享受方便生活的同时减少事故灾害的目的。

然而，实际生产过程中绝对可靠的屏蔽、控制措施并不存在。在许多因素的复杂作用下，约束、限制能量的屏蔽措施可能失效或被破坏而发生事故。导致约束、限制能量屏蔽措施失效或破坏的各种不安全因素称为第二类危险源，它包括人、物、环境和管理4个方面的问题，通常我们称之为事故隐患。

第二类危险源往往是一些围绕第一类危险源随机发生的现象，它们出现的情况决定事故发生的可能性。第二类危险源出现得越频繁，发生事故的可能性越大。

1. 人的因素

在安全工作中涉及人的因素问题时，采用的术语有"违章"和"人失误"。

　　违章一般指明显违反安全操作规程的行为，一般存在"故意"的成分。这种行为往往直接导致事故发生。例如，水库汛期违规蓄水造成防洪库容降低，人为堵塞排水系统导致浸润线升高，高空作业不系安全带而发生坠落等。

　　人失误是指人行为的结果偏离了预定的标准，包括误操作、不注意、疲劳、个人的缺陷等。例如，起吊重物捆绑不紧发生高空洒落伤人，对坝体渗漏处置不当导致滑坡等。

　　违章、人失误可能直接破坏对第一类危险源的控制，造成能量或危险物质的意外释放，也可能造成物的因素问题，进而导致事故。

　　2. 物的因素

　　物的因素问题可以概括为"物的不安全状态"和"物的故障或失效"。

　　物的不安全状态是指工程结构、机械设备、物体等明显不符合安全要求的状态，如堤坝高度不满足规定的设计标准、坝体断面不满足安全要求、边坡不稳定、工程超载能力低不足以抵御超标准洪水、坝体或坝基渗漏严重、防洪堤护脚护坡等损坏等。在我国的安全管理实践中，往往把物的不安全状态称为"隐患"。

　　物的故障或失效是指工程系统、机械设备、零部件等由于性能低下而不能实现预定功能的现象，例如溢洪道闸门启闭系统失灵、排水系统堵塞淤积、输水系统损坏等。

　　物的不安全状态和物的故障（或失效）可能直接使约束、限制能量或危险物质的措施失效而发生事故。有时一种物的故障可能导致另一种物的故障，最终造成能量或危险物质的意外释放。例如，排水系统堵塞，使浸润线升高导致坝体滑坡，最终造成垮坝事故。

　　物的因素问题有时会诱发人的因素问题；人的因素问题有时会造成物的因素问题，实际情况比较复杂。

　　3. 环境因素

　　环境因素主要指工程的建设与运行环境，包括法制环境、人文环境、自然环境和工作环境。

　　法制环境指国家有关工程建设、管理方面的法律法规、标准等的建立、完善与实施。如安全管理、危险源管理和事故应急管理等方面法规的建立、完善与实施；水利工程建设与管理标准的建立与更新等。

　　人文环境指政府、行业、从业人员和居民对水利工程事故的重视程度，抗灾理念的普及程度以及工程周围居民对工程建设与管理的拥护和支持程度，工程建设和管理人员的能力和技术水平等。

　　自然环境包括地理位置、地形、地质、气象、水文、生物侵害等物理环境。不良的物理环境会引起物的因素问题或人的因素问题。例如，地质条件恶化会降低工程的安全度；白蚁滋生繁衍和鼠、獾等会给土坝、土堤等水利工程管理带来麻烦。而检查、监测不到位又产生人的因素问题。

工作环境中的不良因素，如照明、噪声、震动、颜色等方面的缺陷，以及管理系统和社会的软环境。管理制度、人际关系或社会环境影响人的心理，可能造成人的不安全行为或人失误。

4. 管理的因素

管理的因素包括对物的管理失误即技术缺陷，对人的管理失误即组织设计缺陷，管理工作的失误即对现场缺乏监控等。

对工程的安全监督不力，安全检查流于形式，走马观花，对发生的问题不及时落实整改，安全隐患整改不彻底；任意挪用安全措施费用；安全教育培训不够、劳动者很少进行系统的安全知识学习、培训；操作人员不懂安全操作程序或经验不足，缺乏安全常识；重工程进度，轻安全防护；没有安全规程或安全规程不健全；安全预警系统不完善，缺乏事故防范措施及应对系统等，均是管理失误问题的体现。

三、危险源与事故发生的关联性

一起事故的发生是两类危险源共同起作用的结果。第一类危险源的存在是事故发生的前提，没有第一类危险源就谈不上能量或危险物质的意外释放，也就无所谓事故。但如果没有第二类危险源导致失去对第一类危险源的控制，也不会发生能量或危险物质的意外释放。第二类危险源的出现是第一类危险源导致事故的必要条件。

在事故的发生、发展过程中，两类危险源相互依存、相辅相成。第一类危险源在事故时释放出的能量是导致人员伤害、财物或环境损坏的能量主体，决定事故后果的严重程度；第二类危险源出现的难易决定事故发生的可能性大小。两类危险源共同决定危险源的危害性。

第二类危险源的控制应该在第一类危险源控制的基础上进行，与第一类危险源的控制相比，第二类危险源是一些围绕第一类危险源随机发生的现象，对它们的控制更困难。

第二节　水利工程危险源辨识

水利工程危险源辨识是水利工程事故应急管理的第一步，是应急管理的首要任务，也是最困难的任务。通过某种或几种识别技术和途径的结合，尽可能全面地对水利工程所面临的和潜在的危险因素加以识别、分析、判断和归类。

水利工程建设与运行过程中，事故种类繁多，导致事故的原因复杂。但就某个具体工程而言，其导致事故的原因可能较简单，可能发生的事故类型有限。识别危险源的目的就是要理解某个具体工程的特殊性，研究其个体存在的事故风险，分析确定工程面对的重大危险源，然后集中精力处置和控制重大危险源，减少事故发生和降低事故损失。

准确、完整的危险源辨识需要对危险源有全面、准确的了解。要特别注意对容易忽略的第二类危险源的辨识。

一、危险源辨识的原则

1. 由粗及细、由细及粗

由粗及细是指对水利工程进行全面分析，并通过多种途径对水利工程事故风险进行分解，逐渐细化，以获得对水利工程事故风险的广泛认识，从而得到工程初始危险源清单。

而由细及粗是指对初始危险源进行适当归类，并从工程初始危险源清单的众多风险中，根据同类水利工程的经验以及对目标水利工程具体情况的分析和调查，确定那些对本水利工程安全目标实现有较大影响的危险源，作为风险评价以及风险对策的主要对象。

2. 严格界定事故风险内涵并考虑危险源之间的相关性

不同种类事故可能由同一危险源引起；不同危险源最终可能导致同一事故。对各种事故风险的内涵要严格加以界定，不要出现重复和交叉现象。要尽可能考虑各种危险源之间的相关性，如主次关系、因果关系、互斥关系、正相关关系、负相关关系等。

应当说，在危险源识别阶段考虑危险源之间的相关性有一定的难度，但至少要做到严格界定风险内涵。

3. 先怀疑后排除，排除与确认并重

对于目标工程的各种事故风险都要考虑其是否存在，不要轻易否定或排除某些危险源，要通过认真的分析进行确认或排除。

对于肯定可以排除和肯定可以确认的危险源应尽早予以排除和确认。对于一时既不能排除又不能确认的危险源再做进一步的分析，予以排除或确认。最后，对于不能肯定排除但又不能肯定予以确认的危险源按确认考虑。

4. 必要时可做试验论证

对于某些按常规方式难以判定其是否存在，也难以确定其对工程目标影响程度的危险源，可以做一些试验进行论证，如脉动水压力对闸底板的作用、坝体外形与汽蚀作用、垮坝流量试验等。

二、危险源辨识的内容

一个工程的建设和管理者所面临的事故风险是多种多样的，管理人员要设法辨识会造成人员伤亡、财产损失和环境破坏、打乱工程正常的建设和运行管理过程，以及影响工程效益发挥的事故风险类型与根源。危险源辨识过程主要应该回答以下问题。

（1）辨识的方法是什么？

（2）事故风险是什么？

（3）导致风险事故的危险源是什么？

（4）导致事故的主要原因和条件是什么？

（5）事故的后果是什么？

通过危险源辨识，了解面临的各种事故风险和危险源，是为了便于实施危险源管理过程的风险衡量。

三、危险源辨识方法

危险源存在于确定的系统中，不同的系统范围其危险源层次也不同。例如，从全国范围来说，水利水电行业就是危险源；就一个地区来讲，水利工程是危险源；对于一个具体水利工程的管理单位来讲，暴雨洪水就是一个危险源；对大坝而言，泄洪系统是一个危险源。因此，分析危险源应按系统的不同层次来进行。

危险源辨识方法包括经验法和系统安全分析法。经验法包括判断调查法和台账法，常用的系统安全分析方法有事件树、事故树等。

（一）经验法

1. 判断调查法

对照有关标准、法规、检查表和事故统计资料，或依靠分析人员的经验和观察、判断、分析能力，直观地评价对象危险性和危害性，查找危险源。判断调查法是危险源辨识中常用的方法，其优点是简便、易行，缺点是受辨识人员知识、经验和占有资料的限制，可能出现遗漏。

为弥补个人判断的不足，常采取专家会议的方式来相互启发、交换意见、集思广益，使危险源的辨识更加细致、具体。

对照事先编制的检查表辨识危险源具有方便、实用、不易遗漏的优点，可弥补知识、经验不足的缺陷。但须有事先编制的、适用的检查表。检查表是在大量实践经验基础上编制的，我国一些行业编制了一系列的安全检查表、事故隐患检查表。对于施工现场，《水利水电工程施工安全管理导则》（SL 721—2015）及后附97个检查表可作为借鉴。

为了避免遗漏和建立一定的思路，分析判断可以按一定的规则顺序进行。因素分析法就是一种常用的分析判断危险源的方法。

【例3.1】　用因素分析法辨识危险源

根据水利工程的特点，用因素分析法辨识水利工程事故危险源。水利工程危险源可以按时间维、结构维和因素维进行分解。

（1）时间维。即按水利工程建设、运行、维修、报废整个生命期的不同阶段进行分解，也就是考虑水利工程寿命期不同阶段的危险源。

（2）结构维。即按水利工程组成内容进行分解，也就是查找水利工程不同部位的危险源。

（3）因素维。即按水利工程危险源的分类分解，如政治、社会、自然、技术、管理等方面的危险源。

在危险源辨识过程中，有时并不仅仅采用一种方法就能达到目的，而需要将几种方法进行组合。例如，由时间维、结构维和因素维3个方面从总体上进行水利工程危险源分解。图3.2是水库工程危险源分解示意图。

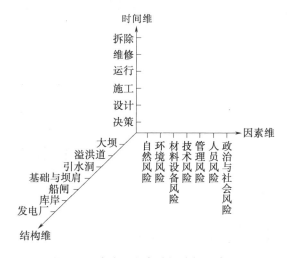

图3.2　水库工程危险源分解示意图

2.清单法

清单法也称为台账法，是首先建立初始危险源清单，利用初始危险源清单对照分析、类推某个水利工程所面对的危险源，从而确认水利工程面对的风险。初始清单可以利用工程类型或自然环境相同或相近工程的风险管理经验，政府、专业机构的统计资料，或是通过判断调查法等建立。

初始危险源清单只是为了便于人们较全面地认识风险的存在，而不至于遗漏重要的工程风险。在初始危险源清单建立后，还需要结合特定水利工程的具体情况进一步识别，从而对初始危险源清单做一些必要的补充和修正。

为此，需要参照同类水利工程危险源的经验数据或针对具体水利工程的特点进行危险源调查。

【例3.2】 清单法辨识水利工程事故危险源

按时间维和因素维建立的水利工程事故危险源台账见表3.1。

表3.1 水利工程事故危险源台账

阶　段	危　险　源
决策阶段	不遵守科学规律，没有经过科学论证
	没有委托有资质的单位设计
	没有经过政府主管部门审批和监督
	擅自降低建设标准
设计阶段	基础资料缺乏造成设计错误
	对新结构、新材料了解不足造成设计错误
	设计质量低下、计算错误或方案失误
施工阶段	降低安全投入
	现场管理混乱
	施工方案选择错误
	不按设计施工
	擅自降低导流标准
	施工质量低下
	施工期遇超标准洪水
运行管理阶段	出现超标准地震、暴雨、洪水以及遭遇意外破坏
	排水泄洪设施失灵
	没有及时发现事故隐患或没有及时排除隐患
	出现险情时决策不果断而贻误战机
	应急决策能力不足，采取措施错误
维修加固阶段	维修加固措施失误
	维修加固时机错误
	维修加固防护不足
	维修加固遇超标准洪水
拆除阶段	拆除工程没有委托给有资质的单位
	拆除工程方案不合理
	拆除工程防护不足
	拆除工程方案不合理造成其他工程失事

（二）系统安全分析法

系统安全分析法即应用系统安全工程评价方法的部分方法进行危险源辨识。系统安全分析方法常用于复杂系统、没有事故经验的新开发系统，在此只做简要介绍。

1. 事件树分析

事件树分析是一种从原因推论结果的系统安全分析方法。它在给定一个初因事件的前提下，分析此事件可能导致的后续事件的结果。其实质是利用逻辑思维的规律和形式，从宏观的角度去分析事故形成的过程。

事件树分析的基础是事故链理论，即任何一个事故的发生，必定是一系列事件按时间顺序相继出现的结果，前一事件的出现是随后事件发生的条件，在事件的发展过程中，每一事件有两种可能的状态，即成功和失败。

具体操作是：从事件的起始状态出发，用逻辑推理的方法设想事故的发生过程，然后根据这个过程，按事件发生先后顺序和系统构成要素的成功或失败两个状态，并将要素的状态与系统的状态联系起来，以确定系统的最后状态，从而了解事故发生的原因和发生的条件。事件树模型如图3.3所示。

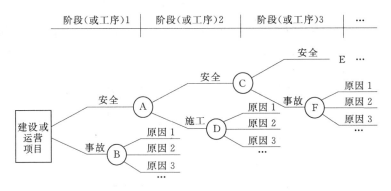

图 3.3　事件树模型

事件树分析法着眼于事故的起因，即初因事件。当初因事件进入系统时，与其相关联的系统各部分和各运行阶段机能的不良状态，会对后续的一系列机能维护的成败造成影响，并确定维护机能所采取的动作，根据这一动作把系统分成在安全机能方面的成功与失败，并逐渐展开呈树枝状，在失败的各分支上假定发生的故障、事故的种类，分别确定它们的发生概率，并由此求出最终的事故种类和发生的概率。

流程法是用事件树分析水利工程危险源的一种具体方法。流程法是将水利工程建设和管理工作的某个任务分解为一系列步骤，作流程图，并详细分析流程图每一个工作步骤可能面临的风险，再查找事故根源。

用流程法查找危险源的步骤如下。

（1）列出任务流程框图。

（2）针对每一个工作步骤，将可能的事故类型全部列出。为了避免遗漏，可组织多名有经验的成员参与。

（3）对每一个事故类型，分析查找危险源。

（4）汇总各步骤危险源，并适当归类合并，即得此任务的危险源清单。

通过将任务分解再查找危险源，可以做到思路清晰、思考有据、思维缜密、避免错漏。

【例3.3】 用流程法辨识隧硐矿山法施工的危险源

（1）列出隧硐矿山法施工流程框图，如图3.4所示。

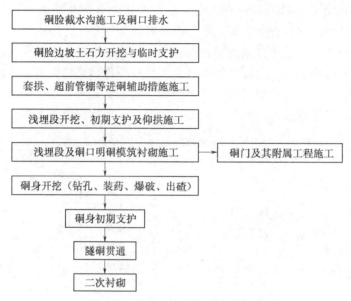

图3.4 隧硐矿山法施工流程框图

（2）针对每一个工作步骤，列出可能的事故类型，并分析事故根源。事故类型、事故根源分析列于表3.2中。

表3.2 各工作步骤事故类型

序号	工作步骤	事故类型	危险源分析
1	硐脸截水沟施工及硐口排水	（1）物体打击	危石；垂直交叉作业
		（2）高处坠落	边坡高度大；坡度陡；防护不到位
		（3）坍塌掩埋	滑坡体；开挖坡度大；支护不足
		（4）爆破飞石伤害	炸药等爆破器材储存、操作失误；警戒防护不到位
		（5）爆破冲击波伤害	炸药等爆破器材储存、操作失误；警戒防护不到位
		（6）施工机械伤害	施工机械防护装置失效；操作失误；工作面混乱
2	硐脸边坡土石方开挖与临时支护	（1）物体打击	危石；垂直交叉作业
		（2）高处坠落	边坡高度大；坡度陡；防护不到位
		（3）坍塌掩埋	滑坡体；开挖坡度大；支护不足
		（4）爆破飞石伤害	炸药等爆破器材储存、操作失误；警戒防护不到位
		（5）爆破冲击波伤害	炸药等爆破器材储存、操作失误；警戒防护不到位
		（6）施工机械伤害	施工机械防护装置失效；操作失误；工作面混乱

续表

序号	工作步骤	事故类型	危险源分析
3	套拱、超前管棚等进硐辅助措施施工	(1) 物体打击	危石；垂直交叉作业
		(2) 跌落	高空作业；防护不足
		(3) 坍塌	滑坡体；支护不足
		(4) 排架倒塌	排架基础承载力不足；排架搭设不符合要求
		(5) 施工机械伤害	施工机械防护装置失效；操作失误；工作面混乱
4	浅埋段开挖、初期支护及仰拱施工	(1) 冒顶	顶部围岩软弱；支护不足
		(2) 坠石	危石；支护不足
		(3) 支护坍塌	支护设计错误；支护施工不符合要求
		(4) 涌水淹溺	风化岩含水层、破碎带涌水；围岩液化
		(5) 土体突涌	围岩液化
5	浅埋段及硐口明硐模筑衬砌施工	(1) 物体打击	拱顶掉块、模板掉落
		(2) 高处坠落	作业人员防护不当，从支架上跌落
		(3) 排架坍塌	脚手架、承重支架失稳坍塌
		(4) 触电	临时用电线路破损漏电、接地不到位
		(5) 中毒	通风不良，电焊、气割产生有毒气体
		(6) 施工机械伤害	手持切割机具使用不当、个人防护不当
6	硐门及其附属工程施工	(1) 物体打击	硐脸坡面危石掉落
		(2) 高处坠落	作业人员防护不当，从支架上跌落
		(3) 排架坍塌	脚手架、承重支架失稳坍塌
		(4) 触电	临时用电线路破损漏电、接地不到位
		(5) 施工机械伤害	手持切割机具使用不当、个人防护不当
7	开挖（钻孔、装药、爆破、出碴）	(1) 物体打击	拱顶掉块
		(2) 高处坠落	作业人员防护不当，从作业平台上跌落
		(3) 塌方	围岩支护不当
		(4) 爆炸	火工材料保管不当、盲爆处理不当
		(5) 突泥	溶洞内淤泥压塌围岩，土质围岩液化，淤泥大量涌出
		(6) 突水	溶洞内水体压塌围岩，地下水大量涌出
		(7) 施工机械伤害	施工机具操作不当、个人防护不当、机械制动失灵
		(8) 触电	临时用电线路破损漏电、接地不到位
		(9) 中毒	通风不良，爆破、机械产生有毒气体，地层内有毒气体释放
8	隧硐贯通	(1) 物体打击	拱顶掉块、模板掉落
		(2) 高处坠落	作业人员防护不当，从支架上跌落
		(3) 排架坍塌	脚手架、承重支架失稳坍塌
		(4) 触电	临时用电线路破损漏电、接地不到位
		(5) 中毒	通风不良，电焊、气割产生有毒气体

序号	工作步骤	事故类型	危险源分析
9	硐身初期支护	（1）物体打击	拱顶掉块、模板掉落
		（2）高处坠落	作业人员防护不当，从支架上跌落
		（3）排架坍塌	脚手架、承重支架失稳坍塌
		（4）触电	临时用电线路破损漏电、接地不到位
		（5）中毒	通风不良，电焊、气割产生有毒气体
10	二次衬砌	（1）物体打击	模板掉落
		（2）高处坠落	作业人员防护不当，从支架上跌落
		（3）排架坍塌	脚手架、承重支架失稳坍塌
		（4）触电	临时用电线路破损漏电、接地不到位
		（5）中毒	通风不良，电焊、气割产生有毒气体

（3）将事故类型适当归类，见表3.3。

表3.3　　　　　　　　　矿山法隧硐开挖事故类型归类

序号	事故类型	危 险 源
1	物体打击	边坡危石；坡面垂直交叉作业；支护不足拱顶掉块；模板掉落
2	高处坠落	边坡高度大；坡度陡；防护不到位，从支架上跌落
3	坍塌掩埋	滑坡体；开挖坡度大；支护不足
4	爆破飞石伤害	炸药等爆破器材储存、操作失误；警戒防护不到位
5	爆破冲击波伤害	炸药等爆破器材储存、操作失误；警戒防护不到位
6	施工机械伤害	施工机械防护装置失效；操作失误；工作面混乱；制动失灵
7	排架倒塌	排架基础承载力不足；排架搭设不符合要求
8	冒顶	顶部围岩软弱；支护不足
9	支护坍塌	支护设计错误；支护施工不符合要求
10	突泥	溶洞内淤泥压塌围岩，土质围岩液化，淤泥大量涌出
11	突水	溶洞内水体压塌围岩，地下水大量涌出
12	触电	临时用电线路破损漏电、接地不到位
13	中毒	通风不良，爆破、机械产生有毒气体，地层内有毒气体释放

（4）列出矿山法隧硐开挖事故危险源清单。将危险源归类、列表，即得矿山法隧硐开挖事故危险源清单。有的一种事故可能由多种危险源引起，有的一个危险源可能引发多种事故。在危险源归类时应注意区分。

2.故障树分析

故障树分析又称事故树分析，是一种归纳的系统安全分析方法。它是从要分析的特定事故或故障开始，层层分析其发生原因，一直分析到不能再分析为止；将特定的事故和各层原因之间用逻辑门符号连接起来，得到形象、简洁地表达其逻辑关系的逻辑树图形，即故障树。故障树俗称"鱼刺图"，如图 3.5 所示。

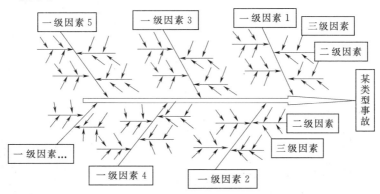

图 3.5　故障树模型

故障树分析时，应从事故类型开始，逆箭头方向研究，首先查找一级因素，务必分析查找彻底。而后针对每一个一级因素，分析查找二级因素。以此类推，直到分析查找到最根本原因为止，其就是要查找的危险源。

通过对故障树简化，将危险源填入清单中。

【例 3.4】　用故障树方法分析河堤工程危险源

河堤是沿着河床加高的屏障，用于限制水流在河道中。河堤必须修建在地基牢固的土地上，并由不透水的土壤（如压实后可防止沉降的黏土）筑成方能有效。河堤的表面通常种植草皮或其他矮小植被以防止其遭受侵蚀；洪水侵袭严重时，也使用混凝土或者石头铺砌裸露的表面。

河堤有很多设计、建设及维护方面的问题，很多堤防是在财政紧张的情况下修筑的，在管理不规范的地方它们不能得到很好的维护。河堤的事故主要是溃决，粗略分析有 8 个基本的危险因素可导致溃堤，即波浪侵蚀、漫顶、漏洞、管涌、渗流腐蚀、堤脚淘刷、基础振动液化、穿堤建筑物接触渗漏等。这 8 种因素导致溃堤的模式如图 3.6 所示。

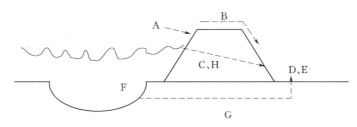

图 3.6　溃堤模式图

（1）波浪侵蚀（A），通过冲击堤岸正面、冲走构成堤岸的表面物质，

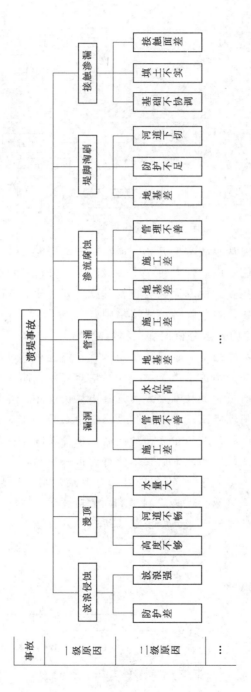

图 3.7　事故树

进而淘刷堤身而导致溃堤。

（2）漫堤（B），发生在水位超过堤岸高度之时。一旦发生漫顶，越过堤岸的水流将冲蚀出一条使更多水流流经缺口的路径，这将迅速地淹没堤岸后面的区域。

（3）漏洞（C），发生的原因是动物的洞穴、腐烂的树根或其他干扰堤岸的因素导致了穿透或几乎穿透堤岸长洞的产生。一旦洪水进入这些"管道"，就打开了一条通向堤岸朝陆地一侧的通道，从而导致溃堤。

（4）管涌（D），透水地基中的细颗粒在渗流的作用下，在孔隙的孔道内发生移动，并被水带出基础外。随着涌水量和挟沙量的增加，孔口不断扩大，可导致堤身塌陷。

（5）渗流腐蚀（E），发生在河水高度施压于已渗水河床、位于堤岸下或堤岸朝向陆地一侧土壤中的水时。产生的水流能够导致流沙流土，逐渐造成滑坡，从而侵蚀出一条通道。

（6）堤脚淘刷（F），堤防基础不固，缺乏防护，当位于河道凹岸时，河流有下切作用，使河堤向河道内坍塌，形成溃堤。

（7）基础振动液化（G），基础含水粉细砂层在受到地震或其他震动时，砂粒间摩擦力降低产生塌陷，空隙水漂浮砂粒会产生液化现象，造成河堤滑坡。

（8）穿堤建筑物接触渗漏（H），穿堤建筑物基础过强，与河堤变形不协调；河堤填筑压实不固、建筑物与河堤接触面处理不好，穿堤建筑物损坏等，会引起集中渗漏而决口。

将事故原因层层剖析，就形成了事故树，如图 3.7 所示。

第三节　水利工程危险源风险评估

水利工程事故除施工安全事故、工程本体损坏、水库诱发地震等以外，绝大多数事故是溃堤溃坝事故，这类事故对人类危害也是最大的。而造成溃堤溃坝事故的原因有很多种，只靠工程检查与监测，被动地控制事故风险是不科学的。应该从导致事故的危险源分析入手，确定其可能导致事故发生的概率，事故一旦发生可能造成的损失范围、损失类型、损失数量以及发生事故后对社会造成的影响等，再有选择地采取针对性措施。

水利工程危险源风险评估是对水利工程已识别的危险源进行深化研究，估计导致水利工程发生事故的可能性、事故发生后造成的损失后果和影响范围的大小等，将水利工程事故的不确定性进行量化，用概率论来评估事故潜在影响的一个过程。也就是将水利工程危险源可导致事故的风险被量化为关于事故发生概率和损失严重性的风险量函数。

一、水利工程危险源风险估计

危险源与事故存在不确定性关系，其具有两个特征：一是事故发生的不确定性；二是事故发生后产生损失后果的不确定性。事故是否发生、何时发生、发生之后会造成什么样的后果等均是不确定的。同样的危险源可能导致事故也可能什么也不发生，发生事故有可能产生很大损失也有可能没什么损失。

不确定性的来源有三：一是客观世界的不确定性；二是人类知识和认知的局限性；三是不可测性。客观世界本身就是不稳定体，其时刻处在不断变化中。正像美国气象学家洛伦兹所说：亚马孙雨林一只蝴蝶翅膀偶尔振动，也许两周后就会引起美国得克萨斯州的一场龙卷风。如前所述，目前人类掌握的知识非常有限，人们对自然界认识不足，不能清楚地理解和描述事故发生的规律和预测事故何时何地发生，事故以何种方式发生。不可测性指人们有时不知采用何种准则和判据来判定其状态是否正常。

任何一个水利工程都处于一个特定的环境，在此环境中包含了大量相互关联的影响工程安全的不确定因素，如工程质量、管理能力、地质状况、水文条件、区域自然和社会环境等。这些不确定因素的组合构成了水利工程事故发生的不确定性。

水利工程危险源风险估计是指在过去事故资料分析的基础上，运用概率论和数理统计的方法，对水利工程各个阶段、各种危险源导致事故发生的可能性大小、可能出现的后果、可能发生的时间和影响范围的大小等的估计。进行水利工程危险源风险估计有利于加深对工程自身和环境的理解，有利于充分、系统而又有条理地考虑工程所具有的不确定性和风险，有利于明确事故对其他各个方面的影响。

进行水利工程危险源风险估计可以预测事故发生的概率和损失程度，通过采取适当的措施，可减少事故损失。对损失幅度的估计，使管理者能够明确水利工程事故造成的灾难性后果，集中主要精力去控制那些可能导致重大事故的危险源；进行水利工程危险源导致事故概率分布估计，结合损失幅度的估计，为管理者进行风险决策提供依据，管理者根据估计结果分配管理费用，采取相应的危险源控制技术，减少事故发生的可能性。对于发生概率较高、损失严重的情况，可考虑危险源隔离和消除措施，或危险源控制措施；对于损失较小，不致造成较大影响的危险源，可通过管理措施解决。

二、危险源风险量函数

评价水利工程危险源的风险需要引入风险量的概念。风险量是指危险源风险的量化结果，可以用事故带来损失的期望值来表达。其数值大小取决于各种危险源导致事故发生的概率及其潜在损失。如果以 R 表示风险量，p 表示风险的发生概率，q 表示潜在损失，则 R 可以表示为 p 和 q 的函数，即

$$R = f(p, q) \tag{3.1}$$

式（3.1）反映的是风险量的基本原理，具有一定的通用性，其应用前提是能通过适当的方式建立关于 p 和 q 的连续性函数。但是，这一点不是很容易做到。在风险管理理论和方法中，多数情况下是以离散形式来定量表示风险的发生概率及其损失，因而风险量 R 相应地表示为

$$R = \sum (p_i \cdot q_i) \tag{3.2}$$

式中：$i = 1, 2, \cdots, n$，表示同一危险源导致事故的不同结果的数量。

如果同一危险源导致的事故发生只有一个结果，则公式可变为

$$R = p \cdot q \tag{3.3}$$

三、水利工程事故发生概率估计

水利工程危险源风险估计的首要任务是分析和估计危险源导致事故发生的概率与概率分布，即事故发生可能性的大小，这是水利工程危险源风险估计中最为重要的一项工作，而且往往也是最困难的工作。其主要原因在于两个方面：一是与事故相关的系列数据收集相当困难；二是不同水利工程危险源差异性较大，事故类别相差也较大，用类似水利工程事故数据推断当前水利工程事故发生的概率，其误差可能较大。一般来讲，危险源导致事故的概率分布应当根据历史资料来确定。当管理人员没有足够的资料来确定概率分布时，可以利用理论概率分布来进行估计。

1. 利用已有数据资料分析事故的概率分布

当某些导致水利工程事故的危险源积累了较多的数据资料时，就可通过对这些数据资料的分析，找出危险源导致事故的概率分布。这是分析事故发生概率和计算事故损失的重要途径。比如用多年的施工伤亡事故统计资料可以估计某种危险源导致现场安全事故发生的概率等。

2. 利用理论概率分布确定事故概率

在工程实践中，有些危险源的存在是一种较为普遍的现象，很多专家学者已做了探索或研究，并得到了这些危险源的随机变化规律，即分布规律。对这种情况，就可利用已知的理论概率分布，根据工程的具体情况去求解事故发生的概率。比如降雨洪水规律目前公认符合 P-Ⅲ 分布，利用暴雨洪水

资料和工程的防洪标准，可以推算工程遭遇超标准洪水的概率，可以预计到因遇到超标准洪水而发生漫堤漫坝的概率。

3. 用主观概率分析风险事件发生的概率

由于水利工程事故具有明显的"一次性"特征，可比性较差，水利工程危险源和事故特性往往也相差很远，所以有些危险源很少或根本就没有可以利用的历史数据和资料；以前有一些事故资料被企业和地方政府当作"机密"封存，"外人"很难得到。在这种情况下，管理人员就只能根据自己的经验猜测事故发生的概率或概率分布。

当然，利用主观概率分析水利工程事故时应注意到，主观概率反映的是特定的个体对特定事件的判断。在某种程度上，主观概率反映了个体在一定情况下的自信程度，其准确程度决定于人们经验积累的多少、对工程及其危险源的了解程度。主观概率无法用试验或统计的方法来检验其正确性。

主观概率一般用相对比较法表达。相对比较法表达如下。

(1) "几乎是 0"：这种事故可认为不会发生。

(2) "很小的"：这种事故虽有可能发生，但现在没有发生并且将来发生的可能性也不大。

(3) "中等的"：即这种事故偶尔会发生，并且能预期将来有时会发生。

(4) "一定的"：即这种事故一直在有规律地发生，并且能够预期未来也是有规律地发生。在这种情况下，可以认为事故发生的概率较大。

四、水利工程事故损失估计

事故会造成人员伤亡、财产损失和环境破坏；事故会打乱工程正常的建设和运行管理过程，影响工程效益的发挥；事故后果造成人们心理阴影，降低人们的生活质量。以工程管理单位为例，损失的类型一般有 4 种：由于事故产生的本单位人身伤亡损失、财产损失及其额外支出的费用；因财产损失引起收入减少、营业中断损失；因事故造成下游范围的人员伤亡和财产损失等。水利工程事故损失估计包括影响范围估计、事故后果严重程度估计和事故发生时间估计。

(一) 水利工程事故影响范围估计

水利工程事故影响范围估计，包括分析水利工程事故可能影响的部位和地域范围、损失的类型和事故影响时间。

1. 水利工程事故影响部位和地域范围

水利工程事故影响部位和地域范围因事故类型的不同而有很大差异。例如，施工安全事故影响只限于施工工作面；输水系统事故影响输水系统沿线及受益区；垮坝、溃堤事故则影响下游广大地区。具体工程风险分析时应认真研究确认，既不要夸大事故影响范围，造成不必要的资源浪费和心理负担，也不能存在麻痹、侥幸心理，忽视、缩小事故的影响。

垮坝、溃堤事故影响范围较大，本书介绍一些影响范围确定方法。

（1）根据工程规模、工程类型与危险源种类，预测垮坝、溃堤事故的破坏部位、破坏形式和破坏范围。

（2）根据事故的破坏部位、破坏形式和破坏范围以及水位的不同组合，用经验公式或试验方法计算垮坝洪峰流量和洪水过程线及水位、流速等。

（3）计算、确认事故洪水的淹没范围、淹没时间。计算事故洪水的淹没范围可采用水文水力计算法和模型推演法。水文水力计算法是根据流域现状或规划条件下土地利用特征和工程条件，采用水文学和水力学方法，分析推求水利工程事故洪水泛滥后淹没状况的方法。针对流域水文地理特征、资料条件选择适宜的方法和模型。模型推演法是通过 GIS 技术与水文模型相结合，模拟显示事故洪水演进过程和淹没区范围，并进行灾害评估的方法。

（4）做事故洪水影响范围图。标示洪水淹没范围，洪水演进路线、到达时间、淹没水深及流速大小等，并标示洪泛区内各处受洪水灾害的危险程度。相应计算方法可参考《洪水风险图编制导则》，也可以利用各地已编制完成的洪水风险图成果，确定各种参数。

2. 事故损失类型

水利工程事故损失按损失标的物分有人员伤亡、财产损失、环境破坏和影响正常的生产生活甚至造成社会恐慌。

水利工程事故损失按计算方法有直接损失和间接损失。直接损失主要是工程损坏、由于洪水直接淹没所造成的人员伤亡、财产损失和环境破坏；间接损失指由于洪水期交通、电力中断，厂房、设备受损等造成的产品成本增加及停产、误工损失等，还包括防洪抢险、灾民撤离、疾病防治、灾后恢复等费用。由于对间接损失的详细分析和精确估计是很困难的，一般是根据典型实例的调查结果或经验估计得出间接损失占直接损失的百分数作为间接损失估算的依据。

水利工程事故损失按时间分，有即时损失和延后损失等。

3. 事故影响时间

事故影响时间包括事故延续时间和灾后恢复时间。

（二）水利工程事故后果严重程度估计

水利工程事故后果的严重程度即事故发生后可能带来损失的大小。在水利工程运行过程中，经常会遇到这样的情况：水利工程事故发生的概率不一定很大，但如果它一旦发生，其后果是十分严重的，将会对水利工程和社会带来巨大灾难；对某些事故，其发生的概率和本身造成的损失都可能不是很大，但一旦发生则会影响到许多方面工作。如水利水电施工的截流环节，一般情况下，按正常设计组织施工，其失败的风险是很小的，但若截流不成功，则会对后续水利工程施工造成严重影响，如会压缩主体工程施工工期，甚至失去当年施工机会。

下面仍以垮坝事故和溃堤事故为例，说明损失的估计方法。

水利工程发生事故，洪水带来的灾害与损失不仅与淹没范围有关，而且与洪水演进路线、到达时间、淹没水深及流速大小等有关。洪灾后果严重程度估计的内容主要包括以下几个方面。

（1）灾害强度。灾害强度定性为若干级，如特大、重大、大、中、小等。

（2）造成的经济损失。按工业损失、农业损失、商业损失、居民损失、其他行业损失等分类统计，也可以分地区统计。

（3）生命线受害统计。生命线系指交通系统、供电系统、供水系统、供气系统、通信系统、邮电系统等，一般可按系统中断时间计。

（4）人员伤亡数目。

（5）环境破坏、污染及疾病传播情况。

（6）社会影响。

经济损失评估是灾情评估的主要内容，但人员伤亡、水源污染、疾病流行、社会不安定、生命线受损影响等是无法用货币表示的无形损失，在评估过程中须单列考虑。

对于不同灾区，由于地形地貌、经济状况、季节、淹没程度、抢救措施的差别，洪灾损失是不同的。但对于确定地区，洪灾损失的影响因素主要是淹没程度。如果资料充足，能够分区分类建立洪灾损失与淹没水深、淹没历时之间的相互关系，则灾情损失评估结果更为方便和可靠。

在采用相对比较法时，水利工程事故导致的损失也将相应划分成重大损失、中等损失和轻度损失，从而在风险坐标上对水利工程危险源进行定位，反映出危险源风险量的大小。

（三）事故发生时间的估计

水利工程事故的发生时间，也是水利工程危险源风险分析中的重要工作。从危险源控制角度看，根据事故发生的时间先后进行控制。一般情况下，有可能较早发生事故的危险源应优先采取控制措施，而对于较迟发生事故的危险源，则可通过对其进行跟踪和观察，并抓住机遇进行调节，以降低控制成本。

第四节 水利工程危险源风险评价

水利工程危险源风险评价是根据提前设定的风险评价标准，将工程面对的危险源进行分级，以便根据轻重缓急分别管理。

在危险源识别和风险估计的基础上，综合考虑各危险源之间的相互影响、相互作用以及对工程安全的总体影响，将危险源风险量与评价基准进行比较，确定危险源的级别。一般将危险源分为轻微危险源、较小危险源、中等危险源、重大危险源、特大危险源等五级。

水利工程危险源风险评价是选择危险源控制手段、确定对危险源应采取的控制措施的基础，管理者可根据水利工程危险源风险评价的结果，采取相应措施对危险源进行管理。

一、水利工程危险源风险评价的作用

在水利工程应急管理工作中，危险源风险评价是必不可少的环节，主要具有以下作用。

（1）确定危险源风险的大小和重要性。对水利工程各类危险源进行评价，根据它们对工程和社会安全的影响程度，包括事故出现的概率和后果，确定它们的排序，为考虑危险源控制措施和先后顺序提供依据。

（2）确定各危险源间的内在联系。水利工程建设和运行过程中会出现各种各样的危险源，乍看是互不相干的，但当进行详细分析后，便会发现某些危险源是相同的或有着密切的关联。例如，某工程由于使用了不合格的材料，承重结构强度达不到设计值，引发了重大质量事故，造成了工期拖延、费用失控以及工程技术性能达不到设计要求等多种后果。再如，南海丹灶镇荷村水闸决口案例，违反招投标程序、施工方案错误、没有履行质监程序、施工质量低下、管理粗放、遇险情处置失误等一系列危险源造成了同一个决口事故。

（3）为选择危险源控制措施提供依据。通过与危险源风险评价标准对比，确定各种危险源的重要性级别。在危险源管理过程中，对不同级别的危险源需要采用不同的对策。

二、水利工程危险源风险评价的步骤

水利工程危险源风险评价，一般可按下列步骤进行。

1. 确定水利工程危险源风险评价标准

水利工程危险源风险评价标准就是水利工程管理主体针对不同的危险源，确定的可以接受的风险量。一般而言，对水利工程单个危险源风险和工程整体风险均要确定评价标准，可分别称为单个危险源风险评价标准和工程整体评价标准。

水利工程危险源的具体管理目标多种多样，项目风险评价标准的形式也有风险率、风险期望损失、风险量等。本书推荐用风险量评价。

2. 确定水利工程危险源等级

水利工程危险源风险水平即风险量，包括单个危险源风险水平和工程整体风险水平。水利工程整体风险水平是综合了所有危险源风险之后确定的。

3. 比较

将水利工程危险源单个风险水平和单个评价标准进行比较，并将工程整体风险水平和工程整体评价标准进行比较，确定危险源重要性级别，进而确定它们是否在可接受的范围之内，或者考虑采取什么样的风险应对措施。

三、危险源风险评价方法

预先设定危险源风险评价标准。以风险量标准为例，设定 R_1、R_2、R_3、R_4 为风险量的四级标准，水利工程危险源的危险程度被量化为关于事故发生概率和损失严重性的风险量函数，当风险量小于 R_1 时为轻微危险源，风险量在 $R_1 \sim R_2$ 间为较小危险源，风险量在 $R_2 \sim R_3$ 间为中等危险源，风险量在 $R_3 \sim R_4$ 间为重大危险源，风险量大于 R_4 的为特大危险源。

可以将风险量评价标准画在风险评价图上，称为等风险量曲线。将要评价的危险源导致事故概率和损失坐标绘于风险评价图上（图3.8），可以评价危险源级别。在风险量坐标图上，离原点位置越近则风险量越小。

在危险源风险评价采用主观概率时，需要对水利工程危险源的风险量作相对比较，以确定危险源的相对严重性，排列出危险源的先后顺序，以便危险源管理有重点、按秩序进行。据此可以将事故发生概率 p 和潜在损失 q 分为 L（小）、M（中）和 H（高）3 个区间，从而将等风险量图分为 LL、ML、HL、LM、MM、HM、LH、MH、HH 等 9 个区域。在这 9 个不同区域中，有些区域的风险量是大致相等的，如图3.9所示，可以将风险量的大小分成 5 个等级：VL（轻微）、L（较小）、M（中）、H（重大）、VH（特大）。

在图3.9中位于 VH 区的风险应该首先得到控制，其次是 H 区、M 区。

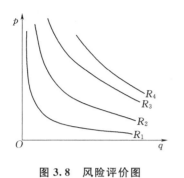

图 3.8　风险评价图

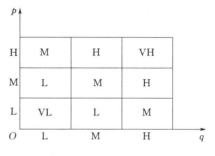

图 3.9　风险等级图

第五节　危险源管理对策与决策

一、水利工程事故防范的可能性

事故风险包括客观存在与主观认识两项因素。客观存在与主观认识之间的差异决定风险的大小。客观存在并不可怕，关键是人们是否已经认识。如果已经意识到危险源客观存在和预知具体情况，就会采取应对策略，从而适应或改变它。事故链理论决定了事故风险管理的可能性，人们可以通过主观努力，查找事故发生的根源，采用防范和控制措施，即可达到事故控制的目的。

水利工程事故具有以下特征，这些特征决定了运用风险管理技术控制损失的可能性。

（1）水利工程每一个事故都有特定的根源。事故不可能凭空发生，也不是密不可测，它有其特定的根源和产生的条件，有发生的迹象、特定的征候和一定的表现形式。这些根源、迹象、征候和形式常常是可见的或可推测的。通过细心观察、深入分析研究、科学地推测，寻根溯源，可以控制水利工程事故发生的可能性及其损失。

消灭了危险源就消除了事故；控制了危险源就控制了事故的发生与发展；截断危险源向下游的传播途径就可截断事故发生的可能性。对危险源的监控、预测，可以及时发现危险，早做准备，降低事故损失。

（2）水利工程事故风险已被普遍认识。水利工程事故时有发生，人类社会对其并不陌生。人们在修建、利用水利工程之前，本能地做好了应付不测的准备。这种本能乃是基于对水利工程事故风险的起码认识。人们常说"洪水猛兽"，人们在建造城市、修建工厂和公共设施时已经考虑了抵抗洪水等自然灾害的措施；建设水利工程时，常考虑坝面过水工况、修建非常溢洪道、利用天然湖泊调蓄抵抗等措施超标准洪水。

（3）事件可能结果具有互斥性特征。一个事件的演变具有多种可能，而这些可能性具有互斥性，增加有利结果的可能性就减少了不利结果的可能性。水利工程除险加固，提高工程的安全性就可以降低事故的风险；设立蓄、滞洪区消纳事故洪水，虽然蓄、滞洪区也遭受损失，但可以减少下游水利工程损坏和广大地区淹没的可能性。正所谓两害相权取其轻、"丢卒保车"的道理。

（4）大部分水利工程事故风险可以预测。一项工程可能有多种事故风险，各种事故发生的概率并不一样。通过危险源识别与风险评价可预测事故发生的概率和损失程度，基本做到心中有数，早做准备、应变有方，使自己处于主动地位。如预测水库可能有漫顶风险，就提前准备防汛物资、放空水库、在副坝下埋置炸药准备炸副坝泄洪等；预测到雷雨天可能遇停电不能启动启闭机时，就需准备备用电源；洪泛区有受淹风险，则住宅、工业设施等应建在洪水位以上等。

二、水利工程危险源控制对策

在确定了危险源可能导致损失的严重程度后，应该进一步分析各种防范技术的成本，作为选择危险源控制对策的依据。

根据危险源的重要程度，按照"先近后远""先重后轻"的原则，对每种危险源的管理对策进行规划，并根据水利工程事故风险管理目标，就管理危险源的最佳对策组合进行决策。抓主要矛盾，避免"眉毛胡子一把抓""丢了西瓜捡芝麻"。

水利工程危险源控制对策可分为危险源隔离或消除、危险源控制、危险源忽略 3 种。

（一）危险源隔离或消除

消除危险源，或切断危险源向事故传播的通路，从而消除事故产生的条件，或者是保护工程不受事故风险的影响。危险源隔离或消除是一种最彻底地消除事故风险影响的方法。虽然水利工程事故风险是不可能全部消除的，但借助一些方法和措施，对某些特定的危险源，在事故发生前就消除还是有可能的。

1. 危险源隔离或消除的常用形态

危险源隔离或消除常用的形态有以下 3 种。

（1）根本不从事可能存在重特大危险源的任何活动。对风险较大的工程不审批、不建设。例如，在城市上游附近不建设安全性较差的土石坝；不在河谷内和容易受到水利工程事故影响的地方建设城市或居民区、建造工厂及其他重要设施等。

（2）放弃正在实施的，可能存在重特大危险源的行动。例如，某违规建设的水电站工程，土石结构的大坝经专家评定不符合安全要求，被政府下令拆除。虽然拆除工程造成了几千万的损失，但消除了重大危险源，避免了更大的损失。

（3）终止正在遭受风险的过程，切断危险源向事故传播的通路，以避免更大的损失。水利工程事故灾害有流动性的特点，一个地方抢险成功可能给其他地方带来更大压力，局部利益保住了，全局利益可能受到更大危害；水利工程事故灾害过程是发展的，抢险救援的机会稍纵即逝。所以在事故来临时应迅速判断事态，果断决策，以"壮士断腕"的气魄，快刀斩乱麻，以小的损失保护更大的利益，切忌轻重不分、优柔寡断，贻误战机。例如，在水库设置非常溢洪道，或在遇超标准洪水时炸掉副坝泄洪；启用蓄滞洪区调蓄事故洪水等。实践中这种情况经常发生，事实证明这是应急抢险的最佳办法。

2. 危险源隔离或消除策略运用的注意事项

危险源隔离或消除策略的运用要注意下列两点。

（1）某些危险源是无法避免的，如防洪工程，不能因为有溃堤风险而不修堤防，也不能把堤防修得足够高而抵御所有可能洪水。

（2）消除了一种危险源有可能产生新的危险源。例如，土石坝抗冲能力差，有漫顶溃坝的风险，改修混凝土重力坝，但重力坝对基础要求高，造价相对高，又有基础渗漏滑塌、造价上升和工期延长的风险。

（二）危险源控制

危险源控制是指按照应急管理的要求，有意识地采取行动对危险源进行管理，防止或减少事故的发生，以及事故发生后降低所造成的经济及社会损失。危险源控制具有积极改善危险源特性的功能，是风险管理中最重要也是最常用的对策。它包括两方面的工作：一是在事故发生前，全面地控制危险源，尽量减少事故发生频率；二是在事故发生时和发生之后努力减轻损失的程度。

危险源控制的对策包括事故预防和损失抑制。事故预防以降低事故频率为目的，这里要注意事故预防的着眼点在"降低"，与风险规避的强调降低至零不同；损失抑制以缩小损失幅度为目的。

1. 损失预防

损失预防系指采取各种预防措施管理危险源以减少事故发生的可能性。损失预防策略通常采取有形和无形的手段，削减物质性危险源威胁。工程法是一种有形的手段，无形的事故预防手段有教育法和程序法。

（1）工程法。工程法以工程技术为手段预防事故发生。工程法有以下多种措施。

1）在项目活动开始之前，采取一定工程措施，预防危险源的产生或积极改善危险源特性。如施工期遇超标洪水是最为常见的事故形式。若施工围堰采用过水围堰形式，不但使水利工程施工不受太多影响，而且围堰造价并不会提高，减少了遇超标准洪水时可能造成的损失。再如，为了防止库岸山体滑坡危害，采取削坡或对山岩锚固加固山体，增加山体的稳定性。

2）工程劣化和建设标准不满足时，及时维修加固。

3）减少危险源的数量。若发现施工现场各种用电机械和设备日益增多，及时果断地换用大容量变压器和大功率的设备。

4）将危险源同人、财、物在时间和空间上隔离。事故发生时造成财毁人亡是因为人、财、物在空间和时间上处于危险源破坏力作用范围之内。因此，可以把人、财、物与危险源在空间上实现隔离，在时间上错开，以达到减少人员伤亡和财产损失的目的。如将重要设施和保护对象建设在洪水位以上的位置；建设避难所，当上游工程发生事故，及时撤离下游人员和财产，或是在下游赶筑堤围保护重要设施等。

（2）教育法。工程建设与管理人员、政府行业管理与决策人员、工程周围社区群众的行为不当构成水利工程的危险源。要减轻与不当行为有关的风险，就必须对有关人员进行危险源管理教育。教育内容应包含有关法律法规、建设程序、规范、标准和操作规程、城市规划、土地管理、安全知识、安全技能和安全态度等，要让有关人员充分了解水利工程所面临的种种危险源，了解和掌握控制和处置这些危险源的方法，使人们认识到个人的任何疏忽或错误行为都可能给工程和人身造成巨大损失。

工程管理范围和灾害影响范围居民防灾抗灾意识的培养也是危险源控制的一项内容。

（3）程序法。程序法是指以制度化的方式从事建设和管理活动，减少随意性造成的不必要损失。政府部门严格按建设程序办事；工程建设和运行管理班子制定各种管理制度和操作规程，并保证认真执行。

2. 损失抑制

损失抑制指在事故已经不可避免地发生的情况下，通过各种措施遏制损失继续恶化或局限其扩展范围使其不再蔓延或扩展，也就是说使损失局部化。例如，水利工程事故应急抢险与救援；施工事故发生后采取紧急救护等。

损失抑制通常可采取措施实现以下目标。

（1）防止已经发生的事故损失扩散。

（2）降低危害扩散的速度，限制危险空间。

（3）在时间和空间上将危险与保护对象隔离。如事故来临前紧急撤离下游影响区群众。

（4）借助物质障碍将危险与保护对象隔离。

（5）改变事故的有关特征。如土坝在即将发生漫坝事故时炸副坝泄洪，启用蓄滞洪区保护下游河堤等。

（6）增强被保护对象对事故的抵抗力，如加高堤防或赶筑子堤，提高抗灾能力。

（7）迅速处理事故已经造成的损害。如施工现场事故紧急救护。

（8）稳定、修复、更新遭受损害的工程结构和设备设施。

3. 危险源控制原则

危险源控制应采取主动，以预防为主，防控结合。应认真研究测定风险的根源。就某一水利工程事故而言，应在计划、执行及施救各个阶段进行危险源控制分析。

水利工程事故应急预案是在危险源风险评价的基础上编制的危险源控制计划。危险源控制要以应急预案规定的程序和要求进行。

（三）危险源忽略

在水利工程管理中，对一些不是很严重的危险源，或者用其他措施应对不是很适合的，或者采用其他应对措施后残余的一些危险源，管理者常采用忽略的方式处置。

水利工程危险源忽略也称风险自留或风险接受，是一种消极的应对策略。这种策略意味着不做专门安排，或不能找到其他适当的应对策略，只用正常的规章制度和管理秩序去应对某一危险源。

采用危险源忽略应对措施时，一般需要准备一笔费用，一旦事故发生时，将这笔费用用于损失补偿，如果损失不发生，则这笔费用即可节余后用。

在工程危险源管理中，可将危险源忽略分为主动危险源忽略和被动危险源忽略。

1. 主动危险源忽略

主动危险源忽略是指工程管理者在识别危险源、估计风险量，并权衡其他处置危险源技术后，主动忽略某些危险源，并适当安排一定的财力准备。主动危险源忽略的特点是：已经把握了危险源的风险及其可能的后果，并比较了其他处置方式的利弊，是在不愿意采用其他处置方式后所作的选择。

2. 被动危险源忽略

被动危险源忽略是指没有充分识别危险源及其损失的最坏后果、没有考虑到其他处置风险措施的条件下，不得不承担事故后果的危险源处置方式。

导致被动危险源忽略的主要原因有缺乏风险意识、危险源识别失误、危险源风险评价失误、危险源管理决策延误、危险源管理措施实施延误等。

三、水利工程危险源控制对策的决策

水利工程危险源控制对策的决策是针对危险源评价成果，对不同危险源确定采用不同的应对措施。一般按下列思路决策。

（1）对于在风险评价过程中评定为"特大危险源"和一部分"重大危险源"，即出现频率高、损失大的危险源，一般采用危险源隔离或消除措施。

（2）"重大危险源"一般采用危险源控制措施。对于事故发生频率高，损失不大的危险源着眼于事故预防，采取工程预防措施、加强教育和严格管理制度等。对于发生事故频率不高，但一旦发生损失较大的危险源，要求事故预防和损失抑制并重，除采取工程预防措施、加强教育和严格管理制度外，还要制定事故应急预案并经适当演练，在事故发生时有条理地抢险和救援。

（3）中等危险源可考虑采取加强教育培训和严格管理制度等控制措施。

（4）当评价为轻微危险源、较小危险源时，可采用主动危险源忽略策略。采用严格管理制度，在工作、生活中养成良好的习惯，减少违章和失误以控制风险。

对于评价为中等及以下等别的危险源，若其引起的事故有可能导致人员伤亡时，则不论出现的概率有多小，都应制定应急预案对其进行管理，以体现以人为本的要求。

第六节　危险源清单定期更新

一、定期更新的必要性

随着工程运行时间的延续，工程各部位不断劣化。但通过维修加固，工程会恢复功能；工程报废拆除，危险源消除。所以水利工程危险源是变化的。

当水利工程危险源发生变化时，无论是事故风险的性质还是后果都会随着活动或事件的进程而发生变化。水利工程危险源可变性包括 3 个方面：一

是危险源性质的可变性；二是事故发生概率与事故损失后果的可变性；三是可能出现新的危险源。

1. 危险源性质的可变性

通过采取措施消除危险源，或随着时间的进程原来的危险源已经消失，事故风险已经不复存在。例如，拆除危险性较大的病险工程；搬迁工程事故威胁范围的村庄；随着水库淤积库容减小直至报废等。

2. 事故发生概率与事故损失后果的可变性

当引起水利工程危险源发生变化时，必然会导致事故发生概率和损失严重程度发生变化。随着人们认识、预测和防范水利工程事故风险水平的变化，抵御风险的能力也逐渐增强，能够在一定程度上降低事故发生的频率并减少损失或损害；在水利工程建设和管理中，增强管理者责任感，提高管理技能，就能使一些风险变成非风险。此外，由于信息传播技术、预测理论、预测方法和手段的不断完善和发展，某些项目风险现在可以较准确地预测和估计了，因而大大减少了项目的不确定性。

3. 新危险源的产生

在水利工程管理中，随着危险源管理工作的深入，有些危险源得到处理，有些危险源得到控制，同时可能产生新的危险源。特别是在活动主体为避开某些风险而采取行动时，另外的危险源就会出现。例如，为了提高防洪工程的防洪能力，在上游修建水库调洪。原有的堤防防洪标准低的风险降低了，但新产生了水库在建造和使用过程中失事的风险；再如疏浚河道或在河道中采砂，清除了河道淤积，减少了洪水漫堤的风险，却增加了堤岸坍塌的危险等。

二、危险源清单与危险源评价的更新周期

水利工程管理单位的危险源清单应至少每年更新一次。在经过汛后检查、工程岁修后重新识别危险源，在汛前完成危险源评价、事故应急预案的编制。工程出现新的危险情况或发现没有识别的危险源应及时识别补充，及时评价和采取对策。

水利工程建设项目应在每个项目开工前进行危险源识别与评价，在新项目开工和工程条件变化时进行更新补充。当发现没有识别的危险源应及时识别补充，及时评价和采取对策。

各级政府的水利工程危险源清单与危险源评价的更新也应每年一次。每年汛期前结合汛前检查，识别评价本行政范围的危险源，采取有效防范措施和编制事故应急预案。

第四章

水利工程事故应急预案的编制

第一节　水利工程事故应急预案概述

第二节　水利工程事故应急预案的文件体系构成

第三节　水利工程事故应急预案编制程序与工作内容

第四节　水利工程事故应急预案文件内容编制

第一节　水利工程事故应急预案概述

事故应急管理是近年来安全科学技术发展的重要成果,其主要目标是尽可能避免事故的发生,在事故发生后采取措施控制事故的发展过程,将事故对人、财产和环境的损失减小到最低程度。

水利工程事故应急预案的编制和实施是水利工程事故应急管理的核心,是实现安全生产,在事故发生时有效实施事故应急抢险救援的重大举措。水利工程事故应急预案对于水利工程重大危险源的应急管理工作具有重要的指导意义,它有利于实现事故应急抢险救援行动的快速、有序、高效,以充分体现应急抢险救援的"应急"精神。

一、编制应急预案的目的和意义

1. 制定水利工程事故应急预案的目的

制定水利工程事故应急预案的目的是作为应急行动的指南,实现对水利工程重大危险源的有效控制。在发生事故前做到有效预防和积极准备;发生事故时能以最快的速度有序地实施抢险与救援,尽快控制事态发展,使可能引起的水利工程事故灾害不扩大,并尽可能地减少或排除事故对人、财产和环境所产生的不利影响或危害;事故发生后按计划尽快恢复常态。

2. 制定水利工程事故应急预案的意义

制定水利工程事故应急预案具有以下意义。

(1) 制定应急预案是贯彻国家职业健康安全法律法规的要求。

(2) 制定应急预案是减少事故中人员伤亡和财产损失的需要。

(3) 制定应急预案是事故预防和抢险救援的需要。

(4) 制定应急预案是实现本质安全型管理的需要。

二、水利工程事故应急预案的作用

应急预案中应该反映政府和企事业单位关于应急管理的重点。通过应急预案内容的学习,所有人员至少都应该知道,当事故发生时我的任务是什么,应该去哪儿,应该做什么,应该怎样做。编制水利工程事故应急预案是水利工程事故应急救援准备工作的核心内容,是及时、有序、有效地开展应急抢险救援工作的重要保障。水利工程事故应急预案在水利工程事故应急管理中的重要作用和功能具体表现在以下几个方面。

(1) 水利工程事故应急预案确定了应急管理的范围和体系,使危险源管理和事故应急准备有据可依、有章可循。尤其是应急预案的培训和演练，他们依赖于应急预案：培训可以让应急响应人员熟悉自己的责任，具备完成指定任务所需的相应技能；演习可以检验预案和行动程序，并评估应急人员的技能和整体协调性。

（2）制定水利工程事故应急预案有利于事故发生时及时做出响应，减轻事故后果。应急行动对时间要求十分敏感，不允许有任何拖延。应急预案预先明确了应急各方的职责和响应程序，在应急力量和应急资源等方面做了大量的准备工作，可以指导应急抢险救援迅速、高效、有序地开展，将事故造成的损失降到最低限度。此外，如果提前制定了预案，对事故发生后必须迅速解决的一些应急恢复问题，也会得到比较全面和到位的安排。

（3）应急预案规定了各单位、各部门的职责和要求，在水利工程发生事故时，便于各单位、部门之间的协调，保证抢险与救援工作的顺利、快速、高效实施。

（4）有利于提高政府、企业、工作场所的事故风险防范意识。应急预案的编制过程实际上包含了一个危险源辨识、风险评价、危险源控制对策和控制措施实施的过程，而且这个过程需要各方的参与。因此，应急预案的编制、评审、发布、宣传以及培训和演练，有利于各方了解可能面临的事故风险以及相应的应急措施，提高事故防范意识和能力。

三、编制应急预案的法律依据

我国政府近年来相继颁布了一系列法律法规，对应急预案的制定做出了明确的规定和要求。这些法律法规主要有以下内容。

《中华人民共和国安全生产法》2014年修订版第十八条规定，生产经营单位的主要负责人有组织制定并实施本单位的生产安全事故应急救援预案的职责。第二十二条规定，生产经营单位的安全生产管理机构以及安全生产管理人员有组织或者参与拟订本单位安全生产规章制度、操作规程和生产安全事故应急救援预案的职责。第三十七条规定："生产经营单位对重大危险源应当登记建档，进行定期检测、评估、监控，并制定应急预案，告知从业人员和相关人员在紧急情况下应当采取的应急措施。"第七十七条规定："县级以上地方各级人民政府应当组织有关部门制定本行政区域内生产安全事故应急救援预案，建立应急救援体系。"

《中华人民共和国突发事件应对法》（2007年）第十七条规定："地方各级人民政府和县级以上地方各级人民政府有关部门根据有关法律、法规、规章、上级人民政府及其有关部门的应急预案以及本地区的实际情况，制定相应的突发事件应急预案。应急预案制定机关应当根据实际需要和情势变化，适时修订应急预案。"第十八条规定："应急预案应当根据本法和其他有关法律、法规的规定，针对突发事件的性质、特点和可能造成的社会危害，具体规定突发事件应急管理工作的组织指挥体系与职责和突发事件的预防与预警机制、处置程序、应急保障措施以及事后恢复与重建措施等内容。"

国务院《关于特大安全事故行政责任追究的规定》（2001 年）第七条规定："市（地、州）、县（市、区）人民政府必须制定本地区特大安全事故应急处理预案。本地区特大安全事故应急处理预案经政府主要领导人签署后，报上一级人民政府备案。"

国务院《安全生产许可证条例》第六条规定，企业取得许可证，一是必须有重大危险源检测、评估、监控和应急预案；二是要有安全生产预案、应急救援组织或者应急救援人员，配备必要的应急救援器材、设备。

《建设工程安全生产管理条例》第四十七条规定："县级以上地方人民政府建设行政主管部门应当根据本级人民政府的要求，制定本行政区域内建设工程特大生产安全事故应急救援预案。"第四十八条规定："施工单位应当制定本单位生产安全事故应急救援预案，建立应急救援组织或者配备应急救援人员，配备必要的应急救援器材、设备，并定期组织演练。"第四十九条规定："施工单位应当根据建设工程施工的特点、范围，对施工现场易发生重大事故的部位、环节进行监控，制定施工现场生产安全事故应急救援预案。实行施工总承包的，由总承包单位统一组织编制建设工程生产安全事故应急救援预案，工程总承包单位和分包单位按照应急救援预案，各自建立应急救援组织或者配备应急救援人员，配备救援器材、设备，并定期组织演练。"

水利部 2005 年 6 月 22 日发布的《水利工程建设安全生产管理规定》第三十四条规定："各级地方人民政府水行政主管部门应当根据本级人民政府的要求，制定本行政区域内水利工程建设特大生产安全事故应急救援预案，并报上一级人民政府水行政主管部门备案。流域管理机构应当编制所管辖的水利工程建设特大生产安全事故应急救援预案，并报水利部备案。"第三十五条规定："项目法人应当组织制定本建设项目的生产安全事故应急救援预案，并定期组织演练。应急救援预案应当包括紧急救援的组织机构、人员配备、物资准备、人员财产救援措施、事故分析与报告等方面的方案。"第三十六条规定："施工单位应当根据水利工程施工的特点和范围，对施工现场易发生重大事故的部位、环节进行监控，制定施工现场生产安全事故应急救援预案。实行施工总承包的，由总承包单位统一组织编制水利工程建设生产安全事故应急救援预案，工程总承包单位和分包单位按照应急救援预案，各自建立应急救援组织或者配备应急救援人员，配备救援器材、设备，并定期组织演练。"

四、编制水利工程事故应急预案应达到的目标

水利工程工作性质特殊，工作环境复杂，事故多发且影响范围较大。水利工程事故应急预案应立足于重大事故的抢险与救援，立足于工程项目自援自救，立足于工程所在地政府和当地社会资源的救助。

应急预案应能够发挥应有的作用并能较好地实施。具体来说，合格的水利工程事故应急预案应做到有针对性，体现应急的特殊要求，确保沟通简单、任务明确、反应迅速。

1. 把握好水利工程事故应急管理的核心要求

水利工程事故应急管理的核心是应急抢险与救援。要求在确保抢险救援人员安全的前提下争分夺秒，实施紧急的抢险、排险和救援工作，落实"安、急、抢、排、救"的五字应急抢险救援方针。

2. 突出重点

水利工程事故应急预案编制中的重点有以下内容。

（1）对纳入应急预案管理的水利工程重大危险源的危害性、急迫性、预防和抢险救援的困难程度级别界定的阐述。

（2）在各类水利工程事故事态下进行安全抢（排）险救援工作的总体方案、各环节的工作要求和技术措施。

（3）水利工程事故应急抢险救援工作的机制、组织和指挥系统。

（4）水利工程事故应急抢险救援工作总体和分项（分部、分环节）的工作（作业）程序与监控要求。

（5）水利工程事故应急抢险救援所需人力、设备、物资的配备、调集和供应安排。

水利工程事故应急预案应突出以上 5 项重点内容，在各项中又应突出起控制作用的、要求严格实施（即禁止随意更改、变通）的、在各项之间有紧密联系和配合关系的内容，以及本行政区域、本企业和本工程的特定情况、条件和要求的内容。

3. 加强针对性

水利工程事故应急预案编制要加强针对性，密切结合本行政区域、本企业和本工程在安全管理运行方面的实际情况、基础条件和存在问题，分析可能发生事故的类型、级别及引起的原因，有针对性地制定预案，力争达到以下要求。

（1）经过危险源评估，评价为重大危险源及以上，确定纳入应急管理的事故类型，需要编制应急预案；中等危险源及以下当出现概率低，但一旦出

现影响较大或有可能造成人员伤亡的，也应编制应急预案。应急预案中选择的管理对策和应急措施要有针对性。

（2）应急预案的措施和工作安排符合实际条件，即选择的措施在事态出现以后能够实施。如果本工程项目、本企业和本地区的条件和能力不足以应对某类事故的应急抢险救援要求时，应在预案中编入需要上级政府或其他地区、其他单位的支援计划，不可因自身条件而降低对抢险救援工作的要求和资源的保证。

4. 确保反应迅速、启动及时

在水利工程事故应急预案中必须建立起通畅的快速反应系统，包括事故急报（以最快的速度上报）系统、应急机制启动系统、应急抢险救援期间人员上岗就位系统和应急资源调配系统等，以实现事故及时上报和启动应急机制的要求，保证不会发生贻误和阻滞而影响应急抢险救援工作。

5. 确保程序简单、要求明确、可快速调整

水利工程事故应急预案应达到两个层次的要求：第一层是应急预案规定的操作程序应简单，工作要求应明确，以便各级指挥和工作人员能够正确理解和迅速沟通，按照预案紧张有序地开展应急抢险救援工作；第二层是应急预案可以实现快速调整，避免因调整造成程序的紊乱和配合的脱节。因此，在编制应急预案时，应同时编制修改调节程序，可以根据情况和安排的变化迅速完成对应急预案的修改。

6. 确保分工合理、责任明确、协调配合顺畅

水利工程事故应急预案能否顺利实施并达到快速、高效的要求，除方案合理、措施得当外，还需要有统一的指挥和各司其职、各尽其责。这就要求应急预案必须解决好实现分工合理、责任明确和协调配合通畅所要求的各项有关问题。在政府预案中，应当明确政府、行业主管部门、企业及其他有关方面的分工、配合和协调要求及相应的责任；在企业级和项目级预案中，也需要考虑政府、行业主管部门介入后的相应安排。

五、水利工程事故应急预案编制的基本要求

水利工程事故应急预案的文件要符合科学性、实用性、权威性、简洁性四项基本要求。

1. 科学性

水利工程事故应急管理是一项科学性很强的工作，编制应急预案文件也必须以科学的态度，在全面调查研究的基础上，开展科学分析和论证，应用最新的抗灾防灾技术，制定出严密、统一、完整的应急预案，使预案真正具有科学性。

2. 实用性

不同的水利工程存在的危险源不同，在建设与管理过程中可能发生的事故也不同。应急预案应针对水利工程特点和现状，符合当地的客观情况，人力、物资、技术准备要针对工程事故类型，具有适用性和实用性，便于操作。

3. 权威性

水利工程事故应急抢险救援是一项紧急状态下的应急性工作，所制定的应急预案应明确应急抢险救援工作的管理体系、应急行动的组织指挥权限和各级应急管理组织的职责任务等一系列的行政性管理规定，保证抢险救援工作的统一指挥。应急预案还应经上级部门批准后才能实施，保证预案具有一定的权威性和法律保障。

4. 简洁性

事故应急预案文字应准确、明了、简洁，避免用生涩难懂的语言；避免出现歧义；避免啰嗦过长的叙述；避免在应急预案中提及不必要的细节。

六、应急预案的分层与分类

通常一个地区或一个城市会受到多种水利灾害和多种事故威胁，一个工程也会存在多种危险源。因此，在编制应急预案时必须进行合理策划，做到重点突出，反映出本地区的重大事故风险，并合理地组织编写各类应急预案，避免预案之间相互孤立、交叉和矛盾，集中使用应急资源。

为保证预案文件体系的层次清晰和开放性，应急预案分为不同层次和不同类型。预案的层次可划分为国家级、省级、市级、区（县）级和企业级；按预案的功能和目标不同，可将应急预案划分为综合预案、专项预案和现场预案等类型。

（一）水利工程事故应急预案分层

根据可能的水利工程事故后果的影响范围、地点及应急方式，可将事故应急预案分为 5 个层级。

1. 企业级或项目级应急预案

事故的有害影响局限在一个单位的界区之内，如工程管理范围、建设项目工地等，并且可被现场的操作者遏制和控制在该区域内。虽然可能需要投入整个单位或整个建设项目的力量来控制，但其影响预期不会扩大到公共区。针对这类事故编制的应急预案就为企业级或项目级应急预案。

2. 县（市/社区）级应急预案

事故的影响可扩大到公共社区，但可被该县（市、区）或社区的力量，加上所涉及地区的公共力量所控制。针对这类事故编制的应急预案就为县（市/社区）级应急预案。

3. 地区/市级应急预案

事故影响范围大，后果严重，或是发生在两个县或县级市管辖区边界上的事故。应急抢险救援需动用地区的力量。针对这类事故编制的应急预案就为地区/市级应急预案。

4. 省级应急预案

对可能发生的特大水利工程事故隐患，建立省级事故应急反应预案。它可能是一种规模极大的水利工程灾难事故，或可能是事故发生地区所没有的特殊技术和设备进行处理的事故类型。这类事故需用全省范围内的力量来控制。

5. 国家级应急预案

对事故后果超过省、直辖市、自治区边界以及列为国家级事故隐患、重大危险源的设施或场所，制定国家级应急预案。

（二）应急预案的种类

应急预案从功能与目标上可以划分为三类，即综合应急预案、专项应急预案、现场应急预案。

1. 综合应急预案

综合应急预案从总体上阐述灾害和事故的应急方针、政策、应急组织机构及相应的职责，应急行动的思路等。综合预案全面考虑了政府、水利工程管理者和事故应急管理组织的责任和义务，并说明事故应急管理体系的预防、准备、应急响应和恢复等过程的关联。

当某一组织面对多个重大危险源，可能遭受多种事故威胁时，需要编制综合应急预案。例如，某一级政府面临多种水利灾害类型，某单位管理的水利工程具有多个危险源，某建设项目具有发生多种安全事故的可能。相关者通过综合应急预案可以很清晰地了解事故应急管理体系及文件体系。

综合应急预案不针对某种特定危险源，或者说对各种事故类型都适用。可作为水利工程事故应急管理工作的基础和"底线"，即使对那些没有识别的危险源引起的事故也可以根据综合预案的原则、工作方法和一般措施进行运作，起到一般的应急指导作用。

2. 专项应急预案

专项应急预案是针对某种具体的、特定的危险源或事故类型而制定的。专项预案是在综合预案的基础上充分考虑了某种特定危险源的特点，对应急管理的形式、组织机构、应急行动等进行更具体的阐述，具有较强的针对性。但对于有多重危害结果的灾害来说，专项应急预案可能引起混乱，需要做好协调工作。

某些企业级与项目级专项预案包括预防和准备措施，但大多数专项预案只有应急部分，不涉及事故预防和准备、事故后恢复内容。

3. 现场应急预案

现场应急预案是在专项应急预案的基础上，根据具体情况需要而编制的。它是针对水利工程重要危险源或重要防护区域所制定的预案。水利工程事故现场应急预案是一系列简单行动的过程，根据某一具体现场的危险源及周边环境情况，在详细分析的基础上，对现场应急活动中的各个方面做出的具体而细致安排，其具有更强的针对性和对现场抢险救援活动的指导性，但现场应急预案不涉及准备及恢复活动。

（三）应急预案类型选择

政府按其所面临的所有水利灾害类型编制综合应急预案，再针对本行政区具体的水利工程、特定的危险源情况或事故类型编制专项应急预案，不编制现场应急预案。水利工程事故应急预案是政府专项应急预案的一种。

政府级别的专项应急预案是在水利灾害综合应急预案架构内编制的，某些专项应急预案包括准备措施，但大多数专项预案通常只有应急阶段部分，通常不涉及事故后的恢复阶段。

水利工程建设、施工单位或工程管理单位根据情况编制综合应急预案、专项应急预案和现场应急预案。

如果某工程建设或管理单位面临的危险源种类比较单一，企业或项目级应急预案可以把综合预案与专项预案结合起来编制，内容包括事故预防与准备、事故预警、抢险救援、事故恢复等各阶段的整体安排、工作程序和措施，是一份具有完整性和系统性的独立文件。

政府的应急预案层次关系如图 4.1 所示；以水库工程管理单位为例，应急预案层次关系如图 4.2 所示。

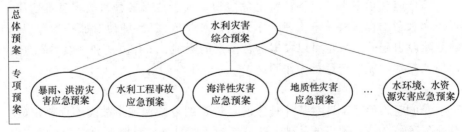

图 4.1　政府水利灾害应急预案体系

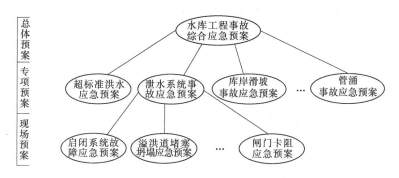

图 4.2　水库工程事故应急预案体系

第二节　水利工程事故应急预案的文件体系构成

　　水利工程事故应急预案文件体系的结构设计要结合组织的其他管理体系和其他应急体系，做到兼容。其内容应根据各自所处的管理层次和适用的范围不同，详略程度和侧重点上会有所差别，但都可以采用基于应急任务或功能的"1+4"结构。综合预案由一个基本预案加上应急功能设置、重要危险源管理、标准操作程序和支持附件构成，如图 4.3 所示；完整的水利工程事故专项预案由一个基本预案加上应急功能设置、现场应急行动（现场预案）、标准操作程序和支持附件构成，如图 4.4 所示。各级文件层层递进，组成了一个完善的应急预案文件体系。水利工程事故专项预案与现场预案的文件结构，可根据工程情况和应用方便等对综合预案文件种类进行适当删减。

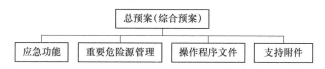

图 4.3　水利工程事故综合应急预案文件体系

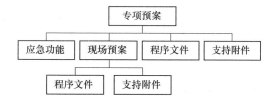

图 4.4　水利工程事故专项应急预案文件体系

　　从对应急预案管理角度而言，可以根据预案文件结构等级分别进行归类管理，这样既保持了水利工程事故应急预案文件的完整性，又因其清晰的条理性便于查阅和调用，保证事故应急预案能有效地得到运用。

一、水利工程事故应急总预案

水利工程事故应急总预案或称为基本预案，主要阐述被抽选出来的共性问题，它是应急管理总的政策和策划。其中应包括应急管理政策、有关定义、应急管理方针、应急管理目标（分别针对某种重大危险源）、应急资源、应急的总体思路、应急管理组织机构构成和组织各级应急人员在应急准备和应急行动中的职责及权利，也包括对应急准备、现场应急指挥、事故后恢复及应急演习、训练等方面原则的叙述。

二、应急功能设置

应急功能是对水利工程事故通常都要采取的一系列基本的应急行动和任务而编写的计划，其由一系列为实现紧急管理政策和应急预案目标而制定的应急管理程序组成，包括事故预防、应急准备、警报、指挥和控制、通信、人群疏散与安置、医疗、设备物资供应、现场应急抢险与救援、应急恢复，以及训练、事故后果评价等。它着眼于对应急响应时所要实施的任务和相应的各种准备。

由于应急功能是围绕应急行动的，因此它们的主要对象是那些任务执行机构。针对每一应急功能应明确其针对的形势、应急目标、负责机构和支持机构、任务、要求、应急准备和操作程序等。为直观地描述应急功能与相关应急机构的关系，可采用应急功能分配矩阵表。

应急预案中包含的功能设置的数量和类型因事故类型等会有所不同，主要取决于所针对危险源的风险等级及潜在事故的危害程度，以及应急组织方式和运行机制等具体情况。

三、重要危险源管理

在危险源识别、评价和分析的基础上，确定需要编制专项预案与现场预案的危险源，对处置此类危险源风险应设置的专有应急功能做出针对性安排，明确这些应急功能的责任部门、支持部门、有限介入部门以及它们应承担的职责和功能，并为该类风险的专项预案的制定提出特殊要求和指导。

四、标准操作程序文件

由于基本预案、应急功能设置、专项预案及现场预案等并不说明具体实施细节，程序文件是对于总预案中涉及相关活动的具体工作程序的说明，是针对每一个具体工作内容、措施和行动的描述，规定每一个应急行动的具体的措施、方法及责任。

标准操作程序可以保证应急响应行动快速、准确、有条不紊。在事故突然发生后，即使没有接到上级指挥命令也可在第一时间启动，提高应急响应速度和质量。

五、支持附件

支持附件主要包括应急管理工作所需的有关支持保障系统的描述及有关的附图表、各种说明书和记录等，还包括保证应急活动顺利进行的各种操作规程和工作制度。

各种操作规程和工作制度对应急行动作了各方面的规定，是应急管理组织的行为规范和准则。只有健全的操作规程和规章制度才能保证应急活动的顺利开展。

说明书是对程序中的特定任务及某些行动细节进行说明，供应急组织内部人员或其他个人使用。例如应急队员职责说明书，应急监测设备使用说明书等。

应急行动记录是指制订事故应急预案和应急行动期间的一切记录，制订预案记录如培训记录、文件记录、资源配置的记录、设备设施相关记录、应急设备检修纪录、器材保管记录、应急演练的相关记录等；应急行动期间的记录包括应急行动期间所作的通信记录、每一步应急行动的记录等。

为了保证记录的规范、完整、全面，一般将记录设计成表格形式，表格中设置的栏目包含必要的记录项目，附填表说明以规范表格的填制方法和填制内容。

第三节　水利工程事故应急预案编制程序与工作内容

一、水利工程事故应急预案编制工作过程

水利工程事故应急预案编制工作是一项涉及面广、专业性强的工作，是一项复杂的系统工程。从预案编制小组成立到预案的实施，要经历一个多步骤的工作过程；预案的编制是一个动态的过程，其编制过程可以依照 PDCA 管理模式进行，即按照策划→编制→演练实施→检查与管理评审→纠正措施等程序运行。预案的编制是一个多次重复的过程，而不是一劳永逸的工作，要根据工程及环境的变化、认识水平的提高和设备技术等的更新及时修改更

新预案，如图 4.5 所示。

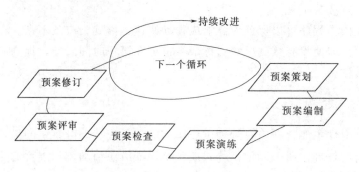

图 4.5　水利工程事故应急预案编制 PDCA 循环

1. 应急预案策划

在策划阶段，首先要成立应急预案编制小组，然后收集制定预案所需的详细而准确的信息资料，这些信息资料是预案编制的基础。

水利工程事故应急预案是建立在危险源分析与应急资源和应急能力评估的基础上的，此阶段要对危险源状况和应急管理组织的应急资源及应急能力进行定量和定性分析。

2. 应急预案编制

水利工程事故应急预案的编制必须基于危险源风险评价与应急资源和应急能力评估的结果，遵循国家和地方相关法律、法规和标准的要求。此外，预案编制时应充分收集和参阅已有的应急预案，以尽可能减少编制工作量，避免应急预案的重复和交叉，并确保与其他相关应急预案的协调一致。

3. 应急预案演练与检查落实

水利工程事故应急预案编制发布后，要对预案进行演练，对各个环节进行检查，查找不足之处，修改补充后落实预案。

4. 应急预案评审实施

为保证水利工程事故应急预案的科学性、合理性以及与实际情况相符合，应急预案必须经过评审，包括组织内部评审和专家评审，必要时请求上级应急管理机构组织评审。在此阶段，要按有关规定和组织的实际情况，由最高管理者主持进行，评审应急预案的持续适宜性、充分性和有效性，对未满足应急要求的内容进行必要的修改，针对组织存在的重要、共性问题制订整改计划。

5. 应急预案的修订

水利工程事故应急预案是根据对危险源的评价或对事故的预测结果编制的。预测情况和实际情况有可能不符，危险源识别可能有遗漏，风险评价也不可能预测到所有风险。所以在应急预案演练与实施过程中，往往会有一些预料不到的情况发生，预案的可行性只有通过实践的检验才能获知。

水利工程不是一个静态的系统，工情、水情和工程环境是不断变化的，组织的运行也是动态变化的。随着时间的推移，危险源的状况（种类、数量）、危险源的状态就会有所改变；人类防灾抗灾技术条件，包括人们的认知程度、危险源预防措施的改进、事故抢险救援技术的改进、人们对事故的认知水平都会发生不同程度的变化。为了适应这种改变，就要对应急预案进行修订并及时通知相关人员。

为了使应急预案符合工程基本情况，满足应急管理要求，预案编制小组就得重新回到资料收集这一过程，开始对预案进行修订完善，这样一个动态循环的预案编制过程能够使预案更加完善可行。

二、水利工程事故应急预案编制程序

水利工程事故应急预案编制过程各阶段的工作程序如图 4.6 所示。

三、水利工程事故应急预案编制各阶段的工作内容

在图 4.6 水利工程事故应急预案编制程序中，辨识危险源与风险评价已在第三章做过叙述，应急预案文件内容编写在本章第四节介绍，应急处置方案内容包括应急设施建设、工程检查与检测、工程安全评估、工程养护与维修及工程事故应急抢险等在后续内容中叙述。本节叙述其他主要步骤的工作内容。

（一）建立应急预案编制组织

1. 应急预案编制组织成员组成

编制应急预案的第一步是成立应急预案编制小组。预案编制小组由组织主要负责人或由其任命的代表牵头。管理层可直接任命或聘请预案编制组织的成员，也可委派防汛机构、工程管理部门或安全生产管理部门承担应急预案编制组织的筹建工作。

预案编制组成员在预案的制定和实施过程中，或事故应急管理过程中起着举足轻重的作用，因而成员应精心挑选。编制小组的规模取决于工作量大小及资源情况，通常由一定数量的人员构成，目的在于预案的编制过程集思广益。

在水利工程建设与管理过程中，施工企业和工程管理单位的管理者和有关人员要比其他人更熟悉工程的具体情况；企业负责人掌握本单位资源，应该在工程事故应急管理中发挥更大作用。因此，他们更适合参与制定自己单位的事故应急预案。

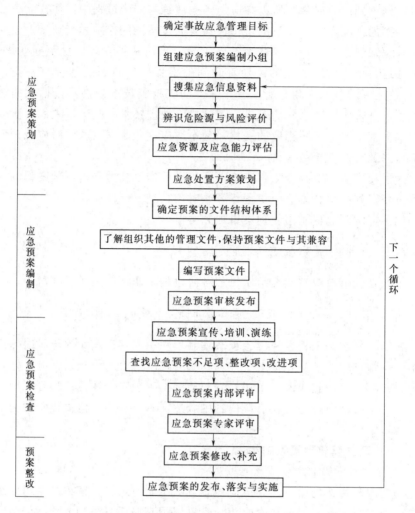

图 4.6 应急预案编制主要工作程序

应急预案编制小组应选拔有一定专业理论基础和工程建设、管理经验的成员参加，并需要进行安全管理知识和应急管理方面的培训。必要时邀请有关咨询单位或聘请有关方面的专家参加。编制人员必须具备从各个职能部门获取信息的能力。

应急预案编制小组成员也可能来自上一级政府应急管理组织，这样既可消除不同级别应急预案的不一致，也可明确水利工程事故对外部的影响。

图 4.7 是一个应急预案编制小组成员组成的例子。

应急预案编制组织的人员应根据水利工程事故应急预案编制阶段需要灵活调配。

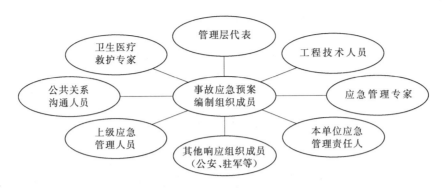

图 4.7　应急预案编制小组成员组成示例

2. 应急预案编制组织职权划分

组织主要负责人、组织各部门与应急预案编制小组应履行以下职责。

（1）组织的各管理部门应声明自己的承诺，并为应急预案编制小组创造合作的氛围，为其制定事故应急预案提供良好环境。

（2）应急预案编制小组应由组织主要负责人或由其任命的代表来领导。

（3）应急预案编制小组成员要划清职权范围，各负其责。当然也不要太刻板、僵硬，阻碍成员思想交流。应急预案编制组织的分工及人数应根据工作需要调整。

（4）应急预案编制小组成员必须直接参与预案编制过程的各个阶段，应定期开会通报预案的进展情况，评价预案的编制质量，沟通各方意见，必要时还可要求外部协助。

（5）预案编制小组应该认真审查组织的领导决策指挥能力和整个指挥系统的有效性，要保证组织负责人员经过良好培训后，能够在上级指挥系统参与前应对局势。

3. 发表任务声明

在应急预案编制小组成立后，组织的最高管理者要对应急预案编写发表任务声明，表明组织对事故应急管理的承诺。声明应包括以下两方面内容。

（1）明确定义水利工程事故应急预案的目的，强调该预案与整个组织密切相关。

（2）确定事故应急管理系统的结构以及应急预案编制小组的职责。

（二）搜集应急信息资料

应急预案编制所需要的资料有危险源评价需要的工程基本资料、工程周围环境资料，确定抢险与救援方案所需的现有资源状况资料，以及组织内部管理资料、上级与周围地区事故应急管理资料等。

虽然图 4.6 中将搜集应急信息资料列为其中一个步骤，但搜集信息资料却不是在短时间内完成的，它贯穿于应急预案编制的全过程。

1. 有关应急管理的法规、标准及要求

应急预案编制所需有关应急管理的法规、标准及政府要求等资料主要有以下内容。

（1）有关事故应急管理法律法规、标准。

（2）上级政府对工程建设与管理要求的文件。

（3）上级政府水利工程事故应急预案与其他应急预案。

2. 工程基本情况及周围环境资料

应急预案编制所需工程基本情况及周围环境资料主要有以下内容。

（1）工程所在位置区域地形地质概况。

（2）工程类型、特点、主要技术参数。

（3）工程建造质量资料，维修加固资料，完好状况、管理状况资料。

（4）工程所在地及周围气象、气候、地理、地形、地貌、水文资料。

（5）工程投资与效益状况等资料。

（6）主要观测、管理设施及其分布。

（7）工程事故影响区人口分布、工农业产值、重要单位和设施、交通、通信等生命线设施。

（8）已编制完成的工程影响范围《洪水风险图》。

（9）本地区其他类型事故应急预案。

3. 现有资源状况资料

应急预案编制所需的现有资源资料主要有以下内容。

（1）现有报警通信设施。

（2）现有抢险救灾设备、物资状况。

（3）医院、避难所等设施及抢险队伍状况。

（4）职工与公众应急管理教育程度。

（5）现有防护工程状况。

4. 周边地区现有资源状况资料

应急预案编制所需的周边地区现有资源资料主要有以下内容。

（1）周边地区水利工程事故应急预案。

（2）上级政府、周边社区、其他单位可提供应急资源状况等。

（三）应急资源与应急能力评估

水利工程事故应急管理应立足于水利工程事故的抢险与救援，立足于工程项目自援自救，立足于工程所在地政府和当地社会资源的救助。应急抢险救援要充分考虑人力资源、财力资源、设施资源、设备资源和物资资源保障充足与及时到位。所以编制水利工程事故应急预案前首先应了解可用资源状况，明确应急资源的需求；评估现有应急能力，发现现有应急管理体系的缺陷与不足，以便以后补充提高。编制预案时，应根据危险源状况和应急能力，在应急资源评估的基础上，选择最现实、最有效的应急策略。

1. 政府辖区应急能力评估

应急预案编制小组在进行水利工程事故应急预案编制之前，应对现有的预案进行评审、整合，然后进行应急资源和应急能力的分析与评估。

（1）对现有预案进行评审与整合。地方政府在制定水利工程事故应急预案时，上级政府预案可能已编制完成，很可能周边其他地方已经制定了各自的水利工程事故应急预案，下属工程管理单位和建筑企业也可能已经制定了自己的应急预案来应对企业的危险。因此，地方政府在编制本辖区水利工程事故应急预案之前，应先了解上级政府有关应急预案，评审周边地区应急预案，掌握下级企业专项应急预案。水利工程事故应急预案既要与上级应急预案相容，又要与周边其他地方应急预案协调一致，还要与下级预案相互关联。这样可以避免预案重复，消除与现存预案的冲突，同时也减少预案编制的工作量，从中吸取经验和教训。

应急预案编制小组成员应及时对工程管理单位和施工企业应急预案和辖区及邻近地区的应急预案进行协调，以便对其中发现的问题提出互相可以接受的解决办法，分工合作有助于及时、有条不紊地对应急行动进行决策。

预案整合也包括各组织机构之间的协调，当由两个或两个以上单位执行同一任务时，确定由谁来负责是非常重要的。

（2）应急资源初步确认。应急资源是有效实施水利工程事故应急管理工作的重要条件。对一级政府而言，应急资源包括的种类很多，随事故的类型不同而不同。但无论哪类事故，其应急资源至少应包括：①应急资金；②应急设备、物资；③通信与信息；④医疗卫生保障；⑤应急抢险队伍；⑥交通运输保障等。

政府应当在财政预算中安排资金，以购置应急物资和装备，保证应急管理有关工作的正常开支。

在应急响应过程中，如何能够有效、迅速地控制事态发展，如何能最大限度地减少人员伤亡和事故损失，通信与信息、医疗卫生与交通运输条件都起着至关重要的作用，在应急资源评估中应充分考虑这些资源的需求。因此，应急管理机构应建立应急通信系统，为应急抢险救援提供畅通的通信服务。当现有通信系统不能满足应急需要时，应再建立可靠的应急通信手段（见第五章第四节）。卫生行政管理部门应当积极配合，协助应急管理机构开展应急救援工作。参加应急救援的医疗单位，应当配备相应的医疗救治设备、药品，并对医护人员进行应急医疗救治技能的培训，满足应急救援的需要。

政府及其有关部门应当建立水利工程事故应急专家队伍，为应急抢险救援工作提供技术支持。

在应急预案的制定过程中，应合理地对政府辖区内的资源进行评估，并在应急管理中对应急资源进行有效的整合。

（3）应急行动人员的确定与能力评估。在应急预案的编制过程中，必须确定实施应急预案的机构和人员。常见的地方应急机构包括防汛指挥部、专业防洪抢险队、企业抢险队、民间志愿组织、部队、公安消防、医院与卫生部门、交通管理部门、市政设施与公用工程管理部门、水利工程行业管理部门等。在这些机构中，应急预案编制人员应根据应急行动人员的职位及职责确认其专门的任务。担任这些职位及其替代人员名单应在指挥系统组织结构图中表示出来。对应急人员确定了人力资源、职责范围，就可编制出组织与功能的表格。

对应急人员的数量、素质、承受压力能力和应变能力进行评估，了解应急人员的技术、经验和接受的培训等，以便制定人员培训计划。

（4）应急设施的确定。大多数情况下，地方政府具有的应急设施可以应对可能出现的一般事故，并且地方政府制定有启动和使用应急设施的程序。但必须要在事故发生前进行沟通，政府与提供应急设施的机构、组织或个人之间必须签订协议书和备忘录。

应急设施包括应急指挥中心、媒体中心、救护设施、避难所等。

应急设施一般都不是应急专用的。各级政府的防汛机构可作为应急指挥中心、媒体中心；医院等可以作为救护场所，在可能发生事故的现场附近应设立专门区域，用于救护人员对伤员进行急救；车站、体育场、学校等可作为避难所（见第五章第三节）。在避难所，疏散人员可以临时住宿。

（5）应急设备的确认。抢险救援设备是开展应急行动必不可少的条件。应急管理组织要配备各类应急设备。应急设备可分为现场应急设备和场外应急设备。

现场应急设备包括个人防护设备、通信设备、医疗设备、营救设备、抢险施工设备、大型应急规划地图、事故状态显示栏等。在对危险源分析评价的基础上，预案编制者可以依据需要来拟定所需设备清单。

场外应急设备是指不必自备的应急设备。在事故发生现场附近的其他管辖区、水利工程管理单位、承包商和上级防汛机构会准备一些必需的应急设备。利用这些设备，可以使内部和外部的应急资源得到互相补充，提高应急工作的效率，节约经费的支出。

抢险救援设备的配备应根据各自承担的应急任务和要求选配。选择设备要从实用性、功能性、耐用性和安全性以及客观条件上配置。应制定抢险救援设备的配备标准，平时做好设备的保管工作，保证设备处于良好的使用状态。

必须要配备通信联络设备，以及公共预警系统、交通管制、公用工程、执法和卫生医疗服务的设备，一般还要配备收发数据信息的打印和传真设备。

大型应急规划地图应放置在应急指挥中心的显著位置，在地图上标明重要交通、疏散路线以及避难所和事故影响区的位置。

事故状态显示栏可连续更新，以追踪事故和反应行动的进展，及时掌握所有应急反应组织人员的情况，以便能在应急信息发布会或媒体中心保证让媒体人员获得最新的信息。

资源评价表用来帮助应急预案编制小组总结现有设备及需要的设备。缺乏的设备可通过合作协议或通过租借或购买取得。如果要租借或购买，必须要明确资金来源。

2. 工程管理单位与施工企业应急能力评估

工程管理单位、施工企业应急预案编制小组进行应急能力分析的任务是熟悉企业内部有关计划与政策，熟悉外部组织的要求；相应的法律法规的查询；内部资源和能力的分析以及外部资源的分析等。

(1) 熟悉单位内部有关政策与计划。应急预案编制小组应辨识单位内部生产效益来源与经营目标、经营思想，熟悉本单位的生产、运营及发展状况，了解对企业持续发展至关重要的操作程序、设备和职工状况。在编写应急预案之前还需要查询本单位的以下文件：①危险源风险评价与管理计划；②安全生产与卫生方案；③疏散撤离计划；④环境政策；⑤保险方案；⑥员工应急手册等。

应急预案编制小组应确保应急预案符合本单位的有关政策及计划，与相关文件衔接和兼容。

(2) 熟悉外部组织要求。工程管理单位或施工企业应急能力分析虽只涉及本单位，但应急预案编制小组应确保与政府机构、行业主管部门、公共事业机构和团体组织等部门联络，向他们咨询有关本单位以外可能发生的事故、应急预案和可利用的资源。

应急预案编制小组应与以下机构保持联络，并确保获得有关的信息资源：①气象局；②水文站；③防汛指挥部；④工程主管部门；⑤安全生产监督管理部门；⑥公安消防与当地驻军；⑦紧急医疗服务机构等。

(3) 辨识有关法规和规章。根据有关法规明确本单位所应担负的相关责任和承担的义务。在应急管理中必须遵守相应的法律法规。在此基础上，根据行业和各自生产特点还应明确可采用的国家、地方等有关应急管理的规章。

（4）评审相关的应急预案。在修改或制定一个新的预案之前，对已有预案进行评审是很有必要的，评审相关预案包括本单位已有的预案、周边地区及政府相关应急预案。

1）评审已有的应急预案。评审已有的应急预案可以加深对过去应急管理方法的理解。相关的内容应包括设备手册、管理制度、评价报告、自然灾害应急预案、各种事故应急预案以及各种活动的操作规程。评审和检查上述内容可以确保水利工程事故应急预案的连续性。在检查这些预案时应注意应急预案的时效性。

2）熟悉周边应急预案。应急预案编制应与相邻单位或社区组织等的应急预案之间协调一致。应急预案编制小组应了解其他水利工程管理、施工单位是如何为水利工程事故抢险与救援做准备的，熟悉其他单位应急预案可以及时发现自身某些被忽视的信息。

3）了解政府应急预案。应急预案编制小组应了解政府包括水利工程事故应急管理在内的社会应急网络的运转，了解社区或政府应急预案，使预案编制小组能理解这些政府机构或社团组织如何准备、应急响应和从事故中恢复，这对本单位在水利工程事故中得到支持有很大帮助。

（5）内部应急资源分析。单位内部应急资源主要包括应急人员、应急设备与设施、应急组织对策及应急后援。

1）应急人员。应急人员包括应急抢险队、紧急医疗服务、保安、应急管理组、疏散组及公共信息管理人员等。评价应急人力资源时，主要考虑应急人员的数量、素质和在事故发生时应急人员的可获得性，以及人员对事故的承受能力和应变能力。

2）应急设备。与政府应急设备基本相同，分为现场应急设备和场外应急设备。现场应急设备包括应急抢险设备、个人防护设备、通信设备、医疗设备、营救设备、文件资料等；场外应急设备指在列出设备清单以后，不必自备的应急设备。

在应急预案编制过程中，应急要求的、企事业现有的和需要配置的应急设备应以表格形式列出，形成文件。

3）应急设施。水利工程管理单位和施工企业在应急管理中应具备必要的应急设施，具体包括应急操作中心、媒体中心、避难区、急救站和公共卫生站。如果水利工程管理单位不具备一定规模，可考虑施工企业的一些部门在应急时充当相应的职能或考虑外部资源。

4）组织对策。水利工程管理单位和施工企业在应急管理中的应急资源还应包括应急培训与教育，以保证在事故发生时得到每一名员工的支持。在培训前应结合本单位情况进行应急培训需要分析，制订培训计划，建立培训程序。

5）后备系统。应急预案编制小组在进行应急资源分析时，还应考虑配备通信系统、运输和接收系统、信息支持系统、抢救支持系统等。这要求有关部门提供支持。

（6）外部应急资源分析。水利工程事故影响范围大，有必要动用社会力量应急救灾。水利工程管理单位和施工企业要与外部机构签订协议，以便在发生事故时能够调用外部资源，做到资源共享。所涉及的外部应急机构包括地方防汛抗灾部门、部队与公安消防、医疗服务、社区服务机构、市政与公用设施管理部门、应急设备供应商、同行业其他单位等。

（7）应急能力分析。在完成了应急资源评价后，更重要的工作是对应急能力的评估，应急能力评估结果作为预案编制的依据。与应急资源的评价相似，应急能力评估也分为内部应急能力评估和外部应急能力评估。在对内部和外部应急能力进行评估以后，应根据实际情况合理确定两种能力发展的比例。

内部应急能力指水利工程管理与施工单位自身对事故的应急能力。这种能力可以确保工程管理与施工单位采取合理的预防、应急抢险救援和疏散措施来减少事故发生或降低事故损失。

外部应急能力指本单位以外的机构对事故进行应急管理的能力。发展外部应急能力可以节省内部应急管理所需的过多的人员培训、人力资源补充和装备配置的费用。

（四）应急处置方案策划

水利工程事故应急管理包括事故预防和事故发生后的损失控制两个阶段工作，水利工程事故应急预案也应该按照事故预防和损失控制的思路编制。

1. 事故预防措施选择

事故预防措施由技术对策和管理对策构成，主要由工程建设和管理单位来实施，政府起检查、监督和指导作用。

（1）技术上采取措施。通过规范的设计、施工、检查检测、维护和维修加固等，使工程本体和环境系统处于安全状态。

（2）管理措施。通过管理协调"人自身"及"人-机（工程）-环境"系统的关系，以实现整个系统的安全。建设和管理单位职工对工程安全所持的态度、人的能力和技术水平是决定能否实现事故预防的关键因素。"提高系统安全保障能力"和"将事故控制在局部"是事故预防的两个关键点：提高人的素质可以提高事故预防和控制的可靠性；万一发生事故，采取措施将事故控制在局部而不致蔓延。

2. 事故发生后损失控制措施

事先对水利工程发生事故后的可能状态和后果进行预测并制订抢险救援措施，一旦发生异常情况，采取措施控制事态发展：

（1）能根据水利工程事故应急预案及时进行抢险救援处理。

（2）通过抢险最大限度地避免事故扩大和产生次生灾害。

（3）通过抢险救援减轻事故所造成的损失。

（4）能及时地恢复生产。

（五）确定应急预案的结构体系和文件内容

1. 应急预案的结构体系

编制水利工程事故应急预案应遵守"一险一案"的原则，即每一种风险（事故类型、危险源、危险状态等）应有一个应急预案对应。

政府应急预案由县级以上人民政府行业主管部门或防汛抗灾部门制定。各级政府应编制综合应急预案和专项应急预案，不编制现场应急预案。

政府级别某些专项应急预案包括准备措施，但大多数专项预案通常只有应急阶段部分，通常不涉及事故后的恢复阶段。

企业应急预案由水利工程建设、施工单位或工程管理单位根据情况编制。但应与政府（地区）预案相结合。《安全生产法》（2014版）第七十八条规定："生产经营单位应当制定本单位生产安全事故应急救援预案，与所在地县级以上地方人民政府组织制定的生产安全事故应急救援预案相衔接"。

对于水利工程重大事故风险，既要有企业预案，也要有政府预案，构建企业单位自救和社会助救相结合的应急保障体系。政府预案要与企业预案内容相统一，避免应急行动时出现指挥两层皮。

工程管理单位或施工单位制定综合应急预案，根据所面对重大危险源的需要编制专项应急预案和现场应急预案。

2. 水利工程事故应急预案文件内容策划

应急预案要体现灾害早发现、早报告、早控制、早解决，应有很强的实用性和可操作性，依照相关的法律法规制定完善，使预案有权威性，有法律依据。

水利工程事故应急预案的内容取决于它的类型。但主要内容应包括：①明确应急预案组织成员及其职责；②确定可能面临的事故灾害；③对可能的事故灾害进行预测与评价；④内部资源与外部资源的确定与准备；⑤设计行动战术与程序；⑥制订培训和演习计划。

（1）政府水利灾害综合应急预案。行业主管部门或防汛抗灾部门应当根据本级人民政府的要求，制定本行政区域内水利灾害综合应急预案，用于指导政府对管辖地区内水利灾害的应急行动。对于本地区危害较大的某些水利工程事故类型，政府应制定专项应急预案。

政府水利灾害应急预案的框架和主要内容，概括起来有"十要素"，即：

1）总则。包括编制目的、编制依据、适用范围、应急预案体系、应急工作原则等。

2）危险源状况与灾害风险描述。

3）应急管理组织机构的组成和相关部门的职责与权限。

4）监测与信息收集，包括监测检查数据与外部信息收集、分析、报告和通报。

5）预警，包括预警信息、预警行动、预警支持系统等。

6）应急响应，包括响应分级、响应程序、处置措施、应急结束等。

7）应急处置的工作方案，包括指挥协调、应急处置（抢险救援）、人员撤离、医疗救治、疫病控制、信息公开与新闻发布等。

8）应急保障。包括通信与信息设施建设，避难所建设，应急设备购置保养，应急物资、药品及医疗器械储备与管理，应急专业队伍的建设和培训，专家队伍与应急技术，资金和社会动员等。

9）后期处置。包括灾害评估、善后恢复等。

10）应急预案管理。包括培训、演练、修订、备案、实施等。

（2）企业水利工程事故应急预案。工程管理单位或施工单位综合应急预案是企业为应对水利工程事故制定的预案，用于指导企业进行各类事故的应急行动。企业通过危险源识别和风险评价，对评价为重特大危险源，或虽为中等及以下危险源，但一旦发生事故后果严重的危险源导致的事故类型，应制定专项应急预案。

企业事故应急预案的框架和主要内容，一般包括 13 个一级要素和若干二级要素（括号内为二级要素）。

1）总则（编制目的、编制依据、适用范围、应急预案体系、应急工作原则等）。

2）事故风险描述（危险源与事故风险分析，事故种类，事故发生的可能性以及严重程度、影响范围等）。

3）应急组织机构和职责（应急组织机构形式，组成部门、人员，部门和人员的职责、权限）。

4）工程安全监测与检查（检查监测部位，检查监测制度，监测方法，警戒标准）。

5）工程养护与维修加固或施工安全设施建设（部位，标准，制度）。

6）应急预案的启动依据。

7）报警与信息报告（报警的条件、方式、方法和信息发布的程序，事故及事故险情信息报告程序）。

8）通信、联络方式（组织内部联络，组织与外部联络，外部联络）。

9）应急响应（响应分级，响应程序，处置措施，应急结束）。

10）应急行动方案（各类事故应急专项预案）。

11）保障措施（通信与信息保障，应急队伍保障，物资装备保障，其他保障）。

12）恢复和善后处理。

13）应急预案管理（培训，演练，修订，备案，实施）。

（3）事故现场应急预案。水利工程事故现场应急预案是在专项预案的基础上，针对某一具体现场的危险源或重要防护区域及周边环境情况根据需要编制。现场预案是对应急抢险和救援中的各个方面做出的具体而细致的安排，是一系列简单行动的统合。现场应急预案的主要内容包括以下几项。

1）目的。

2）适用范围。

3）组织机构和职责。

4）应急抢险救援指挥流程图。

5）救护器材、人员培训与演习。

6）应急响应和抢险救援程序。

7）应急预案的修改与完善。

3．水利工程事故应急预案程序文件种类策划

水利工程事故应急预案编制时，各类应急功能、各种应急行动都必须组织制定相应的标准操作程序，为应急组织或个人的应急行动提供行动指导。

需要编制哪些程序文件，要根据工程和危险源特点、应急活动的任务来确定。有些程序文件是必备的，如危险源评价程序、应急启动程序、事故调查程序等；有些程序文件是根据工程情况选择的，如滑坡应急程序、管涌应急程序等。有些程序文件与全部或大多数应急管理人员有关，由预案编制小组编制，如应急启动程序；有的程序文件只与少数部门、专业或少数岗位有关，则由主要责任部门和支持机构编制，如现场救护程序、避难所启动程序、交通管制程序等。

（六）与外部组织的协调沟通

应急预案可能事先就会受到政府法规、规章制度的影响。弄清国家和政府关于应急预案文件的要求，并考虑将这些要求融入到应急预案中去。

确定水利工程事故发生时主要工作人员应与哪些政府部门联系，从什么渠道可以获得上级政府和社会的支援，怎样与可能受灾范围的政府和民众

沟通。

水利工程事故应急预案编制小组除了与上级政府、行业管理部门经常保持联系外，还应与周围的其他组织、社团机构的相关人员进行交流，对可能发生的事故以及应急资源和应急能力信息进行讨论，以便学习到他们对应急操作程序等新的改进措施，并可与他们制定互助协议，约定发生事故时单位与各机构之间应如何帮助、应急通知要求、相互协作的条件等。

地方政府、社区和企业要建立良好的伙伴关系，合作解决问题，虚心倾听不同看法，公开交换意见。有效领导以及充分理解各主要部门参加者的作用是预案编制成功的关键。

水利工程事故应急预案编制小组应定期与上级政府、行业管理部门和社团组织会见，使相关机构知道本单位正在创建一个应急预案。尽管应急预案并非一定要迎合上级的意见，但是沟通与交流很可能为预案编制人员提供有价值的见解和信息。

当预案最终定稿时，应急预案编制小组还应该与外界组织共同讨论预案的可应用部分，以确保正确估计应急能力，并得到其他的服务和资源补充。

（七）应急预案的演练与修订

应急预案编制与发布后，应按照应急预案划定的职责范围落实管理职能，理顺管理关系，做好人力、物力、财力的准备，还必须对组织内员工和所有相关人员进行应急预案培训与演练，在演练和应急管理过程中找出应急预案的缺陷、不足和不便实施之处，以便修改补充。

应急预案编制小组首先应把初稿分发给应急组织成员进行检查，并征求有关人员的意见，进行必要的修正。

由管理者和应急管理相关的主要人员参与演练，模拟事故发生时的情况，让参与者讨论他们的责任和对于该水利工程事故将如何反应。在此基础上，找出引起混乱或反复出现的问题以做出相应的修改。

1. 应急预案演练

应急预案演练是指来自应急管理有关的多个机构、组织或群体的人员针对假设水利工程发生某种事故，执行实际事故发生时各自职责和任务的排练活动。演练的过程也是参演和参观人员学习和提高的过程。我国多部法律、法规及规章都对此项工作有相应的规定。

（1）应急预案演练的目的。水利工程事故应急预案不能停留在纸上，要经常演练才能在事故发生时做出快速反应投入抢险救援，减轻事故所造成的损失。对于特定的水利工程来讲，发生事故是低概率事件，因而应急预案可能很长时间都没有机会实施，于是演练便是应急管理人员检验和评估应急预案编制水平和水利工程事故应急管理水平的主要方式，以便确定它们在实际水利工程事故应急管理中是否可以运行。

应急预案演练是检测应急预案编制水平和水利工程事故应急管理工作水平的最好标准。要经常演练，根据情况变化找出应急预案的错误和不适应之处，对预案进行评估和修改，确保预案的可行性和适用性。

水利工程事故应急预案演练的目的如下。

1）测试应急管理系统的充分性，检验应急抢险救援的综合能力和应急管理系统的运作情况，保证反应要素能全面应对任何应急情况。

2）评价应急预案和各种程序准确性、完备性、有效性。通过演练，验证预案在应对可能出现的各种水利工程事故方面所具备的适应性，验证应急预案的整体或关键性局部是否可能有效地付诸实施；发现应急预案的不足和缺陷，找出预案可能需要进一步完善和修正的地方，并在实践中加以补充和改进。

3）检测人员培训效果，检查有关组织和相关人员是否已熟悉并履行了他们的职责。

4）检验应急设备是否充分和是否处于完好状态。

5）检验应急通信联络渠道是否建立和可靠保持。

6）检查并提高应急管理系统的启动能力。

7）可以提高应急抢险救援队伍间的协同水平和实战能力。

（2）应急预案演练方式。应急预案演练方式有多种。按照演练活动的场所分为室内演练、现场演练；按照内容分为应急会议、桌面演练、功能演练和配合演练等；按组织参加演练的范围可以分为单项演练、组合演练和全面演练。

应急预案演练既可由应急指挥中心单独进行，以指挥、通信联络为主要内容，也可由应急指挥中心带领部分应急抢险救援专业队伍进行演练。演练既可在室内进行也可在室外进行。

在应急管理的不同阶段，结合自身条件进行不同方式的演练，最终根据演练结果评价演练目标的实现程度、应急预案的适应性和应急管理系统的有效性，根据评价结果将预案进行修改和完善。

1）桌面演练。桌面演练一般是在会议室内举行非正式的演练活动，由应急管理组织代表和关键岗位人员参加，讨论各自在应急预案中的职责，以及在事故发生时的应急预案及其标准运作程序和应采取的行动。桌面演练的主要目的是解决应急组织相互协作和职责划分的问题。

桌面演练的主要特点，一是针对假想的演练情景进行口头演练，成本较低；二是没有时间压力。演练人员在轻松环境下更容易发挥主观能动性，检查和解决应急预案中的问题，获得一些建设性的讨论结果，主要为功能演练和全面演练做准备。这是一种有价值和有效率的方法，它可以在进行更多的培训活动之前确定出应急预案存在的缺陷。

桌面演练只需展示有限的应急响应和内部协调活动，事后一般采取口头评论形式收集演练人员的建议，并提交一份简短的书面报告，总结演练活动和提出有关改进应急响应工作的建议。

2) 功能演练。这是针对应急响应过程中某些特殊功能程序的演练。应急预案编制小组和有关应急响应相关人员参加，针对某项应急响应功能或其中某些应急响应活动举行的演练活动。功能演练一般在应急指挥中心、模拟事故现场、事故影响范围内某一地点开展。

功能演练并不完全模拟事故情境，只是根据条件进行有限模拟，参演人员按照设定的演习程序，调用有限的应急设备，完成自己的演习内容。

功能演练的主要目的是针对应急响应功能，检验应急管理体系策划的正确性和应急管理体系各功能内部的协调性；检验应急响应人员对岗位职责的理解和技能掌握的熟练程度；检验事故出现时应急功能的响应能力。

功能演练可以是单一功能的"单项演练"，也有可能是多功能组合的"组合演练"。功能演练比桌面演练规模要大，一般采用走动形式，需动员更多的应急响应人员和组织，必要时还可请求上级应急管理机构参与，为演练方案设计、协调和评估工作提供技术支持。

功能演练所需的评估人员一般为4～12人，具体数量依据演练地点、社区规模、现有资源和演练功能的数量而定。演练完成后，除采取口头评论形式外，还应向政府提交有关演练活动的书面汇报，提出改进建议。应该广泛征求参演人员意见，请他们评价应急响应系统并找出存在的问题。

3) 全面演练。全面演练也称为综合演练，这是应急预案内规定的所有任务单位或其中绝大多数单位参加的，针对应急预案中全部或大部分应急响应功能，检验、评价应急组织应急运行能力的演练活动。主要目的是检验应急预案和各种程序准确性、完备性、有效性，验证应急管理组织内各功能组织的执行任务能力、相互协调能力，检查各类组织能否充分利用现有人力、物力来完成特定功能。

全面演练是最高水平的演练，并且是演练方案的最高潮。全面演练是评价应急管理系统在一个持续时期里的行动能力。它通过一个高压力环境下的实际情况检验应急预案的各个部分。

全面演练应该在单项演练和组合演练后实施，并应有周密的演练计划、严密的演练组织领导和充分的准备时间。

全面演练要考虑公众的有关问题，尤其要顾及危险源影响区附近公众的情绪，使公众能够正确评价危害的性质，从而使推荐的防护措施、转移和避难方案能得到公众的理解和认可。公众信息传播部门应借助全面演练的机会，向有关公众宣传演练的目的，以及当真实事故发生时应该采取的措施。必要时可组织公众中的骨干力量参观，甚至参加演练。

全面演练也必须有负责应急运行、协调和政策拟订人员的参与，以及上级应急组织人员在演练方案设计、协调和评估工作中提供的技术支持。

全面演练过程中人员或组织的演示范围要比功能演练更广。全面演练一般需 10～50 名评价人员。

演练完成后，除采取口头评论、书面汇报外，还应提交正式的书面报告。

2. 应急预案演练的评价

演练结束后，进行总结与讲评是全面评价应急管理体系的一个重要步骤，也是演练人员进行自我评价的机会。演练总结与讲评可以通过访谈、汇报、协商、自我评价、公开会议和通报等形式完成。

通过总结评价，可以辨识应急预案和程序中的缺陷，评价应急预案编制水平和应急管理体系是否需要改进，明确应急设备和其他资源是否充分，确定培训、训练、演练是否达到预期目标等。

应急预案演练效果评价务求全面深刻、不留死角，要完成以下工作内容。

（1）评价人员访问演练参与人员。

（2）汇报与协商。

（3）编写书面评价报告。

（4）演练参与人员自我评价。

（5）举行公开会议。

（6）通报不足项。

（7）编写演练总结报告。

（8）评价和报告补救措施。

（9）追踪整改项的纠正。

3. 应急预案的审核评价

为了保证应急预案的有效性，对于应急预案应每年至少进行一次正式审核。

（1）应急预案的审核评价时机。除年审外，水利工程建设、管理单位应该在以下情况下对预案进行审核、评价和修改。

1）每年培训或演练之后。

2）每次事故之后。

3）当人员变化或是他们调换工作之后。

4）当工程完成维修加固后或设计改变时。

5）当政策或是过程改变时。

（2）应急预案的审核评价内容。应着重审核应急预案的以下问题。

1）水利工程事故应急预案制定是否建立在危险源风险评价的基础之上，已存在的重要危险源是否已在预案中充分考虑，在危险源分析评价中存在的问题和所确定的不足项是否已经被充分地改善。

2）应急管理机构和人员的职责是否明确。

3）水利工程事故应急管理运行机制是否可行。

4）应急预案基本的操作程序是否完善，是否体现了在培训中或现实中所接受的教训。

5）预案是否反映了工程维修加固后或设计改变时在自然布局上的改变，有关图纸或其他资料记录是否为最新的，它是否反映了新的管理过程。

6）预案中所包含人员姓名、职位和电话号码是否为最新的。

7）所落实的应急管理方案与上级政府、其他有关单位的方案是否统一。

4. 应急预案的管理与改进

应急预案管理与改进包括对预案的制定、修改、更新做出管理规定，并保证定期或在应急演练、事故应急行动后对应急预案评审，针对实际情况的变化以及预案中所暴露出的缺陷，不断地更新、完善和改进应急预案文件体系等。

应急预案编制者自始至终都要保证应急预案的有效性和充分性，对于应急预案演练评价和审核过程中发现的不足及时修改。要不断进行预案的重新评估和修订，以适应形势发展的需要。

当出现下列情况时，应该对应急预案进行修订。

（1）事故应急预案管理或演练过程中发现问题。

（2）工程危险源发生变化。

（3）管理组织结构发生变化。

（4）应急抢险救援技术和装备改进。

对于个别文件的修改或局部修改，可采用修改通知单的形式；而当修改内容较多时则需要换版。

（八）应急预案的批准、分发与维护

应急预案文件编制完成之后，应急预案编制小组应向单位主要负责人以及高级管理者做出汇报，并从他们那里获得书面批准报告。

而后，应急预案编制小组将企业负责人签发的应急预案进行最后整理，并且清点应急预案的份数和页码，然后分发给有关部门和人员。对每一位收到应急预案的人员都要求签上姓名。对与部分预案有关的事情要特别叮嘱，并且做出相应记录。预案修改与换版后要保证每一位保有原预案的人都能尽快得到最新版，保证文件的有效性，使文件受控。

应急预案应定期维护。应急预案明确每项计划更新、维护的负责人，描述了每年更新和修订应急预案的方法，并规定了根据演练、检测结果完善应急计划。

第四节　水利工程事故应急预案文件内容编制

应急预案编制小组在完成危险源评价以及应急资源与能力分析评估之后，下一步则要进入应急预案的具体编制工作阶段。在着手预案编制之前，应急预案编制小组应建立起预案的文件框架体系。应急预案是由基本预案、应急功能设置、重要危险源管理、标准操作程序文件、支持附件等一系列文件体系组成，以上各部分相互联系、相互作用、相互补充，构成了一个应急预案的有机整体。编写预案时其顺序、方法和形式可不拘一格，但内容、结构应要求统一，以便于贯彻执行。

一、制订应急预案的编制计划

应急预案编制前应制订编制计划，以指导整个编写组工作步调一致、成果无缝对接。编制计划包括任务分工、质量标准和时间进度等内容。应急预案编制计划包括以下内容。

（1）编制目的。

（2）编制依据。

（3）编制组织构成、相关职责与任务分工。

（4）编制要求和验收标准。

（5）上级组织应急要求与周边社区应急协调。

（6）应急资源现状，包括：应急指挥中心、避难所地点，应急抢险、救援救护队伍现状，应急物资、设备或设施配备情况等。

（7）外部可用应急资源。

（8）应急预案编制进度计划表。

（9）请示、批准程序。

二、基本预案（总预案）编写

基本预案是应急预案的总体描述。主要阐述应急预案所要解决的紧急情况、应急组织体系、应急方针、应急资源、应急的总体思路，并明确应急组织各部分的职责，以及应急预案的演练和管理规定。

基本预案可以使组织管理者能从总体上掌握应急管理的有关情况，了解应急准备状况，同时也为制定其他应急预案如应急功能设置、标准化操作程序等提供框架和指导。总预案文件结构见表 4.1。

表 4.1　　　　　　　　　总预案文件结构

总预案文件结构

1. 预案概况						2. 预案基本要素												
预案分配表	变更记录	预案实施令	名词、定义	预案简介	与其他预案的关系	预案编制目的	政策、法规依据与参考文献	方针与原则	工程危险源与安全状况描述	可能的事故情况	应急预案指导思想与目标	应急总体思路	应急资源	应急组织结构与职责	应急抢险救援互助协议	应急预案管理	应急教育、训练与演习	应急预案评估、检查与维护

基本预案各部分内容如下。

1. 预案发布令

最高管理者应为预案签署发布令，援引国家、地方、上级部门相应法律和规章的规定，宣布应急预案生效。其目的是要明确实施应急预案的合法授权，保证应急预案的权威性。

在预案发布令中，最高管理者应表明其对应急管理工作的支持，并督促各应急部门完善内部应急响应机制，制定标准操作程序，积极参与培训、演习和预案的编制与更新等。

2. 应急机构署名页

在应急预案中，包括各有关内部应急部门和外部机构及其负责人的署名页，表明各应急部门和机构对应急预案编制的参与和认同，以及履行承担职责的承诺。

3. 术语和定义

应列出应急预案中需要明确的术语和定义的解释和说明，以便使各应急人员准确地把握与应急预案有关的事项，避免产生歧义和因理解不一致而导致应急行动时产生混乱等现象。

4. 相关法律和法规

我国政府近年来相继颁布了一系列法律法规，对安全事故、重大危险源等制定应急预案做出了明确规定和要求，要求县级以上各级人民政府或生产经营单位制定相应的重大事故应急预案。

在基本预案中，应列出与制定应急预案有关的法律、法规，国家、地方及上级部门的规定，有关重大事故应急管理的文件、技术规范和指南性材料及国际公约等，作为制定应急预案的根据和指南，以使应急预案更有权威性。

5. 方针与原则

列出应急预案所针对的危险源或事故类型、适用的范围和任务，以及应急管理的方针和指导原则。

应急管理方针既要有鼓动性，又要朗朗上口、容易记忆；既要符合现状，又要高于实际。应急管理原则应体现事故应急管理的优先原则，如保护人员安全优先，防止和控制事故蔓延优先，保护环境优先等。

应急管理方针与原则还应体现事故损失控制、高效协调，以及持续改进的思想。因此，在制定应急管理方针与原则时，要经过深思熟虑。

6. 危险源分析与环境综述

列出组织所面临的主要危险源及事故灾害后果预测，给出区域的地理、气象、人文等有关环境信息，具体包括以下几方面。

（1）确认主要危险源的种类、数量、分布及特性。

（2）可能发生的事故、灾害类型，对潜在事故的过程描绘。

（3）确定事故影响范围及可能影响的人数，事故严重程度分区，有害效应的评估。

（4）事故灾害扩散的速度预测，导致次生灾害的时间间隔。

（5）重要保护目标的划分与分布情况。通过事故后果模型能够事先估计出事故影响的区域，确定重点保护的对象，如：

1）对人员的保护。工程周边居民分布情况，尤其是弱势群体（如学校、医院、敬老院等），以及最可能危害的区域、人员。

2）对事故现场内重要系统的保护，如交通线、供电线路、重要工业设施与市政工程设施等。

3）应考虑是否有必要在危险区域内设置工程保护范围、抢险场地、避难所和撤退转移路线，以防止更大的潜在危险。

4）现场外的关键系统。应考虑可能受到事故影响的场外主要运输系统及可能受到事故影响的公用水、电、气、通信服务系统等。

5）应急人员的工作区域保护，如指挥中心、应急准备区域及支援路线等。

（6）可能影响应急抢险救援工作的不利条件，包括事故发生时间、事故发生时的气象条件（温度、湿度、风向、降水）、道路中断、临时停电、工程周围环境恶化、邻近区域同时发生灾害等。

（7）季节性的台风、气温、雨量、雪量等。

7．应急资源

对应急资源做出相应的管理规定，并列出应急资源装备的总体情况，包括：应急力量的组成、应急能力；各种重要应急设施（备）、物资的准备情况；上级或相邻应急机构可用的应急资源等。

8．应急管理组织机构与职责

快速、有序且高效地处理事故需要应急管理系统中各个组织机构的协调努力。应急管理组织机构包括多种功能，主要有应急指挥中心（紧急运转中心）、技术支持系统、事故现场指挥部、后勤物资保障系统、媒体中心和信息管理系统、抢险救援系统等。系统内的各部分都有各自的功能、职责及构建特点，每个系统都是相对独立的工作机构，但在执行任务时统一在应急指挥中心的指挥协调下运作，呈现系统性的运作状态。

为体现应急管理的快速特征，应急管理组织应精干高效，尽量减少管理层次，使沟通方便快捷。应急管理组织机构示例如图4.8所示。

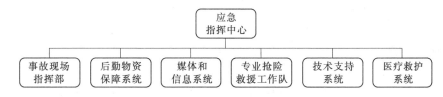

图4.8　应急管理组织机构示例

（1）应急指挥中心。应急指挥中心是整个系统的重心，在事故应急管理系统中主要进行事故应急行动中的指挥和系统内部、外部协调，协调事故应急期间应急系统各个部分的运作，统筹安排整个应急行动，处理应急后方支持，保证行动紧张、有效、有序地进行，避免因组织混乱、行动紊乱而造成事故抢险救援不及时而导致的额外人员伤亡和财产损失。

政府水利工程事故应急指挥中心应设在防汛指挥部办公室（防汛指挥中心），企业应急指挥中心可以设在安全管理部门或企业专门设立的防灾办公室。应急总指挥的职责是：

1）负责组织应急预案的实施工作。

2）负责指挥、调度各应急单位的应急行动。

3）负责发布启动或解除应急行动的指令。

4）决定是否开设现场指挥机构。

5）向政府或驻军通报应急行动方案，并提出要求支援的具体事宜。

（2）技术支持部门。由工程技术和应急管理方面的专家等组成，负责对危险源识别与评价、应急预案编制与培训方面提供咨询意见，在事故应急决策时提供应急对策。

（3）事故现场指挥部。事故现场指挥部是应急管理系统中的现场指挥机构，视事故情况在现场灵活设置。事故现场指挥部在应急抢险救援中负责在事故现场制定和实施正确、有效的应急对策，负责事故现场的应急指挥工作，进行应急任务分配和人员调度，有效利用各种应急资源，保证在最短时间内完成对事故现场应急行动。现场指挥的职责是：

1）全权负责应急抢险救援现场的组织指挥工作。

2）负责及时向应急指挥中心报告现场抢险救援工作情况，保证现场应急行动与应急指挥中心的指挥和各保障系统的工作相协调。

3）进行事故的现场评估，并提出抢险救援的相关方案，报应急指挥中心备案，必要时与专家组有关专家进行直接沟通，确定抢险救援方案。

4）必要时提出现场抢险增援、人员疏散、向政府求援等建议并报应急指挥中心。

5）参与事故调查处理工作，负责事故现场抢险救援工作的总结。

（4）后勤保障系统。后勤保障系统在整个应急管理系统中起到应急后方力量支持保障的作用，提供应急物质资源和人员支持，全方位保证应急行动的顺利实施。

（5）媒体与信息系统。负责系统所需一切信息的收集、整理、传递，提供各种信息服务，实现信息利用的快捷性和资源共享，为应急工作服务；安排事故应急行动过程中媒体报道、采访和新闻发布，保证事故报道的真实、快捷。

（6）医疗救护系统。提供应急行动中所必需的医疗救护支持，负责灾区环境卫生和防疫。

（7）专业抢险救援队伍。掌握专业抢险救援技术，拥有专用抢险设备的抢险队伍。在事故发生时按事故现场指挥部要求承担抢险救援工作。

为了直观地表达职责分配情况，可利用职责分配表的形式，标明每项任务的负责单位和配合单位。应列出所有应急部门在重大事故应急管理活动中承担职责的负责人。在基本预案中只要描述出主要职责即可，详细的职责及行动在标准化操作程序中会进一步描述。部门和人员的职责应覆盖所有的应急功能。

应急管理组织机构与职责功能还应明确，当事故发生的时候应急组织责任人不在场时，由谁来担任指挥的角色，以确保应急行动不出现混乱局面。

9. 教育、培训与演练

为全面提高应急能力，应对应急人员培训、公众教育、应急和演习做出相应的规定，包括内容、计划、组织与准备、效果评估、要求等。

应急人员的培训内容包括：如何识别危险、如何采取必要的应急措施、如何启动紧急警报系统、如何安全疏散人群等。

公众教育的基本内容包括：潜在的重大危险、事故的性质与应急特点；事故警报与通知的规定；基本防护知识；撤离的组织、方法和程序；行动时必须遵守的规则；自救与互救的基本常识等。

10. 与其他应急预案的关系

列出本预案可能用到的其他应急预案（包括当地政府预案及签订互助协议机构的应急预案），明确本预案与其他应急预案的关系，如本预案与其他预案发生冲突时，应如何解决。

11. 互助协议

列出与相邻组织或专业应急机构签署的正式互助协议，明确可提供的互助力量（抢险、医疗、检测）、物资、设备、技术等。

12. 预案管理

应急预案的管理应明确负责组织应急预案的制定、修改及更新的部门，应急预案的审查和批准程序，预案的发放、应急预案的定期评审和更新等。

三、应急功能设置

应急管理的功能应涵盖事故预防、应急准备、事故预警、应急响应、应急恢复，以及训练、事故后果评价等。其主要种类见表4.2。

尽管这些功能具有一定的独立性，但不是孤立的，它们构成了应急工作的有机整体。为了直观地描述应急功能与相关应急机构的关系，可采用应急功能分配矩阵表表达。

应急核心功能和任务包括报警、接警到应急抢险与救援、应急恢复阶段功能，现分述如下。

1. 报警

在水利工程发现险情或发生事故时，任何发现事故或险情的人员的首要任务就是向有关部门报警，提供事故信息，并在力所能及的范围内采取适当的应急行动。该功能主要指导人员如何使用报警与通信设备，如手机、固定电话、报警器、信号灯、无线电台、卫星电话等，并明确操作人员或其他人员的报警职责。

在具体执行报警操作时，应该根据事故的实际情况，决定报警的接受对象，即通告范围，通常决定因素包括事故的类型和严重程度。如果发生特殊类型的事故或者涉及特大事故时，通知范围就应该包括参与现场应急的所有人员、地方政府的应急管理部门及国家应急中心等。

表 4.2　　　　　　　　　　水利工程事故应急预案应急功能

归　类	应急功能名称	归　类	应急功能名称
1. 事故预防	工程管理测报	3. 基本应急行动	现场抢险与应急人员安全
	关键设施、设备检测与检查		医疗救援
	工程设施及设备维护与维修		灾民生活保障
	工程安全评审（估）		灾民亲属联络
2. 应急准备	危险源风险评价		交通管制
	应急资源和能力评估		政府协调
	应急设施建设		应急宣传与媒体沟通
	人员培训		公共关系
	演练与演习		应急关闭
	物资供应与应急设备准备	4. 应急恢复	救灾救济
	文件、记录保存		卫生防疫
3. 基本应急行动	报警、接警与通知		事故现场净化和恢复
	响应级别的确定与应急启动		灾民心理重建
	指挥与控制		事故调查
	警报与紧急公告		事故损失评价
	应急通信联络		基础设施恢复
	疏散与安置		生产恢复
	警戒与治安		保险索赔

制定报警程序时，必须考虑到一些对程序有用的补充图表或说明，如制定简易流程表以显示信息散发的途径、如何执行紧急呼叫等内容，这些补充图表或说明能为报警人员提供便利。

2. 接警与通知

准确了解事故的性质和规模等初始信息，是决定是否启动应急预案的关键，接警作为应急响应的第一步，必须对接警与通知要求做出明确规定。

（1）应明确 24 小时报警电话，建立接警和事故通报程序。

（2）列出所有的通知对象及电话，将事故信息及时按对象及电话清单通知。

（3）接警人员必须掌握的情况有：

1）事故发生的时间、地点、种类、强度。

2）事故严重程度、危害级别。

3）已知的危害方向。

（4）接警人员在掌握事故基本情况后，应立即通知应急管理组织负责人，报告事故情况，以及可能的应急响应级别。

（5）在应急行动前，应该首先让应急管理组织内人员知道发生了紧急情况，此时就要启动警报系统，最常使用的是声音警报。警报有两个目的：

1）通知应急人员发生了事故，要进入应急状态，采取应急行动。

2）提醒其他无关人员采取防护行动（如撤离危害区或转移到更安全的地方）。

（6）通知上级机构。根据事故的类型和严重程度，应急总指挥或有关人员必须按照法律、法规和标准的规定将事故有关情况上报上级政府应急管理部门。通报信息内容如下：

1）将要发生或已发生事故的工程名称、地址、工程部位。

2）通报人的姓名和电话号码。

3）险情类型、已经发生或预期的事故类型。

4）发生时间和预期持续时间。

5）事故严重程度和可能影响范围。

6）应该采取的预防措施，包括疏散。

7）获取进一步信息需联系的人员的姓名和电话号码。

8）气象条件。

9）应急行动级别。

3. 事态判断与响应级别确定

为了保证事故影响得到及时控制又不致过度反应而造成不必要的恐慌，及合理利用应急资源，应根据对事故状况的估计、事故的影响范围和严重程度，对事故进行分级管理。事故一旦发生，就启动相应级别的应急程序。如需上级援助，应同时报告上级政府或社区事故应急主管部门。根据预测的事故影响程度和范围，需投入的应急人力、物力和财力逐级启动事故应急预案。

（1）事故级别划分。建议将水利工程事故划分为以下三级，以便与应急响应级别相适应。

1）一级事故，事故影响不超过本单位控制范围，能被本单位正常可利用资源处理的事故。这里指的"正常可利用资源"，是指该单位在日常工作中可以响应的人力、物力。

2）二级事故，事故影响两个或更多的单位，或影响本单位以外的社区，或需要本单位以外机构做出响应、给予援助。这类事故需要政府应急管理部门响应，需要社会力量合作努力，并且提供人员、设备或其他各种资源。

3）三级事故，事故波及的范围较大，必须利用政府所有部门及一切资源的事故灾害，或者需要政府的各个部门同本地区以外的机构联合起来处理各种情况。

（2）应急管理系统的分级响应机制。根据事故的级别确定响应级别，划定相应的事故通报范围，决策应急启动程度、应急力量的出动和设备及物资的调集规模、疏散范围以及应急总指挥的级别职位。

1）一级事故响应单位可以建立一个现场指挥部，而不需要其他单位和社区采取行动。

2）二级事故由政府水利灾害应急管理部门做出主要决定，而需要的资源由本单位和合作单位能够全部提供。水利灾害应急管理部门可以建立一个事故应急指挥中心，并且联系、沟通、协调相应的响应单位。响应单位还可以建立一个现场指挥部。征用事务将由响应单位来处理。所需的后勤支持、人员或其他资源是政府主管部门的职责。

3）三级事故响应主要决策者是政府水利灾害应急管理部门。指挥员由政府行政长官担任。水利灾害应急管理部门的主要领导应在当地建立现场指挥部，并通知所有具有职责的部门。征用事务将由应急指挥中心承担；人员、物资和其他资源的获得将是应急管理部门的工作。

对于灾害具有跨区域影响的重大灾害事故，还可针对不同区域的不同情况列举不同措施。注意各级别及次生、衍生、耦合灾害的衔接与行动。

企业级事故应急指挥中心应不断向上级应急机构报告事故控制的进展情况、所做出的决定与采取的行动。后者对此进行审查、批准或提出替代对策。

当事态超出响应级别而无法得到有效控制时，应该请求实施更高级别的响应。是否将事故应急处理移交上一级应急指挥中心的决定，应由企业级指挥中心和上级政府应急机构共同做出。做出升级决定的依据是事故的规模、企业能够提供的应急资源及事故发生的地点是否使范围外的地方处于风险之中。

4. 指挥与控制

重大事故的应急抢险救援往往涉及多个响应部门和机构，因此，对应急行动的统一指挥和协调是有效开展应急行动的关键。建立统一的应急指挥、协调和决策程序，便于对事故进行初始评估，确认紧急状态，从而迅速有效地进行应急响应决策，建立现场工作区域，指挥和协调现场各应急队伍开展行动，合理高效地调配和使用应急资源等。该应急功能应明确以下几点：

（1）现场应急指挥部的设立程序。

（2）指挥的职责和权力。

（3）指挥系统结构。可以用图示表达，标明权力线、协调线（谁指挥谁、谁配合谁、谁向谁报告）。

（4）启用现场外应急队伍的方法。

（5）事态评估与应急决策的程序。

（6）现场指挥与应急指挥中心的协调。

（7）与外部应急指挥之间的协调。

5. 应急启动

应急响应级别确定后，按所确定的响应级别启动应急程序，规定通报的组织、通报顺序、通报的时间要求、主要联络人及备用联络人；应确定相应级别指挥机构的工作职责；各级指挥机构权限内可以发布实施的措施，如通知应急中心有关人员到位、开通信息与通信网络、通知调配抢险救援所需要的应急资源、成立现场指挥部等。

6. 抢险救援行动

有关应急队伍进入事故现场后，根据专项预案和现场预案的要求，迅速开展调查监测、警戒、工程抢险、人员救助、疏散等应急行动。专家组为抢险救援决策提供建议和技术支持。

7. 警报和紧急公告

当事故可能影响到其他人员甚至周边企业或居民区时，应及时启动警报系统，向公众发出警报，同时通过各种途径向公众发出紧急公告，告知事故性质、自我保护措施、注意事项等，以保证公众能够及时做出自我防护响应。决定实施疏散时，应通过紧急公告确保公众了解疏散的有关信息，如疏散时间、路线、随身携带物、交通工具及目的地等。该应急功能有如下要求：

（1）在发生事故时如何向公众发出警报，包括发出警报的责任人、时间及使用的警报设备。

（2）各种警报信号的不同含义，如警戒用什么信号、撤离用什么信号等。

（3）制定关于何时进行公众疏散、疏散范围的安全避难指南。

（4）根据事故性质、气象条件、地形和原有逃生路线提出疏散的最佳路线。

（5）事先告知公众存在的事故风险、应采取的措施及疏散路线。

8. 通信联络

通信是应急指挥、协调和与外界联系的重要保障。在现场指挥部，各应急机构及部门、新闻媒体、医院、上级政府，以及外部应急机构之间，必须建立完善的应急通信网络，在应急行动中应始终保持通信网络畅通，并设立备用通信系统。

通信联络功能应确定发生事故时的联络方式以便应急指挥、通告与疏散居民，如手机短信、电话、广播电视、网络、警报器等；明确应急响应人员向外求援的方式；明确应急管理系统的各个机构之间保持联系的方式；明确公众与政府主管部门的通信、联络方式；以及应急反应指挥中心怎样保证有关人员理解并对应急报警作出反应。该应急功能有如下要求：

（1）建立应急指挥部、现场指挥、各应急部门、外部应急机构之间的通信方法，说明主要使用的通信系统、通信联络电话等。

（2）要有专人定期对应急通信设备、通信系统进行维护保养，使其处于完好可用状态，尤其是事故发生后。定期更新通信联络电话，以确保应急号码为最新状态。

（3）准备在必要时启动备用通信系统。

一旦启动应急预案，通信协调和联络部门就要负责保持各应急组织之间及与外部应急机构间高效的通信能力。最重要的通信联络是应急指挥中心，它装备有固定通信设备。通信联络功能要确保下述应急组织之间的通信畅通：

（1）应急指挥部与各应急部门之间。

（2）应急管理系统各机构之间。

（3）应急队员之间。

（4）应急指挥机构与外部应急组织之间。

（5）应急指挥机构与技术支持部门之间。

（6）应急指挥机构与后勤服务部门之间。

（7）应急指挥机构与新闻媒体之间。

（8）应急指挥机构与顾客之间。

任何应急指挥中心与外部的通信中断（特别是应急指挥中心与现场应急组织之间），必须报告通信联络负责人，以动员现有资源和人力来解决问题。

在制定和执行该通信程序时，应该考虑到一些必要的补充，如重要人员的家庭、办公电话号码、手机号码以及事故应急中可能涉及的关键部门的名称和电话列表等。

9.事态监测与评估

在应急行动过程中必须对工程状况、事故的发展势态及影响及时进行动态的监测，建立对事故现场及灾害影响区的监测和评估程序。事态监测在应急行动中起着非常重要的决策支持作用，其结果不仅是控制事故现场、制定抢险救援措施的重要决策依据，也是划分现场工作区域、保障现场应急人员安全、实施公众保护措施的重要依据。即使在现场恢复阶段，也应当对现场和环境进行监测。在该应急功能中应明确：

（1）监测与评估活动的责任人。

（2）监测位置、现场监测方法。

（3）监测仪器设备种类。

（4）监测内容描述，包括工程状况、事故形态、影响范围和扩展的潜在可能性。

（5）现场工作和报告程序。

（6）监测人员安全。

事故事态与影响评估一般由事故现场指挥和专家组完成。应将监测与评估结果及时传递给应急总指挥，为制定下一步应急方案提供决策依据。

10. 警戒与治安

为保障现场应急行动的顺利开展，在事故现场周围建立警戒区域，实施交通管制，维护现场治安秩序是十分必要的。其目的是要保护事故现场，防止与抢险救援无关人员贸然进入灾害区域或事故现场，保障应急队伍、物资运输和人群疏散等的交通畅通，并保护现场内所有人员的安全，避免发生不必要的伤亡。该职责一般由安保部门负责。该项功能的具体职责包括以下内容：

（1）实施交通管制。对危害区外围的交通路口实施定向、定时封锁，严格控制进出事故现场的人员，避免出现意外的人员伤亡或引起现场的混乱。

（2）指挥事故危害区域内人员的撤离、保障车辆的顺利通行，指引不熟悉地形和道路情况的应急车辆进入现场，及时疏通交通堵塞。

（3）维护撤离区和人员安置区场所的社会治安工作，保卫撤离区内和各封锁路口附近的重要目标和财产安全，打击各种犯罪活动。

（4）除上述职责以外，警戒人员还应该协助发出警报、现场紧急疏散、人员清点、传达紧急信息，以及事故调查等。

11. 群众疏散与安全避难

发生事故时，有关人员从事故影响区域内安全有序地疏散是最重要的应急行动。人群疏散是防止人员伤亡扩大的关键，疏散与避难的重要地位是十分明显的。

根据水利工程事故特点，明确保护群众安全的必要防护措施，紧急避难场所位置，发生事故时群众疏散撤离方式、程序，疏散撤离过程的组织、指挥，疏散撤离的范围、路线，以及医疗防疫、疾病控制、治安管理等。

在紧急情况下，工程管理或施工单位的首要任务是向外报警，并建议政府主管部门采取行动保护公众，包括向政府提出疏散的建议。疏散与避难由政府负责组织。接到报警后，地方政府主管部门应决定是否启动应急行动，协调并接管应急指挥职权。

工程管理和施工单位管理层应该积极与地方政府主管部门合作，制定群众疏散与安全避难预案，以便在发生事故时保护公众免受事故危害。

事故的大小、强度、爆发速度、持续时间及其后果严重程度，是实施人群疏散应予考虑的重要因素，它将决定撤退人群的数量、疏散的可用时间及确保安全的疏散距离。对人群疏散所做的规定和准备应至少包括以下内容：

（1）确定由谁决定疏散范围，明确可授权发布疏散命令的责任人及发布命令的程序。

（2）明确需要进行人群疏散的紧急情况和通知疏散的方法。

（3）说明疏散的步骤及注意事项。

（4）告知被疏散人员疏散区域所使用的标识、具体的疏散路线和疏散目的地，及负责执行避灾疏散的机构和负责人等。

（5）对疏散人群数量及疏散时间的估测。

（6）对需要特殊援助的群体的考虑，如学校、幼儿园、医院、养老院、监管所，以及老人、残疾人等。

（7）对受伤人员疏散的特殊保护措施。

（8）对特殊设施的保护措施。

（9）明确启动、终止群众保护措施的程序和方法。

在疏散过程中还应针对该功能补充措施，包括提供事故现场区域的路线地图、危险区的标注、可供人员休息或掩体等内容，目的是保证疏散过程中的安全。

12. 救护和医疗卫生

及时有效的医疗救护是减少事故现场人员伤亡的关键。医疗救护包括现场救治及医院救治。

到达现场的医疗救护人员要及时将伤员转送出危险区，并按照先救命后治伤、先治重伤后治轻伤的原则对伤员进行紧急抢救。现场抢救主要是保持呼吸道通畅、心肺复苏、抗休克、止痛和其他对症处理。

医院对接收的伤员进行早期处理，包括清创、止血、抗休克、抗感染，对有生命危险的伤员实施紧急处理。

在该功能中应明确针对可能发生的事故，为现场急救、后方支援、伤员运送与治疗、医疗防疫的机构和人员，以及工作程序等所做的准备和安排，应包括以下内容：

（1）可用的急救资源列表，如急救医院、救护车和急救人员。

（2）抢救药品、医疗器械、消毒药品等的来源和供给。

（3）建立与上级或当地医疗机构的联系与协调机制。

（4）针对主要潜在事故危害，为急救人员和医疗人员提供培训的安排和要求。医疗人员必须了解事故伤害类型，保证其掌握正确的抢救和治疗方法，以及自我保护措施。

（5）指定医疗指挥官，建立现场急救和医疗服务的统一指挥、协调系统。

（6）建立对受伤人员进行分类急救、运送和转送医院的标准操作程序。

（7）记录汇总伤亡情况，通过公共信息机构向新闻媒体发布受伤、死亡人数等信息。

（8）保障现场急救和医疗人员个人安全的措施。

医疗救护一般由就近医院承担，但认为当地医疗救护力量不足时，应事先与条件合格的医院签订救助协议。

13．应急宣传与媒体沟通

重大事故发生后，不可避免地会引起新闻媒体和公众的关注。应将有关事故的信息、影响范围、抢险救援工作的进展、人员伤亡情况等及时向媒体和公众公布，以消除公众的恐慌心理，避免公众的猜疑和不满。

在紧急情况下，媒体记者很可能会涌到事故现场采集有关新闻消息。警戒人员应该确保不经允许不得入内，尤其是无关人员，不能进入应急指挥中心或应急人员抢险的地方，避免干扰应急行动，并要防止媒体错误报道事件。

须由负责媒体沟通的部门全面负责信息发布工作，保证不要出现差错以免影响事故恢复的进程。该应急功能应包括以下内容：

（1）明确各应急小组在应急过程中对媒体和公众的发言人，描述向媒体和公众发布事故应急信息的决定方法。

（2）规定信息发布审核和批准程序，保证发布信息的统一性，避免出现矛盾信息。

（3）定期举办新闻发布会，提供准确信息，避免错误报道，澄清事故传言。当没有进一步信息时，应该让人们知道事态正在调查，将在下次新闻发布会通知媒体，尽量不要回避或掩盖事实真相。

（4）描述为确保公众了解如何面对应急情况所采取的周期性的宣传以及提高安全意识的措施。

14．应急人员安全

水利工程事故的应急抢险救援工作危险性极大，必须对应急人员自身的安全问题进行周密的考虑，包括安全预防措施、个体防护设备、现场安全监测等。明确紧急撤离应急人员的条件和程序，以保护应急人员免受事故的伤害。

应急响应人员自身安全是应急预案应予考虑的一个重要因素。在该应急功能中，应明确保护应急人员安全所做的准备和规定，应包括以下内容：

（1）应急队伍或应急人员进入和离开现场的程序，包括指挥人员与应急人员之间的交流方式，通知应急人员及时撤离危险区域的方法，如命令、鸣笛、电子警报器 30s 等，以避免应急人员承受不必要的伤害。

（2）根据事故的性质，确定个体防护等级，合理配备个人防护设备。在收集到事故现场更多的信息后，应重新评估所需的个体防护设备，以确保防护装备的正确选配和使用。

（3）对应急人员有关保证自身安全的培训安排，包括紧急情况下正确辨识危险性质，正确选择行动方案与合理选择防护措施的能力培训，正确使用个体防护设备培训等。

15. 应急抢险救援

抢险与救援在水利工程事故应急行动中对控制事态的发展起着决定性的作用，承担着排出险情、加固工程、疏导水流、重要物资设备转移、救人与疏散等重要职责。该应急功能应明确以下几点：

（1）各部门、各抢险队伍等的职责与任务。

（2）应急抢险的指挥与协调。

（3）应急抢险力量情况。

（4）抢险物资、材料、设备供应保障情况。

（5）针对事故的性质，拟采取的抢险对策和方案。

（6）大型抢险设备的准备。

（7）搜寻和营救人员的行动措施。

16. 应急结束关闭

执行应急关闭程序，由应急指挥中心总指挥宣布应急结束。根据事故应急结束指标提供公开发布的信息，宣布紧急状态解除。注意区别于现场抢救活动的结束。关闭程序包括以下内容。

（1）关闭行动的负责人。

（2）设备关闭操作程序。

（3）关闭专用工具。

（4）关闭行动的具体操作人员。

（5）需关闭设备是否有明显标志。

（6）应关闭的设备明细。

17. 应急现场恢复

现场恢复是指应急行动结束后，将事故现场恢复到相对稳定、安全的基本状态，包括现场清理、人员清点和撤离、警戒解除、善后处理和事故调查等。当事故现场应急行动结束以后，应该开展的最紧迫的工作是使在事故中一切被破坏工程或耽搁的事得到恢复，进入正常运作状态。由于它需要人员、资源、计划等诸多因素的支持才能开展，因此它的执行需要较长的时间。所需时间的长短一般取决于灾害损失程度；人员、资源、财力的约束程度；气象条件和地形地势等其他因素。事故后的恢复功能包括以下几项。

（1）明确决定终止应急，恢复正常秩序的负责人。

（2）明确保护事故现场的方法，确保不会发生未经授权而进入事故现场的措施。

（3）宣布取消应急状态的程序。

（4）组织重新进入和人群返回。

（5）描述连续检测影响区域的方法。

（6）现场警戒和清理。

（7）损失状况评估。

（8）恢复正常状态的程序。

（9）描述调查、记录、评估应急响应的方法。

18. 培训与演习

规定培训与演习的场所、频次、范围、内容要求、组织等，包括以下几项。

（1）培训演练目的：测试应急预案的有效性、检验应急设备充分性、确保应急人员熟悉他们的职责和任务。

（2）培训内容：危险源特征、报告、报警、抢险、疏散、防护和急救等。

（3）培训要求：针对性、定期性、真实性、全员性。

（4）通过对应急人员培训，确保合格者上岗。

四、重要危险源管理

重要危险源管理主要是针对具体危险源及特殊条件下的事故应急响应而制定的指导程序。重要危险源是需要对其应急功能做出针对性安排的危险源，在综合预案中包括基本应急程序的行动，而根据危险源特点一般需要制定专项应急预案和现场预案。

综合预案中的重要危险源管理部分内容，只说明处置此类危险源应设置专有应急功能或有关应急功能所需的特殊要求，明确这些应急功能的责任部门、支持部门、有限介入部门以及它们的职责和任务，详细内容在专项应急预案和现场预案中描述。

地方政府面对的与水利行业有关的危险源（水利灾害），需要编制专项应急预案的类型见表 4.3。

表4.3   地方政府水利灾害类型

序号	水利灾害类型	序号	水利灾害类型
1	超标准降雨、洪水	6	风暴潮
2	干旱、缺水	7	山洪与泥石流
3	公共水污染	8	滑坡等地质灾害
4	水利工程事故	9	水库诱发地震
5	水土流失	10	其他水利灾害

工程管理单位面对的重大危险源类型见表4.4，施工企业与建设项目的重大危险源类型见表4.5。

表4.4   工程管理单位面对的重大危险源类型

序号	重大危险源类型	序号	重大危险源类型
1	漫溢险情	9	堤坝裂缝
2	库岸滑坡事故	10	崩岸事故
3	管涌	11	跌窝事故
4	堤坝漏洞	12	决口事故
5	堤坝渗水（散浸）	13	溢洪道事故
6	穿堤（坝）建筑物接触渗漏	14	水闸事故
7	风浪淘刷	15	城市内涝
8	堤坝排水系统故障	16	其他事故

表4.5   施工企业与建设项目的重大危险源类型

序号	重大危险源类型	序号	重大危险源类型
1	截流失败	7	火灾
2	围堰与临时挡水断面失事	8	食物中毒与突发传染病
3	围堰渗漏	9	高边坡、基坑滑坡
4	隧洞塌方、涌水、爆炸火灾事故	10	不可抗力（暴雨、台风、地震）
5	排架与模板坍塌事故	11	大型设备安装与拆除事故
6	炸药运输、储存与爆破施工事故	12	高空作业与交叉作业事故

五、标准操作程序

标准操作程序是对预案文件的具体扩充，说明各项应急功能的实施细节。其应急功能程序与"应急功能设置"部分协调一致，其应急任务程序符合"重要危险源管理""专项预案""现场预案"的内容和要求，是对具体应急管理工作的进一步细化。标准操作程序内涉及的一些具体技术资料信息等可以在"支持附件"部分查找。

标准操作程序是预案文件不可缺少的、最具可操作性的部分，是应急活动不同阶段如何具体实施的关键指导文件。

（一）标准操作程序的基本要求

标准操作程序应根据应急功能设置、专项应急预案和现场预案进行编写，与应急各部门的职责和任务协调一致，其中通用的标准操作程序应作为应急预案附件或以适当方式加以引用。根据应急标准操作程序的目的和作用，对标准操作程序的基本要求如下。

1. 可操作性

标准操作程序为应急组织或人员提供详细、具体的应急指导，必须具有可操作性。标准操作程序应明确行动的目的，执行任务的主体、时间、地点，具体的应急行动类型，行动步骤和行动标准等，使应急组织或个人参照标准操作程序就可以有效、高速地开展应急工作，而不会因受到紧急情况的干扰而导致手足无措，甚至出现错误的行为。

2. 协调一致性

标准操作程序文件由相应的责任单位、责任部门组织编制，预案管理部门组织评审并备案。在应急管理过程中会有不同的应急组织或应急人员参与，并承担不同的应急职责和任务，开展各自的应急行动。因此标准操作程序在应急功能、应急职责及与其他人员配合方面，必须考虑相互之间的接口，应与基本预案的要求、应急功能设置的规定、重要危险源应急预案的应急内容、支持附件提供的信息资料，以及与其他标准操作程序协调一致，不应有矛盾或逻辑错误。如果应急活动可能扩展到企业外部时，在相关标准操作程序中应留有与外部应急管理组织机构的接口。

3. 针对性

由于事故种类、事故发生时间、发生地点和环境、事故演变过程等的差异，应急管理活动可能呈现出复杂性。标准操作程序是依据对重要危险源风险分析和管理要求，结合应急组织或个人的应急职责和任务而编制的，每个标准操作程序必须紧紧围绕应急主体的应急功能和任务来描述应急行动的具体实施内容和步骤，要有针对性。

4. 连续性

应急活动包括应急准备、初期响应、应急扩大、应急恢复等阶段，是连续的过程。为了指导应急组织或人员能在应急行动过程中发挥其应有作用，标准操作程序必须具有连续性。同时，随着事态的发展，参与应急的组织和人员会发生较大变化，因此还应注意应急功能的衔接。

5. 层次性

标准操作程序可以结合应急组织机构层次和应急职能的设置，分成不同的应急层次。如可以有政府级应急标准操作程序，企业（公司）级、部门级、班组级应急标准操作程序，甚至到个人的应急标准操作程序。

（二）标准操作程序的编制流程

编制标准操作程序是应急预案编制工作的重要组成部分。其编制流程如图 4.9 所示。

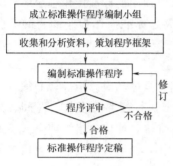

图 4.9 标准操作程序编制流程

1. 成立标准操作程序编制组

由于标准操作程序涉及各个应急组织和所有的应急功能，因此，标准操作程序一般不会由预案编制小组编制，各应急组织需要成立自己的标准操作程序编制小组。程序编制小组的人员覆盖面要尽量广，应包括参与应急的各个组织的领导、部门的代表、各个专业的技术人员、专家，以及关键应急岗位人员。

应对程序编制小组成员进行培训，使其了解和掌握标准操作程序的目的和作用、基本要求及编制的内容、格式等要求，为标准操作程序顺利编制奠定基础。

2. 收集和分析资料，策划程序框架

在编制程序文件前，应收集有关资料，包括应急管理方面的法律法规和标准、规范，组织机构设置，应急功能的设置和分配、危险源识别和风险评价的结果、重要危险源种类、应急管理的基本要求、内部和外部应急力量等。对收集的资料进行分析整理，并结合组织的管理模式和应急管理运行方式，进行文件框架策划，确定编制程序文件的层次和目录、格式等。

3. 小组内部分工进行编制工作

结合编制小组人员涉及的应急功能进行程序文件编制任务分工。如果一个应急功能涉及两个或两个以上组织或部门时，可由一个组织或部门为主牵头进行编制，便于协调。编制小组人员按照确定的要求、内容、应急流程（应急准备、初期响应、扩大应急和应急恢复四个阶段）和格式进行编写。

4. 程序文件评审、修改和定稿

编制完成的标准操作程序应由编制小组组长、各部门领导、专家以及预案编制小组进行逐级评审，由程序文件编制人员按照评审意见进行修改、完善、定稿，最终审批发布。

（三）标准操作程序的格式

标准操作程序文件没有严格固定的标准格式，但为了有利于程序的管理和实施，在编制程序文件时应尽量采用统一的格式。

1. 标准操作程序文件基本格式

标准操作程序的内容应十分具体，包括行动的目的、适用范围、执行主体及职责、时间、地点、具体任务说明、行动程序与步骤、责任人，以及所需的检查表和附图表等。编写和表达可按"5W1H"模式进行，即为什么（目的）、做什么（具体任务说明）、谁去做（执行主体、责任人及职责）、什么时间、什么地点（适用范围）、如何做（操作方法与流程）等内容。

采用统一格式，可以是文字、流程图、工作表或其结合。程序编写语言要求简洁明了，以确保应急活动成员在执行应急步骤时不会产生误解。对编制者而言，只要有可能，应将响应程序编制成为一系列的程序图或行动表格，规定执行程序时记录的样式，以达到直观明了。

2. 应急行动检查表

应急行动检查表是对标准操作程序文件很好的补充。其是将应急组织或个人在应急活动中的应急功能和应急任务按照应急的流程和步骤在清单中进行描述，一旦出现紧急情况时，即可对照应急行动检查表中的事项逐一实施，可为应急人员提供详细的指导，避免出现应急任务遗漏或差错。应急行动检查表可以做成卡片式，便于携带和使用。

（四）标准操作程序的种类

按照标准化、规范化要求，应急组织的任何应急管理行动都应该用标准操作程序表达。不同类型的应急预案所要求的程序文件种类不同。一个完整的应急预案的程序文件应包括事故预防、应急准备、初期响应、扩大响应、应急恢复等阶段规定的各项任务。预案编制人员可根据应急功能和应急预案中各应急要素的特点、应急组织结构形式和标准操作程序的层次性划分等，结合工程实际情况，确定标准操作程序的种类。一般需要编制表4.6所列标准操作程序但不仅限于此。

选定标准操作程序种类后，根据应急管理组织部门的不同设置情况和标准操作程序的层次性要求进行细化和具体化成几个标准操作程序，也可根据某一应急功能的不同方面进行细化，使标准操作程序更有操作性，使相应的应急人员能够明确各自应实施的具体应急行动。

（五）标准操作程序内容

每一个标准操作程序都包括一般性信息，如应急准备活动、召集单位、部门人员工作程序、危害评估和资源清单等，此外根据不同危险源和不同管理模式还有各自不同的应急作用和特点。推荐一般性内容如下。

表 4.6　　　　　　　标 准 操 作 程 序 清 单

应急阶段	标准操作程序	应急阶段	标准操作程序
1. 事故预防	工程检查与监测程序	4. 扩大响应	警戒与治安工作程序
	工程及设备运行操作程序		交通管制工作程序
	工程及设备保养与维修程序		政府协调程序
	工程安全评估程序		应急物资和设备、设施供应程序
2. 应急准备	危险源辨识与风险评价程序		应急宣传与媒体沟通程序
	应急资源和应急能力评估程序		人群疏散、安置工作程序
	专业抢险队管理程序		事态监测与评估程序
	人员培训程序		灾民生活保障程序
	演练与演习程序		灾民信息查询与亲属联络程序
	应急物资与设备准备程序		应急结束程序
	文件记录保存程序	5. 应急恢复	基础设施恢复程序
3. 初期响应	应急指挥程序		生产恢复程序
	报警程序		事故处理与善后工作程序
	接警与通知程序		救灾救济工作程序
	事故级别估计程序		卫生防疫工作程序
4. 扩大响应	响应级别确定与应急启动程序		事故现场净化和恢复程序
	警报和紧急公告程序		灾民心理重建工作程序
	应急通信联络程序		事故调查程序
	现场应急抢险程序		事故损失评价程序
	应急人员安全保障程序		保险索赔程序
	医疗救护工作程序		

1. 应急准备阶段内容

(1) 应急部门、人员的安排，明确各自的应急职责和任务。

(2) 制定、评审并更新本标准操作程序。

(3) 有关人员的应急知识和技能教育培训。

(4) 识别、准备并核对应急所需的设备、设施、物资，包括检测仪表等。

(5) 准备应急时使用的通信联络名单等资料。

(6) 与其他应急组织或部门、人员协作、协调、配合的沟通和交流。

……

2. 初始响应阶段

(1) 如何获得紧急情况或事故情况的警报或紧急公告。

（2）如何召集有关人员到位实施应急活动。

（3）根据自身的应急职责如何判断危害状况及所需采取的具体措施。

（4）应携带或使用哪些应急设备、设施和物资，包括个体防护装备。

（5）如何与指挥人员或应急功能负责人及时联络沟通。

……

3. 扩大应急阶段

（1）如何获取或知道扩大应急。

（2）如何与指挥中心及其他相关部门、人员进行紧急联络。

（3）扩大应急阶段需要采取的应急行动。

（4）与外部应急队伍的联络、配合。

（5）如何确保应急人员的安全。

（6）在必要时根据指挥的指令进行疏散。

……

4. 恢复阶段

（1）如何明确应急结束，进入恢复阶段。

（2）识别事故现场的残余危害。

（3）实施恢复阶段承担的恢复行动。

（4）进行应急设备、设施等的清点、清理、维护和保养。

（5）评价标准操作程序的有效性并在授权范围内进行修改。

……

应将各应急功能落实到组织、部门甚至个人，并结合基本标准操作程序的核心内容及实际情况和管理模式，完善每一个标准操作程序。

六、支持附件

把基本预案、应急功能、重要危险源管理、标准操作程序中需要的信息、资料进行归纳、汇总，形成支持附件。支持附件一般包括内容见表4.7。

表4.7　　　　　　　应 急 附 件 列 表

序号	应急附件	序号	应急附件
1	组织机构附件	6	外部援助机构协议
2	法律法规、标准附件	7	通报方式附件
3	通信联络附件	8	抢险救援措施附件
4	危险源识别评价资料	9	应急工作制度
5	技术支持附件	10	记录表格

应急管理活动的各个任务实施都要依靠支持附件支撑，它是应急预案实施的重要保证。支持附件的形式可以是文本、表格、图像、数据库等，主要根据功能和需要确定。

因为支持附件内容可能存在交叉与重复，有必要对其进行分类归纳整理，做到简洁和清晰；可以将支持附件编制成为数据库，从而便于在应急行动时方便查找到所需要的信息，有利于应急活动的顺利开展。

1. 组织机构附件

（1）组织机构图。应急组织机构组成，所属关系，机构及其负责人的主要职责。

（2）应急流程及职责分配图。列出发生事故后，报警、接警、通知、启动、救援、抢险、恢复等程序及相应职责部门及任务。

（3）应急指挥系统。指挥系统构成，包括指挥、组成人员，所属部门等。

（4）应急专家名录。负责人及组成人员，包括工程技术人员、安全管理人员、现场操作人员、相关领域专家等。

2. 法律法规、标准附件

（1）国家有关事故应急管理的法律法规、标准规范。

（2）地方各级政府、行业管理部门事故应急文件。

（3）国际上有关事故应急公约、建议书与技术指南。

3. 通信联络附件

列出可能与水利工程事故应急管理有关的所有在岗或不在岗人员的名单和他们的职责，24 小时开通的电话号码，便于启动应急行动时及时获取相关的支持。

为尽快启动应急预案，在事故发生之前应明确以下通信联络方式。

（1）应急机构关键岗位人员名单，通信联络方式。

（2）应急设施管理单位通信联络方式

（3）应急专家通信联络方式。

（4）医疗救援的通信联络方式

（5）外部应急机构联系表、外部可利用资源的通信联络方式（区域应急机构、地方应急机构、医疗救护中心及社区救助站等）。

（6）新闻媒体联系方式。

（7）应急疏散场所联系方式。

（8）相邻企业/机构的通信联络方式。当发生事故时，与邻近单位建立联系能相互支援。此外，当发生需要邻近单位人员疏散的事故时，进行联系或通知。

4. 危险源识别评价资料

重大危险源登记表，重要危险源分布图，事故后果预测和评估模型及有关支持软件等。

5. 技术支持附件

（1）应急组织员工手册。根据工程危险源状况和可能发生的事故情况，制定应对突发情况的作业指导书。针对某些关键的工艺、岗位、班组等制定紧急作业指导书，可以只列出其中的主要步骤，便于在紧急事件发生时发挥作用。

（2）事故案例库。根据工程作业特点，列出曾经发生过的各类事故，便于在应急培训、教育时借鉴。

（3）附图和附表。为了便于在应急行动时指挥人员及时获取企业及其周围的情况，在应急预案中可以以附图和附表的形式提供相关的信息。如行政区划分，政府机关及重点机关（目标）位置，水利工程区域地形图，灾害影响范围图，城市交通图，重点防护目标一览表、分布图，应急疏散路线图等。

（4）水利工程事故应急物资仓库位置分布图，应急物资、设备清单，供给与服务等。

（5）避难所位置与疏散路线图。

（6）洪水风险图。

（7）交通图。

6. 外部援助机构协议附件

作为应急预案的一部分，应急组织应有效地利用外部力量协助进行应急抢险救援，为此，在事故发生前应与相关单位签订援助协议。外部机构援助协议附件具体内容应包括以下种类：

（1）外部应急机构、应急力量一览表、分布图。

（2）与周边地区政府、社会组织的互助协议。

（3）与其他应急体系的互助协议。

（4）与武警、公安消防、驻军及专业应急抢险救援队伍的互助协议。

（5）与提供关键设备的单位的互助协议。

7. 通报方式附件

规定不同险情时的通报方式、通报内容、通报对象、通报工具及责任部门和责任人等。

8. 抢险救援措施附件

针对水利工程典型事故类型，制定标准的事故抢险救援措施方案备选。

9. 应急工作制度

水利工程事故应急程序所需各种工作制度见表 4.8。

表 4.8　　　　　　　　　　应 急 工 作 制 度

序号	应急工作制度	序号	应急工作制度
1	学习、培训制度	9	工程与设备运行管理制度
2	岗位责任制度	10	资料收集与档案管理制度
3	绩效考核制度	11	救灾物资的管理制度
4	值班与交接班制度	12	应急设备管理制度
5	例会制度	13	财务管理制度
6	工程巡查与检查制度	14	定期演练制度
7	工程安全检测与评估制度	15	监督检查制度
8	设备检修维护与工程维修制度	16	总结评比制度

10. 记录表格

记录表格包括制定应急预案记录和应急行动期间的记录。

制定应急预案记录包括：培训记录、应急演练相关记录、文件修改记录、资源配置记录、设备设施相关记录、应急设备检修记录、器材保管记录等。

应急行动期间记录包括应急行动期间所做的通信记录、每一步应急行动记录等。

第五章

防灾理念提升与应急设施建设

客观世界有其自己的运行规律。不尊重科学、不按自然规律办事，人类已经遭受了大自然太多的报复。人们没有能力对抗大自然，"人定胜天"只是痴人说梦。我们要学会与大自然和谐相处，开发利用资源要顺势而为，建设工程要有前瞻性，兴利过程要考虑到除害。尤其要减少环境破坏、避免人为灾害产生。

由于自然世界的未知性，出现超过预期的暴雨洪水是可能的；自然环境是多变的，已有的风险解决了，又会出现新的风险。要真正理解设计标准的实质，立足于抵抗超标准洪水，设置相应的应急设施。

应急设施是水利工程防灾抗灾的必要设施，规划建设应急设施是水利工程事故应急管理的基础性工作。水利工程出现危险或灾害发生时启用应急设施，能有效降低事故造成的危害。

加强安全知识教育，提高公民的防灾意识是成本最低的防灾抗灾措施。防灾抗灾是全社会的事，只有群策群力才能及时发现危险、及时预警；在出现危险时，工程管理人员、社区居民自救是第一位的，是最及时、最可靠的措施。

第一节 城市与社区选址、规划与排水工程建设理念

在城市与社区选址、规划和抗灾设施设计、建设方面要充分考虑各种风险因素，远离灾害之地或有足够的能力排除灾害影响，尤其不要人为招灾。

一、城市规模

西方发达国家对城市规划建设十分重视，也积累了足够多的经验，形成了一整套理论体系。比如，其城市规模应保证风能够在一个夜晚把城市吹透，也就是说，第二天早晨全城人吸的都是新鲜空气。所以欧洲国家很少有超过 500 万人口的城市。如果人口增多，就在大城市周边建设卫星城。但卫星城距主城区至少在 60～90km 以上，卫星城与主城区之间只能植树种草或耕种农田，而不允许建设任何建筑设施——我国有人称之为"蒸馒头"。

而我国城市规划没有规范，城市建设随心所欲，在 GDP 和不便示人的因素驱使下，城市规模越来越大，人们称之为"摊大饼"。除了造成堵车、雾霾、活动空间不足、物资供应困难、能源消耗增加、垃圾污水成灾等城市病外，热岛效应造成的暴雨灾害也越来越严重，尤其北京、上海等几个"巨魔"。2012 年 7 月 21 日，北京市发生自 1951 年有完整气象记录以来最大暴雨，造成大量人员伤亡（官方公布死亡 77 人）。但据笔者研究，这次暴雨范

围十分奇怪，暴雨袭击范围只限于北京城区，北京市郊县和周边的天津、河北只是"毛毛雨"。这是什么原因？应该是热岛效应。而且北京市近年来几乎每年都会发生强度超过周围地区的大暴雨。

热岛效应产生的原因主要是城市建筑与地面硬化，下垫面没有了植被的蒸腾降温作用，混凝土与柏油马路吸热升温加热空气，楼房林立阻碍了空气流通，城市范围过大、热量不能及时散失，加之汽车尾气、空调散热、人体散热、工厂燃煤耗电及生活、办公、市政等设施散热等使气温进一步升高，热气团膨胀上升引起空气强对流产生对流雨。超大城市热岛效应相对严重，而规模小的城市则不会发生。

城市规模过大的缺陷是明显的，后果有可能是灾难性的。但某些城市管理者"不以为憾，反以为荣"，鼓吹城市排名第几。各地假借"城镇化"之名，比赛建设新城、鬼城、四面扩张。如果再不警醒，将贻害万代。

希望借鉴发达国家的城市建设管理经验，尽快建立起我国的城市规划建设理论体系，制定科学的标准，以立法的形式规范城市建设；各级政府要尊重科学，依法建城，使城市建设科学化，使市民能够安居乐业。

二、城市与社区选址

城市与社区选址应能保证水源供应，交通便利，又能避开滑坡、水灾威胁；既要保障生产生活方便，又要有足够的发展空间。

古代人逐水而居，除了解决饮用水源问题外，主要是航运需要。当然在丘陵山区也只有河边才有相对宽敞的地方可以建城。古代运输工具简陋，大量物资人员运输只能靠水运，从而在水运枢纽、码头等贸易逐渐发达、人员聚集成市。广州、香港、上海等无不如是。借助长江、运河和黄河水道，宋徽宗运输"花石纲"的船只可以从两淮和江南直达京城开封。北京建城时只有一溪永定河，不能满足航运要求，朝廷花费大量人力把大运河接续起来，从此江南盐粮布帛可以直运京城等。

今天的交通运输已很发达，空运、陆运（铁路与公路）、水运等多种途径可以选择，运输条件不一定是城市选址的主要因素。但近年来城市人口越来越多，城市用水以惊人的速度增加，一些北方城市因为缺水而限制了发展。所以水源问题逐渐成为城市选址需要考虑的主要问题。但是水源可以远距离输送，比如南水北调中线干线工程全长1432km，穿3省2市直达北京、天津。所以新城选址和旧城扩建有更多选择，可以避开洪水灾害威胁的地方。

山区村庄选址要注意避开泥石流、滑坡、洪水威胁的地方，平原区村庄应避开河边、低洼等容易水淹之处。研究古代风水学，发现其并不是迷信，而是多年与灾害抗争经验的积累，其中包含的很多符合科学的做法是很多人现在没有理解和掌握的。笔者曾关注到家乡的一座辽代古墓，历经千年风雨，背后山石裸露、周围沟壑纵横，偏偏墓地却安然无恙。不得不赞赏古人的聪明和智慧。

水利工程建设往往有大量移民；近些年政府推行扶贫开发政策，对偏远散居村落实行并村搬迁。新建村落应高标准严要求，对村庄选址、规划、建设方面考虑防灾要求。政府应出台村庄规划与建设标准，综合防灾抗灾和建设安全质量要求，避免随意建设导致灾害。

三、城市排水工程建设

住房城乡建设部 2010 年对 32 个省 351 个城市的内涝情况调研显示，自2008 年，有 213 个城市发生过积水内涝，占调查城市的 62%，内涝灾害一年超过 3 次的城市有 137 个，甚至包括干旱少雨的西安、沈阳。积水时间超过半小时的占 78.9%，其中 57 个城市最大积水时间超过 12h。从多个城市资料分析，城市内涝表现出逐年上升的趋势。

（一）我国城市内涝原因

城市内涝频发，汽车潜水、市民看海。原因是什么？归结起来无非下列几点。

（1）城市排水系统标准偏低。我国排水标准与外国尤其与发达国家相比明显偏低，难以适应我国城市快速扩张和长期发展，亟待重新核定。

（2）热岛效应造成降雨强度提高，降雨量增大。

（3）城市地面硬化减少植被截流蓄积和下渗水量，加快了汇流速度。用以前的水文资料不能代表条件改变后的洪水规律。

（4）城市盲目扩张，自然蓄水调峰功能的河道、洼地、山塘、湖泊、水库等被人为填筑占用，降低了雨水的调蓄分流功能。

（5）城市建设重地上轻地下，地下基础设施建设滞后，城市排水设施建设欠账多。地上工程看得见，有面子有政绩；地下工程看不见，可以将就。

（6）因为历史原因，一些滨河城市道路低于洪水位，黄河流域有些城市甚至河底都高过城市地面，形成所谓的"悬河"，汛期时洪水顶托排水不畅甚至出现洪水倒灌。

【案例 5.1】 武汉市排水系统

湖北省被称为千湖之省，据《湖北省湖泊志》介绍，20 世纪 50 年代，全省百亩以上湖泊共有 1332 个，但 80 年代以后，湖泊侵填、侵占事件时有发生，湖泊数量、面积、容积总体上呈萎缩趋势。湖北省水利厅 2009 年发布的《湖北省水资源质量通报》显示，湖北省有百亩以上湖泊仅 574 个，从个数上消失一半还多，还不包括围湖瘦身使湖泊减小的面积。

武汉市原有127个湖泊，但近年来城市的填湖造城、开发房地产，现在还剩38个。大拆大建让地表的蓄水能力急剧下降。资料显示，武汉市从2010年到2016年，每年都会遭受水淹。特别是2016年6月30日至7月6日武汉连续降雨，造成淹城十几日。武汉近年来水灾越来越重，城市本身对雨水的蓄滞空间不足无疑是罪魁祸首。

（二）排水系统成功案例

【案例5.2】　北京故宫的排水系统

故宫的排水系统为明清时期修建的排水明沟和暗沟，以及新中国成立后修建的污水管线。历经将近600年，许多地下管网仍在发挥重要作用。通过纵横交错的明沟暗渠，雨水很快可以流走。无论多大的雨，在故宫内也不会发生积水现象。故宫维修专家也惊呼"真是太精妙了"。

紫禁城地面顺应北京地区地理环境，整体走势亦呈北高南低、中间高东西低。建造之初就对排水系统进行了精心设计。

紫禁城四周被52m宽的护城河环绕，内金水河在紫禁城的西北角城垣外护城河接入，曲曲折折穿城而过，流到东南角城垣下的地下出水口再接入护城河，并同周边的外金水河、中南海等水系相通。

故宫的排水系统十分庞大，整个排水系统主次分明、明暗结合。各个宫殿院落的排水系统有干沟、支沟，有明沟、暗沟，有涵洞、流水沟眼等众多排水设施。地下暗沟纵横交错、四通八达，仅保留至今的古代雨水沟的长度就超过15km，其中暗沟的长度将近13km。故宫内的明、暗雨水沟很多都是全石制造的，结实耐用。

故宫房屋建筑大部分建在高台上，其中太和殿、中和殿和保和殿台基有8m多高，分为3层。在台基四周栏杆底部有排水的孔洞。暴雨来临时，雨水逐层下落，使得台面无积水。雨水首先流入四周房基下的明沟石水槽，地面和明沟的水将通过入水口流入地下，排入暗沟以后，再由支沟汇集到干沟，经干沟排入内金水河。

院内地面留有泛水坡度，北高南低，绕四周散水都有石槽明沟，在台阶下有石券涵洞接通干沟，使流水顺利通过。

沟渠定期淘挖养护，几百年来排水效果良好，无论雨量多大，并无积水之弊。

【案例5.3】　青岛排水系统

"青岛成了中国最不怕淹的城市"，不论是否有夸张的成分，青岛的下水道俨然已成传奇。在2011年7月2日，青岛暴雨倾盆，当地水文部门公布的数据是：连续降雨21h，降雨量超过100mm，然而雨势渐停后，一般道路只用了 10min 左右就将雨水排净，这就是最好的证明。

有人说青岛的排水系统得益于德国殖民者。当德国人在 20 世纪初战败将青岛交给日本人时，共修筑 12 条雨水暗渠，总长 5464m，雨水排水管道总长 29.97km 和排污管道 41.07km。但到 20 世纪 90 年代，青岛已有排水管道 596km，发展到今天，青岛的排水管道总长早已超过 3000km。可以说，德国人留给青岛的排水工程已经微不足道，而更多的是青岛人自己的建设成果。

但是青岛排水系统能够有今天的名气，肯定受到德国人的影响。其带给青岛人的主要是先进的理念。

首先是城建规划。当年调集了当时德国一流的城市规划专家和建筑设计师来到青岛，按照 19 世纪末欧洲最先进的城市规划理念，实地勘察设计，形成了青岛的城建规划。

其次是当年领先全球的雨污分流理念，即雨水排泄与生活污水分开处理。

第三是德国严格的匠人精神。青岛的排水标准超过国家标准。排水重现期国家标准是 0.5～1 年一遇，青岛标准是 3～5 年一遇，关键干道的暗渠是 10～20 年一遇。

青岛今天的排水工程建设延续了 100 年前德国人的建设理念。青岛城市排水建设模式值得其他城市借鉴。

（三）提高排水能力、减少城市内涝事故的措施

减少内涝事故、避免城市洪涝灾害的途径，应从城市规划、技术标准、工程措施、管理措施等多方面考虑，采取减、拦、蓄、排等多种手段才能收到满意效果。

1. 城市内涝风险评估

城市规划前应开展城市内涝风险评估，对行洪通道应加以保护，对一些低洼地带和其他内涝风险较高地区，应作为公园、绿地保留，尽量不做建设用地。

2. 留足洪水排泄空间，保证雨水径流的调节、蓄滞作用

在城市规划编制的过程中，对雨水径流起到调节作用的河湖、坑塘、湿地、沟渠、低洼地范围内的土地应作为禁建区。在城市规划中要对河湖水系严加保护，尝试将城市水面率作为重要的控制指标在规划编制中落实，在城市规划管理中严加保护，不得占用。

3. 修复城市水生态、涵养水资源

结合海绵城市建设，采用对生态环境影响最低的开发方式，在城市规划时推广海绵型建筑与海绵型小区，实现源头减排。采取屋顶绿化、修建雨水

调蓄池等措施，提高雨水积存和蓄滞能力；增强道路绿化带对雨水的消纳功能，非机动车道、人行道、停车场、广场等扩大使用透水铺装改变雨水快排、直排的传统做法，推行道路与广场雨水的收集、净化和利用：降雨时吸收、存蓄、渗透、净化径流雨水，补充地下水、调节水循环，减轻对市政排水系统的压力，干旱缺水时能释放蓄存的水并加以利用，从而让水在城市中的迁移活动更加"自然"。海绵城市建设对热岛效应也会有一定改善。

4. 排水工程应提高标准

我国《室外排水设计规范》（GB 50014—2006）规定，雨水管渠设计重现期一般采用 0.5～3 年，重要干道、重要地区或短期积水即能引起较严重后果的地区，一般采用 3～5 年一遇。《室外排水设计规范》（GB 50014—2006）（2011 年版）将一般地区的雨水管渠设计重现期调整为 1～3 年一遇，《室外排水设计规范》（GB 50014—2006）（2016 年版）将超大城市和特大城市排水系统设计重现期中心城区提高到 3～5 年一遇，非中心城区提高到 2～3 年一遇。目前我国省会城市的排水标准一般是 1～2 年一遇，但美国、日本等国城镇雨水管渠设计重现期一般采用 5～10 年一遇；美国有的州还将排水干管系统的设计重现期规定为 100 年一遇。从中可以看到差距。

城市建设基础先行，不能将基础工程建成"临时工程"，不能因为工期紧张、资金不足而随意降低排水工程建设标准。在城市建设初期，场地宽敞，施工条件好，便于大设备运行，与其他方面没有干扰，应该一次性将基础工程建设到位。如果待运行过程中发现容量不足再扩建，占地补偿、施工工期延长、二次投资等使费用大大增加，而且给居民生活造成很多干扰。

广州天河区某浸水黑点曾在 10 年内进行两次扩建排水工程。当问及为何不一次修大时，理由是当时资金不足。不知道一个工程花几遍钱，市民多年遭害，这个经济账该怎么算？

5. 排水工程建设应有前瞻性

总结一些城市水浸规律，发现老城区水浸会轻一些，而新区和城乡结合部较严重。究其原因，是老城区是历史形成而不是人为造城，其排水设施已经过多年历练和修正。而新区和城乡结合部是快速由农田和农村变为城市，环境发生很大变化，用以前的降雨洪水资料设计排水工程，其准确性、代表性可想而知。如某城市防洪工程设计排水能力为 5 年一遇，但城市局部却每年淹 5 次以上。笔者曾就此问题与排水工程设计人员探讨，对方解释，降雨没变，但是水不同了——汇流规律改变了。

排水工程设计要有前瞻性，不能只考虑 5 年、10 年，要考虑 50 年、100 年甚至 500 年。要对城市化后降雨与汇流规律充分预测，要对城市未来发展和排水任务变化充分考虑，做到一劳永逸。

第二节　水利工程应急工程设施建设和应急泄洪

前已述及，水利工程防洪标准是用重现期表达的洪峰流量或洪水总量，是用以前的水文气象观测结果通过统计分析计算得来，其百年一遇或千年一遇的标准不能保证水利工程绝对安全。即使是用可能最大降雨洪水计算，也会因为资料不准确、计算模型没有代表性或自然条件变化等而不符合实际。所以水利工程出现超标准洪水是可能的。

在工程运行过程中可能遇到未能预料到的危险因素对工程安全构成威胁；工程本身存在致命缺陷，或工程运用一段时间后，工程结构和设备逐渐劣化，如不能及时发现可能会对工程造成事故。有鉴于此，水利工程应该设置必要的应急设施，一旦出现问题立即启动予以应对，避免险情失控而"火烧连营"。

一、设置非常溢洪道

非常溢洪道是水库遭遇非常洪水才启用的泄水建筑物。对于土石坝等坝面不能过水的水库，或混凝土坝、浆砌石坝等虽然坝面可以过水，但坝基保护不够、过水后可能造成坝基损坏的情况，可考虑设置非常溢洪道。

当校核洪水、设计洪水和常年洪水差别较大，而又有适当的位置，为节省工程量及造价，除正常溢洪设施外，可设置非常溢洪道。

对失事后将给下游造成较大灾害的大型水库、重要的中型水库以及特别重要的小型水库，如为土石坝，按规范采用较高的洪水标准；如为混凝土坝或浆砌石坝，则洪水标准可较土石坝适当降低。

正常溢洪道与非常溢洪道可结合布置在一起，但为了避免非常溢洪道泄洪对其他建筑物造成影响，非常溢洪道应与正常溢洪道分开布置，且应与大坝隔开一定距离。非常溢洪道宜选在库岸有通往天然河道的垭口处，或平缓的岸坡上，应尽量设置在地形地质条件较好的地段，要能保证不产生严重冲刷的危险后果。

由于非常溢洪道的运用概率很小，设计所用的安全系数可适当降低，结构可做得简单些。有的只做溢流堰和泄槽；在较好岩体中开挖的泄槽，可不做混凝土衬砌。在宣泄特大洪水时，可允许有局部损坏。但对泄洪通道和下游可能发生的破坏要预先做出安排，确保非常溢洪道及时启用生效。

非常溢洪道的形式有漫流式、自溃式、闸门自开式、爆破引溃式。非常溢洪道的溢流堰顶高程要比正常溢洪道稍高，一般不设闸门。

1. 漫流式非常溢洪道

漫流式非常溢洪道的溢流堰常采用混凝土或浆砌石结构，一般不设闸门。堰顶高程应选用与非常溢洪道启用标准相应的水位高程，比正常溢洪道稍高，水位高于堰顶时自由宣泄。由于溢流堰过水断面为宽浅式，溢流前缘较长，其对地形条件要求较高，故漫流式非常溢洪道宜布置在高程适宜、地势平坦的山坳处，以减少土石方开挖量。

2. 自溃式非常溢洪道

自溃式非常溢洪道在底板上加设自溃堤。堤体可因地制宜地用非黏性的砂料、砂砾或碎石填筑，堤顶高于最高洪水位。正常情况下可挡水，当水位超过一定高程时，又能迅速将其冲溃行洪。

按溃决方式分为漫顶自溃和引冲自溃两种。

漫顶自溃式非常溢洪道由自溃坝、溢流堰、护岸（边墙）和泄槽组成。自溃坝布置在溢流坝顶面，坝体自溃后露出溢流堰，由溢流堰控制下泄流量。自溃坝平时起挡水作用，但当水位达到一定高程时应能迅速自溃行洪。

引冲自溃式非常溢洪道也是由自溃坝、溢流堰、护岸（边墙）和泄槽组成。在坝顶中部设引冲槽，当库水位超过引冲槽底板高程后，水流经引冲槽向下游泄放，并把引冲槽冲刷扩大使自溃坝体自溃行洪。

自溃式非常溢洪道因结构简单、施工方便而常被采用，如中国大伙房、鸭河口、南山等水库的非常溢洪道就是应用此种形式。但管理应用灵活性较差，溃坝具有偶然性，可能造成溃坝时间的提前或滞后，缺少控制过水口门形状的有效措施，从而影响大坝安全。

3. 闸门自开式非常溢洪道

在漫流式非常溢洪道的溢流堰上设置自翻闸门，就形成了闸门自开式非常溢洪道。在非常溢洪道设置闸门，运用期可以多蓄水增加效益，在水位高过设计水位时闸门翻转泄洪。

闸门自开式非常溢洪道开启后泄流量比漫流式溢洪道大，自翻闸门通过认真保养，保证闸门翻转机构运转灵活，可使工作安全可靠。每次运行后其控制段不需修复费用，也不会影响水库蓄水。

4. 爆破引溃式非常溢洪道

爆破引溃式非常溢洪道由作为溢流口的副坝、溢流堰和泄槽组成。当溢洪道启用时，引爆预先埋设在副坝廊道或药室中的炸药，利用爆破的能量把副坝炸开缺口，并炸松决口以外的岩体，通过水流快速冲刷，使副坝迅速溃决而泄洪。如果溢流堰较长，可以分段爆破。

由于这种引溃方式是由人工操作，因而在一定程度上可以保证坝体溃决的时间。爆破引溃式爆破的时间、方式可灵活掌握。

二、破副坝泄洪

当水库没有开挖非常溢洪道的适宜条件，而有适于破开的副坝时，可考虑采取在特大洪水时破开副坝泄洪的非常保坝措施。

破副坝的位置应在水库建设时选定并经过论证，应综合考虑地形条件、地质条件、副坝高度、对下游影响、损失情况和汛后副坝恢复工作量等因素，最好选在山坳里并与主坝间有小山头隔开，这样副坝溃决时不会危及主坝。

破副坝时，应控制决口下泄流量，使枢纽下泄流量不致引起下游过大灾害。

【案例 5.4】　沙坝水库破副坝泄洪

2008 年 6 月 24 日，内蒙古阿鲁科尔沁旗罕苏木苏木以北地区发生强降雨，导致黑哈尔河沙坝水库迅速超过校核洪水位，出现了漫溢。为确保正在进行除险加固工程的沙坝水库主坝不垮坝，经请示决定破副坝泄洪。25 日 8 时 40 分，下游群众全部安全转移，副坝成功泄洪，保证了主坝安全，也没有出现人员伤亡。

三、水库放空设施

水库放空设施指为满足水库抢险、维修而布置的降低水库水位、腾空水库库容的泄水设施。

根据长期的工程实践经验，中小型水库在汛期运行过程中，大坝容易遇到不同程度的险情。为满足抢险需要，有时需要降低水位或放空库容。但是，按照目前有关规程规范，放空设施并不是水库兴建时必须装设的。为确保水库下游人民群众生命财产及各类设施安全，设置水库放空设施是很有必要的，而且有利于冲沙清淤和枯水期间水库的工程维修和维护。

水库的放空设施，可采用泄水涵（洞）、泄水闸、放水底孔等结构形式，按照有关规程规范进行设计。实际工作中为节省投资、便于管理，可将放空设施和最小生态流量的泄水设施合并布置。

四、在重力坝或拱坝上部炸出缺口泄洪

混凝土坝和砌石坝等是有一定抗冲能力的坝型，当水库出现险情有可能造成垮坝危险时，可在坝体上炸开缺口，增加泄流水量，以达到快速降低库水位的目的。

在拱坝上开口要注意开口的位置和高度，避免拱坝失去支撑而整体垮塌失事。

【案例 5.5】　广州市某水库浆砌石重力坝炸缺口泄洪

2008 年 6 月广州市某水库大坝出现险情，威胁下游大片土地和 1 万多群众生命财产安全，广东省三防指挥部专家组决定在大坝上炸出缺口泄洪。经过几天施工，在水库大坝左边炸出了一道长 20m、深 12m 的缺口。使险情没有再继续扩大。

【案例 5.6】　广西罗城卡马水库浆砌石重力坝炸坝泄洪

广西罗城卡马水库 2007 年维修加固过程中遇险炸坝泄洪，排除了对下游的威胁。卡马水库修建于 20 世纪 70 年代，1978 年基本完工，库容为 930 万 m³，2007 年被列入全国病险水库加固专项规划。在除险加固施工过程中，于 6 月 24 日出现险情，7 月 2 日，库区上游又出现强降雨，库水位急剧上涨，7 月 3 日晚大坝基底被击穿，大坝导流洞出口右侧边墙被冲毁 13.5m，塌方处距大坝基脚 4m，情况危急，有垮坝之虞。国家防总专家组分析后确定了炸坝排洪抢险方案，以尽快降低水库水位，保证水库下游 1 万多名群众生命财产安全。7 月 5 日，在水库大坝右岸打开宽 15m、深 10m 的泄洪槽，但排洪速度缓慢，高水位对大坝的压力依旧存在。为早日除险，抢险指挥部决定降低左岸溢洪道高程，与右岸泄洪道一起实现两面导流。左岸溢洪道开挖出一条长 100m、宽 10m、深 10m 的泄洪槽，解除了险情。

五、蓄滞洪区建设

堤防工程只能防御一定标准的洪水，对于超过堤防防御能力的洪水即不能控制。为保证河流中下游堤防安全，设置蓄滞洪区是必要的。在适宜条件下，因地制宜地利用湖泊洼地和历来洪水滞蓄场所辟为蓄滞洪区，有计划地蓄滞洪水可大大减轻下游防洪压力。

蓄滞洪区包括行洪区、分洪区、蓄洪区和滞洪区。行洪区是指天然河道及其两侧或河岸大堤之间，在大洪水时用以宣泄洪水的区域；分洪区是利用平原区湖泊、洼地、淀泊修筑围堤，或利用原有低洼圩垸分泄河段超额洪水的区域；蓄洪区是分洪区发挥调洪性能的一种，它是指用于暂时蓄存河段分泄的超额洪水，待防洪情况许可时，再向区外排泄的区域；滞洪区也是分洪区起调洪性能的一种，这种区域具有"上吞下吐"的能力，其容量只能对河段分泄的洪水起到削减洪峰或短期阻滞洪水作用。

蓄滞洪区是江河防洪体系中的重要组成部分，是保障重点防洪安全、减轻灾害的有效措施。为了保证重点地区的防洪安全，将有条件地区开辟为蓄滞洪区，有计划地蓄滞洪水是流域或区域防洪规划现实与经济合理的需要，也是为保全大局而不得不牺牲局部利益的全局考虑。从总体上衡量，保证重点地区的防洪安全，使局部受到损失，有计划地分洪是必要的，也是合理的。目前，我国主要蓄滞洪区有 98 处，主要分布在长江、黄河、淮河、海河四大河流两岸的中下游平原地区。

蓄滞洪区启用应按照既定的流域或区域防御洪水调度方案实施，其启用条件是：当某防洪重点保护区的防洪安全受到威胁时，按照调度权限，根据防御洪水调度方案，由相应的人民政府、防汛指挥部下达启用命令，由蓄滞洪区所在地人民政府负责组织实施。

蓄滞洪区启用前必须做好以下准备工作：做好蓄滞洪区实施的调度程序；做好分洪口门和进洪闸开启准备，无控制的要落实口门爆破方案和口门控制措施；做好区内群众的转移安置工作等。

充分利用蓄滞洪区，减轻下游抗灾压力的"丢卒保车"战略，可以科学地调动洪水，大大降低灾害程度。1998 年长江洪灾与 2003 年淮河流域洪水灾害可以很好地说明这一问题。

【案例 5.7】 **1998 年长江流域洪水灾害情况与原因分析**

（1）灾情。1998 年长江流域洪水，几乎动用了全国的抗灾力量的情况下，耕地成灾面积 4002 万亩，倒塌房屋 81.2 万间，死亡 1320 人，直接经济损失 1500 多亿元（当年价格）。

（2）洪水量级。1998 年长江洪水究竟有多大？荆江河段以上洪峰流量小于 1954 年，洪量大于 1954 年；城陵矶以下洪峰流量和洪量均小于 1954 年。宜昌洪峰流量相当于 6～8 年一遇，30 天洪量与 1954 年相当，60 天洪量比 1954 年多 97 亿 m^3，重现期约为 100 年。

（3）洪水原因分析。分析长江流域'98 洪水大灾难的原因，主要是水位高所致。1998 年洪水量级小于 1954 年，但水位高于 1954 年，有 360km 河段，最高水位超过历史最高纪录。

造成水位高的原因有泥沙淤积、围湖造田使湖泊调蓄能力降低，但主要原因应该是没有及时启用蓄滞洪区和中上游拼命堵口使决口分洪减少。1998 年分蓄洪量与 1954 年相比大量减少。1954 年长江中下游分洪与溃口总量达 1023 亿 m^3，而 1998 年只有 100 亿 m^3。

随着人口的增加，长江中下游大量湖泊面积被围垦，目前只有洞庭湖和鄱阳湖与长江相通。近 40 年来，洞庭湖减少容量逾 100 亿 m^3，鄱阳湖减少容量逾 80 亿 m^3。

【案例 5.8】 **2003 年淮河流域洪水灾害情况与原因分析**

（1）洪水量级。从 2003 年 7 月 1 日开始淮河流域发生了特大洪水，干流大部分河段超过 1991 年的大洪水。从 7 月 1 日淮河中下游水位全线上涨到 7 月 14 日，洪水发展过程主要有两次洪峰，到 7 月 13 日 14 时第 1 次洪峰通过洪泽湖（洪泽湖水位趋回落）向长江、黄海排泄，第 2 次洪峰于 7 月

13 日通过正阳关，向蚌埠推进。

据分析，淮河中游各主要控制站的洪水频率为：王家坝约 10 年一遇，正阳关约 20 年一遇，洪泽湖为 30 年一遇。总体上讲，2003 年淮河流域洪水量级低于 1954 年，但大于 1991 年。

（2）防汛指挥调度措施的运用。针对淮河流域这一次特大洪水，防汛指挥调度部门依据防洪预案的调度措施主要采用上拦、中蓄、下排措施。

上拦是对王家坝以上和其他支流上各大水库的合理蓄泄调度：淮河上游有鲇鱼山、梅山、响洪甸等水库，利用这些水库控制洪水下泄，为错峰争取时间。7 月 10 日 23 时 20 分，安徽省根据汛情关闭响洪甸水库，并控制梅山水库泄洪流量，为淮河干流错峰；7 月 11 日，河南省根据汛情关闭了鲇鱼山、宿鸭湖、板桥、南湾水库，以控制上游洪水，减轻中游防洪压力。

中蓄是王家坝以下到洪泽湖行蓄洪区的科学行蓄洪水：淮河过了王家坝，进入中游的安徽境内，河床坡降突然变缓，加上河道狭窄弯道多，洪水难以迅速流向下游。同时，中游有许多重要城市、工矿企业和交通动脉，因此，保障中游的安全，是淮河防汛抗洪的重中之重。7 月 3—11 日进行了 9 个行蓄洪区共 10 次运用。

这一次启用的 9 个行蓄洪区，其中行洪区 7 个，蓄洪区 2 个。行洪区包括上六方堤、下六方堤、石姚段、洛河洼、唐垛湖、荆山湖、邱家湖；蓄洪区包括蒙洼蓄洪区、城东湖蓄洪区。蒙洼蓄洪区的蓄洪能力为 7.5 亿 m^3，7 月 3 日 01 时王家坝第 1 次开闸向蒙洼蓄洪，7 月 5 日 06 时 30 分，王家坝关闸，第 1 次共蓄洪 2.02 亿 m^3，7 月 11 日 02 时 36 分，王家坝再次开闸向蒙洼蓄洪，到 7 月 14 日 12 时 42 分，蒙洼蓄洪区再度关闸，停止蓄洪，两次蓄洪共计 5.5 亿 m^3。城东湖蓄洪区蓄洪能力为 15.8 亿 m^3，7 月 11 日 14 时，城东湖开闸泄洪，于 7 月 14 日晚 08 时关闭泄洪闸，共蓄洪 5 亿 m^3。

下泄是尽可能增加洪泽湖排泄洪水通道和排泄流量。洪泽湖是淮河入海尾闾被黄河夺走后形成的平原湖泊，湖底比淮河河床高，形成倒坡，中游洪水到此后回流，从而制约了洪水排泄。排洪水道除入江水道以外，还有苏北灌溉总渠和向新沂河分洪的淮沭新河以及于 2003 年 6 月竣工的淮河入海水道。

从 7 月 1 日起，由于从淮河中游及其他支流进入洪泽湖的流量不断增加，防汛部门增加了洪泽湖的出湖入江流量，同时打开洪泽湖到苏北灌溉总渠、淮沭新河、入海水道的闸门，并且泄洪流量不断增加。到 7 月 7 日，入海水道、苏北灌溉总渠和分淮入沂的流量分别增加到 1500m^3/s、700m^3/s 和 800m^3/s。流量加大后，有效地控制了洪泽湖水位。7 月 11 日，在保证河道安全行洪的前提下，又进一步加大淮河入海水道和分淮入沂的流量，到 11 日 18 时，出湖总流量增加到 12395m³/s，接近 12505m³/s 的入湖总流量。

（3）灾害状况。根据水利部发布的《淮河 2003 年大洪水》白皮书，2003 年淮河流域洪涝受灾面积 5770 万亩，成灾 3887 万亩，绝收 1694 万亩，受灾人口 3730 万人，因灾死亡 29 人，倒塌房屋 77 万间，直接经济损失 286 亿元。灾害损失主要分布在行蓄洪区、沿淮滩区、圩区和低洼易涝区。

尽管 2003 年淮河流域洪水大于 1991 年，汛情重于 1991 年，通过多年来的治淮建设成效和科学调度、有效防控、团结抗洪，与 1991 年相比，灾害造成的直接经济损失、因灾死亡人数、抗灾投入均明显减少，少启用行蓄洪区 8 个，投入的抗洪抢险人员减少 80%，洪水淹没范围减少 40%，取得了显著的防汛抗洪减灾效益。

第三节　避难所建设

避难所是供人们紧急避难并提供生活条件、供市民临时生活的场所。当危险或灾害发生时，遇险人员可迅速躲进避难所避险和等待外部救援。避难所是灾害应急管理的必要设施，是降低遇险人员伤亡率和提高生存率的有力保证。

水利工程事故避难所建设应与国家经济建设相协调，与各类防灾专项规划相衔接，可以与地震、火灾和突发性公共安全事件等避难所共同设置。

政府兴建公共建筑、市政设施、基础设施与办公建筑设施，应考虑抗灾避难所要求。尤其防汛指挥机构和其他抗灾部门的办公建筑，应保证遇灾害能够正常运转。

要使避难所成为呵护生命的家园，其本身首先要具备能够抵御灾害的能力，其次还要保证水、电、食物、急救药品等生活保障物资设施。

一、避难场所的建设方式

应急避难场所建设要坚持"合理规划、平灾结合、综合利用、因地制宜"的原则。为避免浪费和便于管理，充分利用资源，政府在投资兴建公共建筑、办公设施和城市配套基础设施时，应该尽量考虑作为洪灾避难所功能。同时利用公园、绿地、学校操场、广场等开敞空间，建设成灾时紧急避险，具有临时生活功能的场地。

应急避难场所建设可采取以下方式。

（1）公共建筑设施如医院、学校、体育馆、图书馆、展览馆、车站、机场航站楼、仓库等，学校具有大厅和充足的卫生设施以及开阔的体育场，因此常作为避难所。

（2）水利工程如泵站、水闸、堤防等的管理机构办公场所、防汛物资仓库等可按标准建设成避难所。

（3）政府机构办公设施可以作为灾民临时转运场所和指挥部。

（4）公园、绿地、学校操场、广场等宽敞露天场所等可作为临时转运和避难场所。

（5）地势较高的仓库、工厂等政府给予补贴，提高建设标准，灾害时征用作为避难所。

（6）利用城乡结合部的丘陵山地，通过规划建设可建成城乡式应急避难场所。

二、避难所规划选址

城市和村庄总体规划应考虑避难场所的设置，避难所应在城市和村庄建设过程中逐步建设实施。

（1）公共设施建设位置要满足各个社区避险要求，做到均衡布局、通达性好、分布均匀、间距合理、利于疏散，市民可以在规定时间就近疏散到避难所。

（2）作为避难所的公共设施的地基高度应位于洪水淹没位置以上。如地面高度不足，应采用人工填筑堆高。

（3）露天开敞式避难所要选择地势较高且平坦空旷、易于排水、适宜搭建帐篷的地形。

（4）注意所选场地的地质情况，避开洪涝、山体滑坡、泥石流等灾害易发地段。

（5）选择远离化工厂、有毒气体储放地、易燃易爆物或核放射物储放地、高压输变电线路等城市重大危险源的地段。

（6）远离城市重要经济目标。尽可能在人群聚集的地区多安排避难场所，使市民可就近及时疏散。

（7）应急避难所应交通方便，附近应有方向不同的两条以上通畅快捷的疏散通道。要结合城市道路、广场、绿地、公园等建设，规划设置必需的应急疏散通道。

三、避难所的建设标准

应制定专门的避难所的建设标准，保证避难所在遭受可预料灾害情况下能正常使用。

（1）作为避难所的建筑物及周边配套设施的建设标准应比一般工业与民用建筑相应提高，能够抵抗可能发生的地震、火灾、爆炸、台风、暴雨和洪水等破坏。

（2）作为应急避难场所的新建、改建公共建筑的建筑设计要考虑担负避难所功能，在项目目标功能设计的基础上增加应急避难场所的专项设计。配备相应设施设备。其门窗、厕所、供水、供电等都要符合避难所要求。

（3）应急避难所按功能划分，各区域应合理布局。

四、应急设施配套

公共建筑作为应急避难所至少应设置生活、医疗、物资储备、供水、供电、排污等设施。

（1）医疗救护与卫生防疫区。设有医疗救护与卫生防疫设施。

（2）应急供水设施。可选择设置供水管网、供水车、蓄水池、水井、机井等两种以上供水设施，并根据所选设施和当地水质设置净水设备，使水质达到直接饮用标准。

（3）应急供电设施。应设置多回路电网供电系统或太阳能供电系统，也可以设置移动式发电机组。

（4）固定厕所或移动式厕所。规模满足要求。

（5）应急排污系统。应设置污水排放管线和简易污水处理设施，并应与市政管道相连接。有条件的可设独立排污系统。

（6）应急物资储备设施。利用场内或周边的饭店、商店、超市、药店、仓库等进行应急物资储备。有条件的应设置永久性专用物资库。

（7）广播系统。应覆盖应急避难场所。

（8）应急避难场所及周边应设置避难场所标志。

应根据应急避难场所类型、分级和容纳避难人数来确定应急避难场所的设施与设备，数量不足的应在避难场所启用前实施应急转换并设置到位。

对于公园、学校操场和城市绿地等开敞空间作为应急避难场所，不便于建设永久性的配套设施，但以下项目是不难做到的：一定容量的厕所，地下埋有应急水源、电源，建有应急物资的储备仓库，备有帐篷、棉被、床铺、燃料炊具等物品。

五、应急避难场所的管理

管理部门应根据水利工程事故应急预案明确指挥机构、划定疏散位置范围，编制应急设施位置图、疏散路线图以及场所内功能手册，建立数据库和电子地图等，并向社会公示。

多用途避难所平时发挥应有功能，遇有灾害时作为避难、避险使用。每年定期组织居民进行应急避难演习，利用应急逃生模拟平台宣传应急逃生知识，让应急避难所一处多用，提升市民防灾应急意识。

建立一套规范的应急避难场所识别标志。应急避难场所附近应设置统一、规范的标志牌，提示应急避难场所的方位及距离，场所内应设置功能区划的详细说明，提示各类应急设施的分布情况，同时，在场所内还应设立宣传栏，宣传场所内设施使用规则和应急知识。

第四节　应急通信设施

出现水利工程事故等突发性紧急情况时，综合利用各种通信资源，保障抢险救援、紧急救助和必要联络所需的通信手段和方法，称为"应急通信"。应急通信是水利工程发生事故时通信需求的基础保障，建立并完善应急通信系统是水利工程事故应急管理的重要工作内容。根据法规要求和以往水利工程事故抢险经验，尽快建立和完善一个多种通信手段并用，具有较强抗毁能力，覆盖各级政府防汛指挥机构、水文、气象部门、工程管理单位、水利工程建设工地及相关社区的应急通信网很有必要。发生事故灾害时，应急管理部门启动应急通信系统，确保通信畅通。在紧急情况下，可利用广播、电视以及手机短信等公共通信手段发布灾害信息，有效争取时间，通知群众快速撤离。

近年来，随着通信技术、计算机技术、微电子技术的发展，通信技术已足够发达。自动程控网、专线网、越洋电话网等传输网络已相当可靠，有传真、固定电话、手机移动通信、手机短信服务、互联网、电子邮件、电话会议、视频传输等多种选择，应用十分方便。

目前通信联系多采用光缆线路传输。光纤通信固然先进，但光纤通信和移动通信设施的抗毁能力普遍比较弱，一旦发生洪水、地震等灾害，就会出现通信联络中断的严重局面。2008年5月12日的汶川大地震，使四川、甘肃两省的近10个县的"固定通信中断或阻塞"，汶川县城的供电和通信设施遭到严重破坏，与外界的通信联络全部中断。

【案例 5.9】 "75·8"暴雨的通信联络

1975 年"7503 号"台风在河南境内形成"75.8"暴雨，对淮河流域造成毁灭性灾害。驻马店地区 8 月 4—8 日普降暴雨。8 月 5—7 日 3d 的最大降雨量为 1605mm，造成驻马店地区板桥、石漫滩两座大型水库，竹沟、田岗两座中型水库，58 座小型水库相继垮坝溃决。官方公布河南省有 30 个县市、1780 万亩农田被淹，1015 万人受灾，超过 2.6 万人死难，倒塌房屋 524 万间，冲走耕畜 30 万头，纵贯中国南北的京广线被冲毁 102km，中断行车 16d，影响运输 46d，直接经济损失近百亿元。

造成众多人员伤亡的原因有很多。有客观原因，如暴雨洪水超标准；有理念问题，比如当时提倡的"重蓄轻排"，重效益轻安全而减少溢洪道宽度；也有管理问题，如汛期随意蓄水等。但通信中断，没有及时通知下游群众转移、灾害发生后不能建立救援联系，次生灾害更是死亡人数众多的主要原因。

例如，在暴雨之初的 8 月 5 日晚，板桥水库管理局院内积水达 1m 多深，电话总机室被水泡塌，电话线路中断，管理局与水库上游各雨量站、与上级指挥部门全部失去联系，公路交通中断，使来水情况不明，下情不能上达，请示不能得到回复。

8 月 6 日 23 时，板桥水库主溢洪道闸门已经提出水面，紧接着输水道全部打开泄洪。水位仍在上涨，库水位达 112.91m（设计最高蓄水位 110.88m）。8 月 7 日中午，在板桥水库现场的地区领导召集板桥驻军、板桥公社、水库有关负责人开会，紧急会商防汛事宜。从 16 时起，第三场降水——也是最大的一场降水出现，这场暴雨将持续 13h！地区领导再次在水库现场召集会议，除请驻军使用连队报话机试图对外作接力通信外，还紧急呼吁各级部门调集一切物资参加防汛。

8 月 7 日 19 时 30 分，驻守在板桥水库的 34450 部队军内的通信设备向上级部门发出特特急电称："板桥水库水位急遽上升，情况十分危急，水面离坝顶只有 1.3m，再下 300mm 雨量水库就有垮坝危险！"但没有得到答复。8 月 8 日零时 20 分，水库管理局第二次向上级部门发出特特急电，请求用飞机炸掉副溢洪道，确保大坝安全。可是，同第一封急电一样，这封电报同样没能传到上级部门领导手中。40min 后，高涨的洪水漫坝而过。水库管理局第三次向上级部门发出特特告急电，并开启尚能移动的 5 扇闸门，此时水库已经开始决口。8 月 8 日 4 时，当地驻军冒着被雷劈电击的危险，将步话机天线移上房顶，直接在房顶上与上级有关部门取得联系，报告了板桥水库灾情。同时，为及时报告水库险情，让下游群众紧急转移，在无法与外界沟通的危急情况下，驻军曾几次向天空发射红色信号弹报警。可是，由于事先没有约定危急时刻的报警信号，下游群众看到信号弹后不知道发生了什么事情。

8月7日驻马店地区革委会生产指挥部召开紧急抗洪会议，会上讨论了宿鸭湖、宋家场、薄山等水库可能出现的险情，唯独没有谈到板桥。因为板桥水库根本就没有报险。事实是，一方面因为板桥与驻马店的通信完全中断，一位携带报话机进行接力通信的驻军士兵在行至沙河店时被汹涌的洪水卷走，再则，板桥水库因其坚固而无法使人联想到"垮坝"。

与此同时，河南省水利厅在郑州召开紧急抗洪会议，会上建议：速炸板桥水库副泄洪道，以增大泄洪量！但这一建议已无法传到板桥水库。

8月8日凌晨，洪水冲出板桥水库的决口，以6m/s的速度夺路狂奔，铺天盖地地向下游冲去。仅仅6h，板桥水库就向下游倾泻7.01亿 m³ 洪水。至遂平县境内时，水面宽10km，水头高3～7m。昔日人欢马叫的遂平县城，顷刻之间一片汪洋。沉睡在梦乡中的人们，在浑然不觉中葬身水底。

一、灾害期通信中断（或阻塞）的原因

通常情况下，水利工程发生事故地区通信中断（或阻塞）的原因主要有以下几种情况。

（1）通信设施（如光缆、铜缆、无线基站、交换设备、机房）损坏，使事发地区的通信网络特别是与外界的主要通信干线被切断。

（2）供电中断，进而导致通信设施瘫痪。

（3）交通中断，一般应急通信设备和人员难以进入现场。

（4）事发地区人们的恐慌和其他地区人们的关注，即使当地通信网络没有受到损坏，也会由于出现远超过当地通信网络设计负荷的呼叫和话务量而导致网络瘫痪，使得紧急的信息难以有效传递。

从事故发生的实际情况来看，以上4种情况虽然破坏程度不同，但往往同时发生，从而不仅使事故发生地区原有的通信网络瘫痪，还使采用常规通信手段紧急恢复通信变得非常困难。其结果往往是事发地区在相当长的时间内无法恢复正常通信。

像河南"75·8"暴雨，据亲历者回忆，"文城拖拉机站75匹马力的链轨拖拉机被冲到数百米外，许多合抱大树被连根抛起，巨大的石碾被举上浪峰""京广铁路的钢轨拧成麻花状，将石油公司50t油罐卷进宿鸭湖中"。在如此巨大力量作用下，常规通信系统根本不堪一击。即使不是"75·8"这样的巨灾大难，一般情况下水利工程发生事故时，也往往伴随暴雨洪水，交通、电力通信中断是常见的情形。所以作为水利工程事故应急管理就不能依赖常规通信设施，必须考虑各种不利情况，建立一套灾害时期可靠、独立的

应急通信联系系统。

二、应急通信的要求

作为水利工程事故应急管理，首要的是通过应急手段保障通信联络，对灾害引发的通信中断，需要启动应急预案尽快恢复通信；在通信恢复后，需要保障重要通信和指挥通信、应急指挥中心与抢险救援现场间的通信畅通。应急通信具有急迫性、临时性、短暂性以及随机不确定性的特点，因此应急通信设备也需要有一定的灵活性和安全保障。

一套完整的应急通信体系通常涉及对外联络、应急指挥、公众通信、现场抢险几个关键环节。应急通信不是单一通信方式，而是一组支持不同应急需求、具有不同属性的通信方式。应急通信根据通信需求不同可分为多种应急通信系统。举例如下。

（1）与上级防汛指挥部门和周边水文、气象、防汛指挥和水利工程管理单位联络的通信专线。

（2）当地抗灾各有关单位、部门之间通信要求，实现对所有参与抢险救灾的单位的指挥调度，配置覆盖整个灾区的通信网络。

（3）灾区抢险现场指挥通信需求，主要是事故抢险现场范围通信。

（4）用来实现工程自动监视数据的传输、预测与预警的通信业务。

（5）支持现场抢救的通信需求。用来实现群众通告、通知与现场抢救群体的领导者与群体成员之间协调。

（6）现场转播通信需求，用来实现对灾区现场状况转播，方便后方掌握更多灾区信息。

（7）灾区民众自救和呼救的通信需求，主要用来实现灾区群众自救和呼救、灾区群众对外通信等。

各通信系统既相互独立，又能相互沟通；既要方便灵活，又要稳定可靠。可根据当地情况，建立技术先进、性能稳定、成本低廉、维护管理方便的应急通信系统，并做好人员培训、设备保养等基础工作和事故发生时设站、组网等技术支持。

三、应急通信主要方式

水利工程事故应急管理应建立一套空中与地面相结合、有线与无线相结合、固定与机动相结合的立体应急通信系统，加强互联互通监管和通信相关设施保护工作。应急通信可采用的通信方式基本为两种，即有线和无线。

（一）有线通信

有线通信即目前所用的传统通信方式。因其经受大灾害的冲击能力有限，只能用于遭受一般事故情况下应急通信。有线通信分为公用通信网和专用通信网。

1. 公用通信网

公用通信网包括互联网、固定电话、手机等。特点是覆盖范围广，通信容量大，承载的业务种类繁多，性能稳定，费用低廉。

2. 专用通信网

专用通信网是专业部门使用的专用网络，如我国的公安、铁路、军队等所用的专用网络。当紧急事态下对公用通信网实施强制管制时，专用通信网是保障信息传递、上下级联络、应急指挥等的一种重要通信手段。但目前我国没有设立防汛救灾专网，建议在各级政府防汛和涉水部门、水利工程管理单位等之间设立防汛救灾专网。

（二）无线通信

无线通信是利用电磁波信号进行信息交换的一种通信方式，其不需要专门布线，不受"线"的制约，在其信号所覆盖的范围内可方便接入，并可以实现在移动中的通信。因此，相较于有线通信，无线通信具有抗毁能力强、组网简单、覆盖范围大、灵活快速等特点，是应急通信的首选方式。无线通信主要有短波通信、超短波通信、微波通信、集群通信、无线局域网和卫星通信等。

1. 短波通信

短波通信是一种依靠电离层反射进行传播的无线电通信技术，其波长在 $10 \sim 100m$，频率范围为 $3 \sim 30MHz$。短波通信的通信距离较远，具有受地形条件影响小、自主通信能力强、运行成本低廉等优点，但其传播存在盲区，一般不在近距离应急通信中使用。因易受天波和电离层变化影响，所以在中午到傍晚通信稳定性较差、噪声较大。随着数字信号处理技术、扩频技术、差错控制技术及自适应技术的进步，以及超大规模集成电路技术和微处理器的出现与广泛应用，短波通信的发展及使用进入了一个新的阶段。

短波通信最常见的是短波电台。目前，短波电台已实现数字化和小型化，具有体积小、重量轻等特点，特别是车载短波电台机动灵活，可随时随地架设，是应对紧急突发事件的一种行之有效的应急通信手段。

内蒙古自治区在 20 世纪 80 年代中期就已经在防汛系统内部的水文站、大中型水库、各级防汛指挥部办公室等全面配备单边带短波防汛电台。汛期自治区与各市（盟）防汛部门电台常开，其他电台定时开机联络。

【案例 5.10】　1988 年 8 月 16 日，嫩江流域发生特大洪水。位于嫩江西畔内蒙古自治区呼伦贝尔盟莫力达瓦达斡尔族自治旗汉古尔河镇四面环水。当日嫩江洪峰到达冲破圈堤，洪水进入到镇区，围困 37520 人，冲毁桥梁、道路、农田、房屋、通信和供电线路,交通与电话通信与外界隔绝中断6d,只依靠洪峰前进入的旗防汛办一台15W单边带电台与外界联络。该电台及时与650km外的盟防汛办、60km外的旗政府和防汛办联络,保证了6d内的抗洪抢险物资空投和救灾行动的指挥等顺利进行,救灾过程没有发生一起人员伤亡事件。

15W单边带电台体积不过公文包大小,全配置重量7kg左右,可市电充电并配备手摇发电机。利用双极天线联络距离达1500km以上,倒L形天线联络距离可达1000km,使用鞭状天线联络距离也可到500km以上。可用明语通信,也可用密码,与计算机配合可进行数字化通信。

2. 超短波通信

超短波通信波长在1～10m,频率范围为30～300MHz(或扩展到1000MHz),常用的有70MHz、150MHz、4MHz、9MHz等。由于地面吸收较大和电离层不能反射,因此其主要特点是视距直线传播,同时有一定的绕射能力,工作频带较宽。

超短波通信的缺点是频段频率资源紧张,并且传输距离短,一般只用于近距离战术通信,最常见的是超短波电台。与短波电台相比,具有通信频带宽、容量大、信号稳定等优点,是近距离无线电通信广泛使用的主要装备。

3. 微波通信

微波通信是使用微波进行传播的一种无线电通信,其波长是在1mm～1m或频率为300MHz～300GHz范围内的电磁波。由于微波的频率高、波长短,在空中传播特性与光波相近,不被电离层反射,不能绕射,基本就是直线前进,遇到阻挡会被反射或阻断,因此微波通信的主要方式是视距通信。可通达各种距离,地面中继距离一般为50km左右,可在各种艰难的环境中快速部署开通,具有通信容量大、通信质量稳定、受外界干扰小、抗毁能力强、小范围部署速度快等优点,能够提供电话、电报、传真、数据、图像等多种业务,所以非常适合于应急通信。通过微波线路跨越高山、水域,迅速组建电路,替代被毁的支线光缆、电缆传输电路,在架设线路困难的地区传输通信信号。另外,在修复公众网基站、架设应急无线集群基站、联通交换机之间的电路等方面,地面微波也可以发挥重要的作用。

根据实践经验,当灾害导致大规模停电时,很难为微波中继塔提供备份供电。这是微波传输的致命弱点。

4. 集群通信

集群通信是指利用信道共用和动态分配等技术实现多用户共享多信道的无线电移动通信,其特点有以下几个。

(1) 单工、半双工为主。无线集群通信中为节省终端电池与少占用户信道，用户间通话以单工（即发射与接收采用同一信道，发射与接收不能同时进行）、半双工为主。其终端带有 PTT（Push To Talk）键，在通信时按下 PTT 键时打开发信机关闭收信机，松开 PTT 键时关闭发信机打开收信机。

（2）组呼为主。无线集群通信可以进行一对一的选呼，但以一对多的组呼为主。集群手持机面板上有一个选择通话组的旋钮，用户使用前先调好自己所属的通话小组，开机后即处在组呼状态，被叫不需摘机即可接听。一个调度台可以管理多个通话小组，在一个通话组内所有的手持机均处于接收状态，只要调度员点击屏幕组名或组内某个用户按键讲话，组内用户均可听到。调度员可对部分组或全部组发起群呼。

（3）不同的优先级。用户有不同的优先级，用户根据不同的优先级占用或抢占无线信道，信道全忙时，高优先级用户可强占低优先级用户所占的信道。调度员可以强插或强拆组内任意一个用户的讲话。

（4）紧急呼叫功能。无线集群终端带有紧急呼叫键，紧急呼叫具有最高的优先级。用户按紧急呼叫键后，调度台有声光指示，调度员与组内用户均可听到该用户的讲话。

（5）呼叫接续快。从用户按下 PTT 讲话键到接通话路时间短（300～500ms），但对指挥命令而言，若漏去一两个字，有可能会造成重大事故。

（6）集群通信组网快捷、灵活，其主要缺点是通信距离有限，覆盖范围小。一般手持对讲机通信距离 3～4km；车载对讲机通信距离 10～20km。集群通信指挥调度功能强，特别适合作为一种指挥中心到现场及事故现场应急指挥通信手段。目前，我国正在从模拟集群通信向数字集群通信过渡。

5. 卫星通信

卫星通信是指利用人造地球卫星作中继站来转发无线电波，在两个或多个地球站之间进行通信。实际上是微波接力通信的一种特殊形式。具有受自然条件的影响小、覆盖范围广且无缝隙覆盖、通信距离远、抗毁能力强、机动能力强、建立通信链路快、容易部署等优势。卫星通信既可用于平常的地面固定线路传输的备份线路，又能够在紧急情况下快速建立广域网的通信链路，所以非常适合紧急情况下应急通信需求。

卫星通信的缺点是传输时延大，资源稀缺，存在盲区，容量有限，易受天气等因素干扰，且使用成本很高。

通信卫星通常可分为同步通信卫星和非同步通信卫星。其中，高轨道同步通信卫星是运行在约 36000km 上空的静止卫星。位于印度洋、大西洋、太平洋上空的 3 颗同步卫星，信号基本可以覆盖全球。卫星的高度高，要求地球站发射机的发射功率也要大、接收机灵敏度要高，天线增益高。一些覆盖一个地区或国家的通信卫星高度则可以低一些。

非同步通信卫星为运行在 500～1500km 上空的非静止通信卫星，采用多颗小型卫星组成一个星座，如果能够实现在世界任何地方上空都能看到其中一颗星，则这个星际通信就可覆盖全球。低轨道通信卫星主要用于移动通信和全球定位系统。

卫星通信的主要业务包括卫星固定业务、卫星移动业务和 VSAT 业务。

(1) 卫星固定业务。卫星固定业务使用固定地球站开展站间的传输业务。提供固定业务的卫星一般使用对地静止轨道卫星，包括国际、区域和国内卫星通信系统，在其覆盖范围内提供通信与广播业务。覆盖我国的国内卫星包括：中星 1、6、6B、9、20、22 号，中国鑫诺 1、3 号，亚洲 1A、2、3S、4 号，亚太 1、2R 号等十几颗静止卫星。

在应对灾害时，带有卫星地球站的应急通信车可以利用国内静止卫星的转发器，给灾区对外界的通信和电视转播提供临时传输通道。

(2) 卫星移动业务。卫星移动业务与地面移动通信业务相似，可以提供移动台与移动台之间、移动台与公众通信网用户之间的通信。国际上目前可以使用的卫星移动通信系统主要包括两类：对地静止轨道卫星移动通信系统主要用于船舶通信，也可用于陆地通信，其中波束覆盖到我国的系统有国际海事卫星系统和亚洲蜂窝卫星系统；非静止轨道卫星移动通信系统目前覆盖全球的只有 3 个，即"铱星""全球星"和轨道通信系统。

(3) VSAT（甚小天线地球站）业务。VSAT 系统是指由天线口径小、并用软件控制的大量地球站所构成的卫星传输系统。VSAT 系统将传输与交换结合在一起，可以提供点到点、点到多点的传输和组网通信。VSAT 系统大量用于专网通信、应急通信、远程教育和"村村通"工程等领域。

通过临时架设 VSAT 网络，可以在已修复的移动通信基站或临时架设的小基站与移动交换机之间提供临时通信链路，恢复灾区的移动通信。

6. 无线自组网

无线自组网是移动通信技术和计算机网络技术融合的产物，具有网络自组织和协同合作特征，非常适合组建应急通信网络，实现终端间的互联互通。无线自组网的类型有无线局域网（WLAN）、无线网格网络（Mesh）及无线传感器等。它们具有鲜明的技术特色和应用领域，在应急通信场合均能发挥重要作用。无线自组网可以由多部电台临时构成，对电力供应的要求较低。

(1) 无线局域网（WLAN）。通过接入点连接基础网络，用已经普及的手机或电脑无线上网功能即可实现联络。WLAN 的 Ad-hoc 模式的终端设备之间不需接入点就可以直接通信。Ad-hoc 模式的最大好处是利用多跳技术拓展了 WLAN 的覆盖范围。也有人提出利用 WLAN 与卫星通信结合建立融合通信链路进行功能的外延和拓展。

无线局域网具有组网灵活、易扩展、安装便捷、移动性好等优点。通信覆盖范围从室内几十米到室外几百米，有效传输距离可达 20km 以上。

（2）无线个域网（WPAN）。WPAN 是指个人通信设备如手机、手提电脑及掌上电脑等在一定的范围内实现这些少量终端之间的通信而建立的网络。它属于 Ad-hoc 网络的一种，具有动态组网的特点。这种方式能在一定范围内实现多个设备间的无线动态连接和实时信息交换，实现便捷，成本低，可以作为现场应急抢险救援人员之间的备用通信手段。

（3）无线传感器网络（WSN）。WSN 组网方式灵活，部署便捷，能够快速组网通信，提高应急反应速度。应急环境下 WSN 在现场测量以及数据采集方面具有非常明显的优势，在灾害条件下往往只能使用无线通信技术，因此比较适合完成工程自动监测数据采集与传输、灾情预警、灾害环境监控及态势感知等任务。WSN 组成的 Ad-hoc 网络可以实现传感器之间和与控制中心之间的通信，便于管理人员快速展开抢险救援。

（4）无线网格网络（Mesh）。无线 Mesh 网络是基于 IP 协议的无线网络，具有自组织性、自愈性、容量大、速率高及覆盖范围广等特点。现场应急抢险救援人员之间作业通信网络具有临时性、自组织性和互通性的需求，可以通过无线 Mesh 网络构建现场应急抢险救援人员协同作业通信网络。无线 Mesh 网络通过无线接入点间的多跳连接可快速自动组成网络，无需依赖其余网络设施。

7. 便携式基站技术

便携基站将无线设备、便携式卫星通信设备及配套设备集成在一个紧凑的便携式的机箱中，能够迅速组建通信网络。便携基站具有结构小型化、组装简单、成本低及便携性等特点。便携式基站可以作为现有公共移动通信网络的延伸，成为有线或无线通信网络的一部分。便携式基站部署方便快捷，适合车载和升空平台等移动设备组网使用。便携基站在实际应用中应能接入多种网络，可与现有的有线和无线（卫星通信）网络进行互联。

第五节　公民抗灾意识培养

我国是水灾比较频繁的国家，局部洪涝灾害年年发生，大范围洪灾几年就有一次。随着水利工程规模越来越大和数量不断增加，水利工程事故风险不断提高，加之人口数量增加和不断向沿江沿海城镇集聚，水利工程一旦发生事故，其损失将超过以往。

既然灾害不可避免，提高全社会的抗灾意识和应急反应能力就很有必要。政府和工程建设管理单位认真编制、实施应急预案，可有效预防事故，提高事故应急反应能力；社区、公众熟悉有关法规要求和政府应急预案内容，掌握防灾减灾知识，具备一定的应急对策，可增加自救和互救的能力，增强灾害的心理承受能力，在发生事故时不会心慌意乱并尽快做出反应，从而减轻损失。

一、提高公民防灾抗灾意识的必要性

目前我国全民危机意识和危机教育比较薄弱，抗灾和保障能力较低。比如我国媒体总是宣传"某处河岸多少年有多少人落水，某位英雄多少年救起了多少位落水者"，政府总在奖励某位见义勇为者，而对于修遗补漏、预防事故者很少关注。有的政府部门和工程建设管理单位对国家要求的编制应急预案根本没有放在心上。

大多数市民对于自然灾害的危害性以及如何在灾难来临之时尽量减少损失知之甚少。许多人心存侥幸，以为灾难不一定降临到自己头上，"事故不会发生，事故不会在我这里发生，事故不会那么快发生，我还有时间，我还有机会。"可是，那些因突发灾害而遇难的人哪一个不是在一秒钟之前还正常地生活工作呢？灾难固然可怕，但是更加可怕的是人们在面对灾难时缺乏应对的常识。

"千万不要死于无知"。政府有责任让公众拥有更多的防灾常识，常备不懈才能"安居乐业"。

水利工程事故不是会不会发生，而是何时与何地发生。所以应加强安全教育，加强防灾训练，尽快提高全体国民的防灾意识。提高公民防灾抗灾意识的必要性包括以下几个方面。

（1）法规要求。《中华人民共和国突发事件应对法》第五条规定："突发事件应对工作实行预防为主、预防与应急相结合的原则。"预防为主，就是要把灾害发生之后被动的、消极的救灾活动，转变为灾害发生前长期的、主动的、积极的、全社会参与的防御行为。而事故发生前防御行为习惯的养成则是依靠公众的防灾减灾意识的形成和提高，这就需要大量深入、持久、广泛的防灾抗灾宣传和防灾减灾知识的普及教育，即所谓"宁可千日无灾，不可一日不防"。

（2）提高政府及工程建设管理单位防灾抗灾意识，可以促进全社会抗灾能力提高。水利工程事故灾害具有突发性、延续性和扩散性的特点，政府快速决策和较强的防灾、抗灾、救灾的应变功能是减轻灾害的关键所在。如前案例所述，1998年长江流域洪水与2003年淮河流域洪水，相似的灾害造成的损失相差巨大。其原因除了高层决策因素外，与 2003 年政府已有预案和已经过了 '98 抗洪的历练是分不开的。

普及法规知识、落实政府责任、加强抗灾宣传可以促使各级领导者、工程建设者、工程管理者认识到工程事故灾害的多发性和严重性，积极采取对策，制定相应的应急预案，从思想上、组织上和物质上都有所准备并采取预防措施，灾害来临能迅速实施各项救灾对策，从而有效地减轻灾害的损失。

（3）提高公众的灾害意识，能够增强抗灾救灾的能力。提高公众的防灾减灾意识，可以促进社会组织和个人自我防御能力提升。日本是世界上地震频发的国家，但又是地震灾害造成损失程度最低、灾后恢复最快的国家。这一切完全依赖于日本国民的那种较强的灾害心理承受能力和强烈的抗灾救灾意识。而这种心理素质并非天生，而是来源于后天的学习和培养。

提高灾害意识，在灾害来临时不慌乱，尽快撤离或投入到抢险救灾中，减少灾害损失；灾害过后尽快恢复生产、重建家园。防灾减灾意识能够产生强大的抗灾救灾能力。

（4）提高公众的防灾抗灾意识，可以加强事故灾害的监测、预报和预警能力。掌握了水利工程事故原因与抗灾知识的广大群众，可以通过感官直接得知某些短期、临灾前兆现象，并将其及时地报告给有关部门，连同其他资料进行综合分析，就有可能及时发现险情和为临灾预报的决断提供有价值的根据。

（5）提高社区管理者灾害意识，可最大程度减少人员伤亡。社区是社会中的基本单元，面对突发灾难，社区不仅要在第一时间内面对，也要在第一时间内处置。社区在防灾减灾建设方面扮演着独到而无法取代的减少居民伤亡的角色。

二、提高公民抗灾意识的目标

防灾抗灾是全社会的事，也需要全社会参与。提高公民抗灾意识的目标是要做到使防灾抗灾思想深入到各行各业、使千家万户人人明白以下几点。

（1）通过法规学习和水利工程应急预案的编制演练，提高水利工程建设和管理单位领导的防灾意识，以便加强防灾抗灾方面的领导和保证资源投入。

（2）通过水利工程应急预案的宣传、编制和演练，提高水利工程建设和管理单位职工的灾害意识，以规范建设管理行为，提高事故预防、预警能力及事故应急管理能力。

（3）通过行业培训学习，落实管理责任，培养涉水行业如气象、水文、水利行业管理部门的防灾抗灾意识，提高灾害预报、预警和应急反应能力。

（4）通过水利工程应急预案的宣传、演练和责任落实，培养水利工程事故应急管理有关单位如医疗、公安、民政、物资设备供应等的防灾抗灾意识，提高应急反应和协调联动能力。

（5）通过广泛的宣传普及活动及应急演练，提高社区管理组织的通信联络、组织、自救及生活保障能力。

（6）通过广泛的宣传教育，提高社区居民的抗灾意识和抗灾行动能力、自救和互救能力。

三、提高公民抗灾意识的措施

1. 落实法规要求与管理责任

通过深入学习和法制建设，政府机构应充分理解法规要求，明白自己的任务和国家、社会赋予的责任，做到"情为民所系，利为民所谋"，把防灾减灾工作纳入到工作的日程中去；水利工程建设管理单位要认真履行社会责任，在实现工程效益的同时，注重工程安全管理，做到安全运行。

政府与工程建设、管理单位要认真编制事故应急预案并认真演练，设置必要的应急设施，配备应急设备，常备不懈。应急预案要有针对性，符合法规要求和工程实际。

政府与工程建设管理单位要履行社区安全宣传、教育、培训责任。

2. 防灾抗灾文化宣传活动

积极开展防灾抗灾文化宣传活动。要充分发挥广播、电视、网络等媒体优势，推动防灾抗灾知识和政策法规宣教进单位、进学校、进社区、进家庭。街道和社区要积极寻找契机，利用宣传车、讲座、广播电视、展览馆等传播防灾抗灾知识与理念，通过组织现场观摩学习、举办专题知识讲座、在新闻媒体开设专栏专题等形式，开展形式多样的防灾减灾文化宣传活动，努力营造全民参与防灾减灾的文化氛围。

要加强宣传引导，积极创造有利条件，增强广大群众的防灾减灾意识和自救、互救技能。

3. 防灾抗灾知识和技能培训教育

大力推进防灾抗灾知识和技能普及工作。要加强面向广大社会公众的防灾抗灾知识、技能的普及，编制、出版符合地区灾害特点和培训对象的读物、影视作品传播防灾抗灾知识，通过报告会、放置展板、分发资料、现场咨询等方式，开展有针对性的防灾抗灾科普教育活动。

防灾知识与技能教育从小开始，教科书中应编入应对灾害的基本知识，学校也应开设不同类型的防灾课程。使防灾知识深入人心，使防灾抗灾成为工作和生活的一部分。

4. 广泛开展防灾抗灾演练活动

针对水利工程事故影响范围和区域灾害特点，定期举行应急预案的演练，有条件的邀请居民参观或参加演练，让群众了解社区应急避难场所的位置，熟悉灾害预警信号和应急疏散路径，提高社区综合防灾减灾能力。

演练活动要广泛动员群众参与，加强宣传力度，形成声势，扩大影响。

5. 开展形式多样的活动寓教于乐

社区把防灾抗灾宣传教育作为一项工作内容，将防灾抗灾知识编排成多种形式，开展游园、知识竞赛、文艺演出等活动，吸引市民参加，让市民在娱乐中学习掌握防灾抗灾知识技能。

编制小册子分发到学校、社区和机关单位，用生动的图画、诙谐的语言及名言警句传输防灾抗灾知识，内附《灾害时避难场所地图》标明发生事故时避难场所位置及撤退路线等，做到"家家知晓、人人明白"。

建立抗灾公园作为防灾教育和休闲场所，在公园设置各种工程模型，可演示各类事故的发生发展过程，设置电影录像放映室，可回放各类典型事故的现场录像，设有"灾害模拟设施"，可以让市民在体验"灾害"的过程中加深现场感。使市民在休息娱乐中掌握抗灾逃生技能，更重要的是，对灾难有了直观感受，加强了心理预防。

6. 建立防灾抗灾宣传培训的长效机制

目前的防灾抗灾宣传规模不大、影响不广，仅限于在某些特定日子集中进行，搞运动式、刮一阵风，缺乏防灾抗灾专业人员。仅仅依靠一般性的防灾减灾知识宣传，也就不能潜移默化地将防灾减灾意识和知识灌输到每一位市民的脑海中。

政府应建立防灾抗灾宣传的长效机制，培训一大批专业人员作为种子深入基层作为培训骨干，建设一批培训设施，购置相关设备，安排足够的宣传培训资金，保障培训宣传投入。政府特别是防汛机构将防灾抗灾宣传作为工作的一部分，经常地和定期地进行宣传培训活动。

第六章

水利工程检查与监测

第一节　概　述

水利工程的检查与监测是事故应急管理准备阶段的重要工作内容。通过检查监测可以了解水工建筑物的工作状态，为工程管理和事故控制提供依据。

一、水利工程检查与监测的必要性

水利工程在建设过程中可能存在天然缺陷；管理运用过程中，在内外因素作用下工程有向不利方向转化的可能。所以需要加强检查监测以随时掌握工程运行安全状况。

1. 水利工程建设质量问题有时在管理运用过程中才能发现

每座水利工程都是根据其作用和条件单独设计的，具有自身的特点和特殊要求，工程存在未知性。由于人们对自然界事物发展规律的认识还具有一定的局限性，因此，在水利工程的勘测、规划和设计中，水利工程勘察设计质量、建筑材料与设备质量、施工质量等方面存在的问题使水工建筑物本身存在一些不同程度的缺陷和弱点。有些问题往往需要在建设和应用阶段对工程的检查监测才能发现。

（1）由于我们对自然规律的认识还不够深入，不可能对所有水利工程各类建筑物的复杂因素都进行精确的计算，因此在水工设计中往往采用一些经验公式、实验系数或用简化公式作为近似解。对已建成水利工程进行全面、系统的检查监测，不仅可以验证设计的正确性和鉴定施工质量，而且可以取得最可靠的第一手资料，提高研究和设计水平。

（2）有时工程的建造质量难以把控，在施工过程中质量缺陷不易检查发现。工程建造质量是决定水利工程安全最重要的因素之一，在建造过程中，由于各种主观因素和客观条件的限制，以致工程质量未能按照规范规定和设计文件进行控制，造成建筑物中存在不同程度的缺陷和弱点：软土坝基未作适当处理、或土质堤坝碾压不实、接头处理不当会引起坝体裂缝造成渗漏或滑坡；土质坝基渗漏会引起渗透失稳、管涌或流土，造成基础脱空沉陷或滑坡；岩石坝基断层破碎带处理不当，运行中渗漏过大，扬压力升高；混凝土浇筑不密实、施工缝处理不合格、止水安装位置不正确会造成坝体渗漏，坝体内部扬压力增大减小层间抗剪，威胁大坝稳定；过流断面不平整造成空蚀等。一些重大的垮坝事故，如法国的马尔巴赛坝、美国的铁堂坝失事都是由于坝基处理措施不当造成的。

（3）施工质量不合格有的是显性的，可以在检查验收时发现；有的是隐蔽的，需要钻探、揭露或埋设仪器才能探知。有的是即时发生的，在完建时已经表露出来，如混凝土外观缺陷和基础渗漏等；有的是逐渐发展的，如坝基渗漏、土坝裂缝等。因此，除了在工程建造过程中加强质量控制，完工时把好验收关外，还需要在工程运行期注意观察检查，并在适当位置埋设仪器监测工程运行状况。

2. 水利工程处于不断变化中，需要随时检查观测以掌握其安全状态

水利工程建成后，在复杂的自然条件影响下，在各种外力的作用下，其状态和工作情况始终不断地变化着。水利工程究竟有没有病害，有没有事故隐患，能否安全运用并发挥效益，必须通过全面系统的检查监测，随时掌握工程的动态来进行判断。

（1）水利工程的安全性有一个由量变到质变的过程。大量事实证明，水利工程发生事故前是有预兆的，对水利工程进行认真系统的检查监测，就能及时掌握工程状态变化，发现不正常情况后，及时采取加固补强措施，把事故消灭在萌芽状态。

（2）水利工程事故是工情、水情和环境等综合作用的结果。目前我国水情测报已形成完整体系，降雨测报已覆盖到乡镇级甚至村级，大小江河的适当位置都已建立了水文站，所以除了局部点暴雨可造成突发洪水外，一般情况下水情都可提前预知。工程管理单位和政府防汛部门只需及时获得暴雨洪水信息、正确分析运用即可。

工程状况信息获得较为复杂：有些信息是已知的；有些信息包括地质情况、建材性能的未知性、结构模型的代表性、设计建造缺陷等，必须留待工程运用管理期间监测检查才能充分掌握；有些信息随着工程的建造和运用过程处在不断的变化中，必须加强水利工程检查与监测才能及时掌握工程安全状况。

（3）水工建筑物受力和运行条件复杂，工程运行状况时刻都在变化过程之中。在水利工程运用以后，挡水、引水建筑物经常在水下工作，承受水压力、泥沙压力、冰压力、风浪压力和作用于基础的扬压力等荷载。引水、泄水和排沙建筑物除承受上述荷载外，还要经受高速水流的冲刷和磨蚀作用。这些都可能造成工程运行状况劣化，形成事故隐患。

（4）水下和基础部位的许多工程是隐蔽的，损坏不易被察觉。例如，大坝基础的断层破碎带和软弱部位在水压力作用下发生某些变化，汛期泄水建筑物发生空蚀以及下游河床发生淘刷等往往不能及时发现；引水隧洞或压力钢管经常处于连续运行状态，不能随时停机检查，也难以及时发现缺陷。加强水工建筑物检查和监测可防止某些损坏恶化和突然发生事故。

（5）建筑材料老化和设备磨损破坏是一种自然规律。混凝土老化使强度和抗渗抗侵蚀性能降低；基础水泥灌浆帷幕老化，防渗作用降低甚至失效；土坝边坡破坏和颗粒破裂，是土坝多年不断变化的重要原因。特别是在施工中产生的缺陷和质量隐患，蓄水后在水压力和水质侵蚀作用下，逐渐向不利方向发展。材料老化虽然发展缓慢，但当出现明显迹象时，往往是很危险的，处理不及时可能导致严重的事故。

（6）工程运行一段时间后，工程状况可能偏离原始设计状态，使工程在危险状态下运行。例如，沉降过大使堤坝高度不能满足要求，水库淤积使调洪库容减小，溢洪道坍塌淤积或表面剥离糙率增加而达不到设计泄洪流量，河道淤积淘刷使河堤处于不安全运行状态等。工程管理者要及时检查监测工程运行状况，及时核算工程安全性，及时采取维修加固措施。

（7）建筑物可能受到设计中所不能预见的自然因素和非常因素的作用。如坝址及水库近坝区的滑坡可能引起巨大涌浪翻坝，对大坝造成严重威胁。所以对库区周围地质环境应经常检查监测，了解掌握隐患情况，及时维修加固。

在上述各种内部和外界因素作用下，随着时间的推移，水工建筑物性能和工程安全必将向不利的方向转化，逐渐降低其工作性能，缩短工程寿命，甚至造成严重事故。

二、水工建筑物检查监测的目的

水利工程检查监测是掌握工程运行状态、保证工程安全运用的重要措施，也是检验设计成果、检查施工质量和掌握工程的各种物理量变化规律的有效手段。检查监测是水利工程管理人员了解工程情况的最直接的手段。如果不对水利工程进行检查监测，不了解工程的工作情况和状态变化，一味盲目地运用是十分危险的。国内外不少水利工程事故案例证明，缺乏必要的检查监测工作，有些工程缺陷没有能及时发现而迅速发展，最后导致工程失事，酿成巨大的灾害。

水利工程检查监测的目的如下。

（1）掌握变形、水位、蓄水量、渗漏量等情况，了解水利工程的工作状态，为正确运用提供依据。

（2）监视水利工程的状态变化和工作情况，掌握工程变化规律。

（3）及时发现不正常迹象，分析原因，采取措施，防止事故发生，保证工程安全运用。

（4）通过原体观测，对建筑物原设计的计算方法和计算指标进行验证。鉴定设计、施工质量，为提高设计施工和科学研究工作水平提供资料。

三、水工建筑物检查监测工作的任务

在工程建设管理过程中应做好以下几个环节的工作。

（1）在工程筹建阶段应筹建管理机构，详细了解工程设计情况；施工阶段除监督工程本体质量外，还要关注观测管理设施建设情况和施工期检查检测情况；工程竣工后，要严格履行验收交接手续，要求设计和施工单位将勘测、设计施工资料和施工期观测资料一并交给管理单位。

管理单位要根据工程具体情况，制定出水工建筑物检查监测与维护工作规章制度，并认真贯彻执行，保证工程的运行正常，充分发挥其效益。

（2）对水工建筑物安全管理，要本着"以防为主，防重于修，修重于抢"的原则，重视水工建筑物安全检查和监测，了解水工建筑物的工作状态，对水工建筑物进行经常养护，防止工程出现病害或发展扩大。检查监测发现水工建筑物出现病害后，应及时维修和除险加固，做到小坏小修，随坏随修，以免造成更大的损失，确保水利工程的安全、完整。

（3）当发现水工建筑物的险情时，应将检查监测信息立即上报，应急管理组织要立即组织抢护，尽可能减少损失。工程管理者根据应急预案的要求从思想意识上、人员组织上、物资设备上和技术上充分做好抢险准备。

（4）事故发生过程中要求对事故的发展和控制进行连续不断的监测，并将信息传送到事故应急指挥中心。事故应急指挥中心可以向专家组、应急措施数据库等就事故性质、需要采取的事故控制措施等方面征求意见，采取正确的应对措施减少事故损失。

四、水工建筑物检查监测的内容

水工建筑物检查监测工作的内容包括巡查、观测和安全鉴定等。

水利工程管理单位要建立必要的管理制度，按照标准要求和管理需要，设置规范的监测设施，定期进行检查和观测，及时收集传递观测数据。

按应急管理要求完善严格的巡检制度，及时、全面地对工程进行巡视检查，及时获取工程运行状况信息。当通过危险源识别与评价，认为某部位或某个特征参数需要特别关注时，应设置监测设施连续监测。

在汛前和汛后、发生地震之后或发生大洪水之后应进行特殊检查，掌握水工建筑物的变化规律和工作状态。特别要注意水下工程和隐蔽工程的状况，要防微杜渐，发现缺陷或异常及时采取措施处理。

按规定定期进行工程安全鉴定。一般在运行多年，缺陷较多或有重大异常现象时，应组织技术鉴定，提出处理方案，重大工程应作专门维修设计。

（一）水工建筑物的巡查

巡查即巡视检查，是用眼看、耳听、手摸等直观方法并辅以简单的工具，对水工建筑物外露的部分进行检查以发现不正常现象，并从中分析、判断建筑物内部的问题，从而进一步进行检查和监测，为管理决策提供依据。

1. 巡视检查的特点

巡视检查全面直观、不易遗漏，是水利工程检查监测的重要内容。因为固定测点监测仅是在建筑物上某几个典型断面的几个点上布设仪器，而建筑物的局部损坏不一定会正好发生在测点位置上，也不一定正好发生在进行观测的时候。巡视检查能较好地弥补仪器监测的局限性。实例表明，许多水工建筑物的缺陷和损坏是由检查观察发现的。但这种检查只能进行外表检查，难以发现内部存在的隐患。

2. 巡视检查的类型

水工建筑物的检查观察包括经常检查、定期检查和特别检查。

（1）经常检查是根据水利工程管理制度要求的时距、检查项目，对建筑物各部位、闸门及启闭机械、动力设备、通信设施、水流形态和库区岸坡等进行经常的检查观测，了解建筑物是否完整，有无异常现象。

（2）定期检查是每年汛前、汛后，用水期前后，冰冻较严重地区在冰冻期，对工程及各项设施进行全面或专项检查。

（3）特别检查是当发生特大洪水、暴雨、暴风、强烈地震、工程非常运用及发生重大事故等情况时，或者对水工建筑物安全有重大怀疑时，组织专门力量所进行的检查。

3. 巡视检查要求

为了保证巡视检查工作的正常开展，必须落实巡视检查工作的"五定"要求，即定制度、定人员、定时间、定部位、定任务。巡视检查应满足以下要求。

（1）要根据工程的具体情况和特点，制定一套切实可行的检查制度，具体规定检查时间、部位、内容和要求，并确定经常的巡回检查路线和检查观察顺序。

（2）每项工作者都应落实到人，要明确各自的任务和责任。要有专人负责进行详细记录，必要时应就地拍照、录像、绘出草图并加以描述，发现重要问题应及时上报，抓紧分析研究和处理。

（3）每次巡视检查都应按照规定的内容、要求、方法、路线、时间进行。

（4）在高水位、暴雨、大风、泄洪、结冰、地震及水位骤变等不同运行情况和外界因素影响下，应对易发生变形和遭受损坏的部位加强检查观察。

（5）发现异常情况应及时上报，管理者应分析决定是否进行高一级巡视检查工作。

（二）水工建筑物的监测

水工建筑物在施工及运行过程中，受外荷载作用及各种因素影响，其状态不断变化，这种变化常常是隐蔽、缓慢、不易察觉的。为了监视水工建筑物的安全运行状态，通常在坝体和坝基内一定部位埋设各种监测设施，以定期或实时监测相应部位的应力、变形和温度、渗流等。通过对这些监测资料进行整理分析，评价和监控水工建筑物的安全状况。

当检查发现隐患、病害而又不能及时修复时，应设置观测点，埋置必要的仪器设备进行观测，以掌握隐患、病害发展状况。

1. 监测工作的基本要求

水工建筑物监测工作的基本要求如下。

（1）监测要有明确的目的性和针对性，既要全面，又要有重点，要能满足监视工程的工作情况，掌握工程状态变化规律的需要。有关建筑物状态变化的观测项目应与荷载及其他影响因素的观测项目同时进行，相互影响的观测项目应配合进行，以求正确地反映客观实际情况。

（2）观测设备要合理布置，精心埋设，测点布局要有足够的代表性，能够掌握工程变化的全貌。

（3）观测时间和测次应保证资料的系统性和连续性，要能反映工程变化的过程。一般在监测初期测次较密，经过长期运行和高水位考验后，如果工作正常则可减少测次；当发现异常现象时，应增加观测项目和测次。

（4）制定切实可行的观测制度，加强岗位责任制。观测必须按时，测值必须符合精度要求，记录必须真实，观测成果应及时进行整理和分析，保证观测资料的真实性和准确性，正确地反映客观实际情况。

2. 监测工作的步骤

水工建筑物监测工作的步骤如下。

（1）监测系统设计。设计是安全监测的龙头，监测设计不仅要满足建筑物性态分析和安全监控的需要，还要根据工程规模大小、建筑物结构型式、工程具体情况和需要，确定监测项目和仪器设备布置，制定技术要求，设计出全面的监测系统。

（2）仪器选型。仪器不仅要求质量优良，具有长期工作的稳定性和恶劣环境下的可靠性，而且要求技术上先进，能适应复杂工程安全监测的需要。

（3）仪器埋设安装。监测仪器埋设应按照监测设计和规范规定要求进行，对所需的观测仪器和设备进行检查、安装和埋设。

（4）现场观测。按规定的测次和技术要求，定期进行各种项目的观测。

（5）监测资料分析。资料分析是安全监测的重要环节，资料分析不仅要对建筑物运行性态作出解释，对安全状况作出评价，而且要通过监测资料及时发现工程安全隐患，为除险加固提供依据。

（6）安全评估和监控。对建筑物安全状态进行监控，是工程安全监测的根本目的，安全监控不仅要力求准确、不枉不纵，而且要实现实时在线。

（三）水利工程安全评价（安全鉴定）

水利工程安全评价是在工程运行一段时间后或者对水工建筑物安全有重大疑虑时，临时组成安全鉴定组织，通过查阅工程资料、现场检查、访问调查、物理勘探等手段，对工程外观状况、结构安全情况、设备完好情况、运行管理条件等进行全面评估，在全面了解工程现状、分析运行管理状况的前提下对工程的安全性进行评价，对其中的潜在危险和严重程度进行分析评估，以确定工程的安全等级。对存在问题的工程，提出针对性的运行管理措施和除险加固建议。

目前水利部已颁布实施了《水库大坝安全评价导则》（SL 258—2017）、《泵站安全鉴定规程》（SL 316—2015）、《水闸安全评价导则》（SL 214—2015）、《堤防工程安全评价导则》（SL/Z 679—2015）等标准，以指导安全鉴定工作。

五、水利工程的安全状态

根据水利工程的检查监测结果，评价水工建筑物的 3 种安全状态分别是正常状态、病害状态和危险状态。

1. 正常状态

如果水利工程的主要建筑物均达到设计防洪标准，工程质量良好，能够安全可靠地运行，可充分发挥应有的效益并能安全度汛，则该工程是处于正常状态。具体有以下标志。

（1）工程的水平位移和垂直位移变化规律正常，符合设计计算数值；堤坝无贯穿性裂缝，坝坡或坝体的抗滑稳定性能达到设计要求；坝基和坝端两岸无渗透破坏迹象，渗流量在允许范围以内，渗透水清澈透明；土质堤坝浸润线无突然升高现象；混凝土坝与浆砌石坝的扬压力符合设计要求。

（2）泄洪建筑物的尺寸和泄洪能力均符合设计要求，下泄洪水能安全地泄入下游河道。

（3）放水建筑物在各种运用水位条件下均能安全放水，穿坝（堤）涵管与坝体结合紧密，无断裂漏水现象。

（4）泄水、放水建筑物的闸门和启闭设备操作灵活可靠，能够准确而迅速地控制流量；闸门关闭后无严重漏水现象，开启放水时无严重振动或空蚀现象；下游消能设施可靠，不致产生危及建筑物安全的冲刷。

2. 病害状态

水利工程的主要建筑物虽能达到设计防洪标准，但存在一定病害或隐患，而这些病害或隐患能较快维修处理，不影响安全度汛，则为病害工程。

3. 危险状态

水利工程的主要建筑物没有达到设计防洪标准，或存在严重病害，难以较快维修，不能保证安全度汛，则为危险工程。

六、病险工程的处理

对于病险工程，必须加强养护维修，提出有效的安全度汛方案，确保安全，并及时对病害进行研究分析，提出整治措施，报请批准后积极进行除险加固。而对于正常状态的水利工程，要进行有计划、有次序、经常性的检查观测和养护工作，保证工程处于正常状态，不向病害状态转变。

第二节 土石坝的检查监测

土石坝是指由当地土料、石料或土石混合料，经过抛填、碾压等方法堆筑成的挡水建筑物。土石坝按施工方法可分为碾压式土石坝、水力冲填坝、水中填土坝、定向爆破堆石坝等，应用最为广泛的是碾压式土石坝。碾压式土石坝又可分为均质坝、土质心墙坝、土质斜心墙坝、土质斜墙坝以及人工材料心墙坝、人工材料面板坝等。

一、土石坝的安全特性

由于填筑坝体的土石料为散粒体，抗剪强度低、整体性差、颗粒间孔隙较大，因此在运用过程中易受到渗流、冲刷、沉陷、冰冻、地震等方面的影响而常常出现安全隐患。土石坝的安全特性包括以下几个。

（1）土石坝对地基地质条件的要求相对较低，在土基或较差的岩基上均可筑坝，加之坝身土料颗粒之间存在着较大的孔隙，因此水库蓄水后在水压力的作用下，渗漏现象是不可避免的。因渗流使水库损失水量，还易引起管涌、流土等渗透变形，并使浸润线以下的土料承受着渗透动水压力，使土的内摩擦角和黏聚力减小，对坝坡稳定不利。

（2）因材料抗剪能力低、边坡过陡、渗流等而易产生滑坡。

（3）因土粒间连接力小，抗冲能力很低，在风浪、降雨等作用下而造成坝坡的冲蚀、侵蚀和护坡的破坏，所以不允许坝顶过水。

（4）因沉降导致坝顶高程不够和产生裂缝，或因气温的剧烈变化而引起坝体土料冻胀和干裂等。

故要求土石坝有稳定的坝坡、合理的防渗排水设施、坚固的护坡及适当的坝顶构造，并应在水库的运用过程中加强监测和维护。

二、土石坝巡视检查

（一）土石坝巡视检查的时间

土石坝的检查监测工作分为 3 个时期：初蓄期（第一期）是从施工期到首次蓄水至设计水位后 1 个月，此阶段坝体与坝基的应力、渗漏、变形较大、较快，是对土石坝加强检查观测的时期；第一期后经过 3~5a 或更长时间，土石坝的性能及变形渐趋稳定，称为稳定运行期（第二期）；经过第二期以后的运用期，有时又称为坝的老化期（第三期）。水工建筑物的检查观测在各阶段的要求是不同的。

经常性检查在初蓄期每周至少一次，稳定运行期每月至少两次，老化期每月至少一次。

定期检查在每年汛前汛后、用水期前后、第一次高水位、冻害地区的冰冻期进行。

当土石坝发生比较严重的险情或破坏现象，或发生特大洪水、3 年一遇以上暴雨、7 级以上大风、5 级以上地震，以及第一次最高水位、库水位日降落 0.5m 以上等非常运用情况下，由工程管理单位组织专门力量进行特别检查。

（二）土石坝巡视检查的内容

土石坝巡视检查的部位包括坝顶、上下游坝坡、坝头与坝肩、库区两岸岸坡等。影响土石坝安全运用的病害主要有裂缝、渗漏、滑坡等，因此巡视检查时这些方面应是重点。一般包括以下内容。

（1）坝体有无塌陷、裂缝、塌坑、隆起、滑坡、冲蚀等现象，有无兽害和白蚁活动迹象。

（2）坝面排水系统有无裂缝、损坏，排水沟有无堆积物等。在暴雨期间加强对坝面排水系统和两岸截流排水设施的巡视检查。

（3）坝面块石护坡有无翻起、松动、垫层流失、架空、风化等现象，还应注意观察砌块下坝面有无裂缝。在大风浪期间加强对上游护坡的巡视检查。

（4）背水坡、两端接头和坝脚一带有无散浸、漏水、排水设施堵塞、管涌、流土或沼泽化现象，减压井、反滤排水沟的渗水是否正常。在高水位期间要加强巡视检查。

（5）防浪墙有无变形、裂缝、倾斜和损坏。

（6）库区岸坡有无裂缝等滑坡征兆等。

（7）在泄流期间加强对坝脚可能被水流淘刷部位的巡视检查，在库水位骤降期间加强上游坝坡可能发生滑坡的巡视检查，在冰冻、有感地震后加强对坝体结构、渗流、两岸及地基进行巡视检查，观察是否有异常现象。

（三）土坝的检查观察项目

对土坝应经常注意检查裂缝、滑坡、渗漏、生物侵害等情况。

1. 裂缝与滑坡检查

对土坝应经常注意检查坝顶路面、防浪墙、护坡块石及坝坡等有无开裂、错动等现象，以判断坝体有无裂缝，尤其在高水位、大风期间更要加强观察。必要时，可挖开路面或块石护坡进一步检查。

发现坝体产生裂缝后，应立即对裂缝进行编号，测量裂缝所在的桩号、距坝轴线的距离、长度、宽度、走向等并详细记录、绘制裂缝平面分布图。对横向裂缝和较重要的纵向裂缝应设置标志，定期进行裂缝长度、宽度、深度测量。必要时可进行坑探，观测裂缝深度。

大坝下游滑坡可能使大坝溃决，检查观察发现土坝发生纵向裂缝时，应进一步检查判断坝体是否有发生滑坡危险。一般来说，滑坡裂缝具有下述特征。

（1）裂缝两端向坝坡下部弯曲，缝呈弧形，裂缝两侧产生相对错动。

（2）裂缝产状不是垂直向下，挖坑检查裂缝下端往往向坝脚方向弯曲，并有明显擦痕。

（3）缝宽与错距的发展逐渐加快，与沉陷裂缝的发展随时间而减缓显然不同。

（4）滑坡裂缝的下部往往有隆起现象。

当发现坝体有滑坡迹象后，应即测量裂缝部位、走向、缝长、缝宽等，做详细记录并画出滑坡裂缝平面位置图，必要时进行照相和坑探。同时应加强变形和渗透观测。

检查土坝有无滑坡现象应特别注意一些关键时刻。

（1）高水位持续期间应注意检查下游坡有无滑坡现象。

（2）水位消落过程中和大幅度降低库水位后，应注意检查上游坡有无滑坡现象。

（3）暴雨期间应注意检查上、下游坝面有无饱和而产生滑坡。

（4）发生Ⅳ度以上地震后，应全面检查上、下游坝面是否发生滑坡。

2. 渗漏检查

水库渗漏通常分为正常渗漏和异常渗漏。如渗漏从原有导渗排水设施排出，其出逸坡降在允许值内，不引起土体发生渗透破坏的则称为正常渗漏；相反，对于能引起土体渗透破坏或渗流量影响到蓄水兴利的，称为异常渗漏。正常渗漏的渗流量较小，水质清澈，不含土壤颗粒，而异常渗漏往往渗流量较大，水质浑浊。

一般情况下发生以下现象时，可认为大坝的渗流状态不安全或存在严重的渗漏隐患，是大坝渗流事故的前兆，应从速作出进一步定性、定量分析，找出原因。

（1）沿坝面库水有旋涡或变浑浊。

（2）通过坝基、坝体及两坝端岸坡的渗流量不断增大，渗漏水出现浑浊或可疑物质；渗漏出逸点位置升高或移动等。

（3）下游坝坡湿软、出水且范围扩大；坝址区、坝下游老河槽、台地等严重冒水、翻砂、松软隆起或塌陷。

（4）坝体与两坝端岸坡、输水管（涵）壁等结合部严重漏水。

（5）渗流压力或渗流量突然改变其与水库水位的既往关系，在相同条件下有较大增长。

对土坝渗漏还要注意检查观察是否发生塌坑。坝体发生塌坑大部分是由渗流破坏而引起的。发现坝面有塌坑时，要测量塌坑离坝轴线的距离、桩号、高程、坑面直径大小、形状和深度等，并详细记录，绘出草图，必要时进行照相。

发现坝体塌坑后，应加强渗透观测，并根据塌坑所在部位分析其产生的原因。如塌坑位置正好在坝内放水洞轴线附近，则有可能是因坝内放水洞漏水引起的；紧靠排水棱体上游发生塌坑，就可能是反滤发生破坏；塌坑紧挨进水塔壁，有可能是进水塔壁裂缝漏水或塔身与放水涵管连接处断裂漏水；塌坑紧靠山坡，则可能是坝体与岸坡结合不好发生渗流破坏，或者由于绕坝渗流引起的。在排除渗流破坏引起塌坑的可能性后，则有可能是由于坝身局部施工质量太差，或原有的坑回填不实而引起的。

对土坝的排水体、集水沟、减压井等导渗降压设备，要注意检查观察有无异常或损坏现象。还应注意观察坝体与岸坡或溢洪道等建筑结合处有无渗漏。

3. 放水洞的检查观察

土石坝放水洞一般采用坝内埋管，其对大坝安全十分重要，因此需加强检查观察。

（1）水库初次蓄水时检查。水库初次蓄水，应注意检查放水洞顶坝体及放水洞壁有无裂缝和渗水现象。

（2）泄流期间检查。放水洞泄流期应注意观察以下现象。

1）洞顶部位上下游坝坡以及进水塔（或竖井）周围有无裂缝、塌坑、渗水。

2）注意观察和倾听洞内有无异常声音，如有"咕咚咚"阵发性响声或"轰隆隆"的爆炸声，说明洞内可能产生明满流交替现象，或有气蚀。

3）注意观察出口水流形态是否正常以及消能设备有无破坏现象。

4）对放水洞出口水流形态可进行目测，并利用建筑物出口平面图勾绘水流形态示意图。水跃可利用消力池边墙绘制方格坐标进行观测。

（3）停水期间检查。放水洞停水期间，要注意观察出口是否流水和消力池、海漫等有无冲刷、磨损。放水洞径较大可以进入的，应进洞检查洞壁有无裂缝、渗水；闸门槽、弯道和岔道处有无气蚀；闸（阀）门有无漏水，止水设备是否完好；闸（阀）门及门槽等金属结构有无油漆脱落、变形、脱焊、断裂等损坏现象。

4．生物侵害检查

对土坝还应经常检查有无兽洞、蚁穴等隐患，特别是草皮护坡，更应加强检查有无狐、獾、鼠、蛇、白蚁、穿山甲等土栖动物的洞穴。我国南方地区白蚁为害严重。检查土坝有无白蚁，主要是经常注意观察坝坡杂草丛生与洇湿处有无泥被泥线。

5．防护设施检查

对土坝坝面要注意观察以下现象。

（1）干砌石护坡有无松动、翻起、架空、垫层流失等现象。

（2）浆砌石护坡有无裂缝、下沉、折断或垫层掏空等现象。

（3）草皮护坡及土坡有无塌陷，雨淋坑、冲沟、裂缝等现象。

（4）坝面排水系统是否通畅，有无堵塞或损坏。

（5）大风期间要注意观察波浪对坝面的影响，块石护坡有无损坏。

（6）结冰期间要注意观察库面冰盖对坝面的影响，如护坡是否被冰挤坏等。

三、土石坝的观测项目

土石坝应设有安全监测点，监测项目包括以下内容。

（1）变形观测。变形观测包括垂直位移、水平位移、裂缝等。土工建筑物还有固结监测，混凝土建筑物还有挠度、伸缩缝监测。此观测主要对水工建筑物外形监测，故也称为外部监测。

（2）应力、温度监测。土工建筑物的应力监测包括土压力、孔隙水压力监测。混凝土和砌石建筑物包括应力、应变、温度、钢筋应力等的监测。应力、温度监测通常又称为内部监测。

（3）渗透监测。土工建筑物的渗透监测包括浸润线、渗流量、渗水透明度、导渗效果及绕坝渗流等监测。混凝土和砌石建筑物包括扬压力、渗流量等监测。

（4）水流形态监测。包括水流平面形态、水跃、水面线、挑射水流等监测。

（5）库区地形变化监测。

（6）水文气象等环境因子监测。包括降水量、水位、流量、波浪、冰凌、水温监测以及水质检测等。

（一）土石坝变形观测

1. 土石坝变形观测项目

土石坝的变形观测一般是指坝表面的水平变形和垂直变形。

（1）上下游方向水平位移观测。对于土石坝，主要是了解垂直坝轴线方向的位移，通常是在坝面布置适当的测点，用仪器设备量测测点在水平方向的位移量。一般用视准线法进行观测，对一些较长的坝或折线形坝，则常用前方交会法或视准线和前方交会结合法进行观测。

（2）纵向位移观测。由于河谷岸坡的缘故，坝体在沉降过程中，沿土石坝轴线方向的纵剖面将产生指向河谷方向的纵向位移。在纵向位移作用下，岸坡坝段坝体会出现拉应变，河谷段坝顶出现压应变。如果拉应变过大，坝体就可能产生横向裂缝。坝体横向裂缝对坝的安全运用威胁甚大，故应进行坝面纵向位移观测，以及时发现可能产生的横向裂缝。

（3）土石坝垂直位移观测。土石坝在修建中会发生沉降，在运行过程中由于坝体固结、库水位变化引起坝基沉陷变化也会使坝体沉降。土石坝的土料不同、施工质量不均，产生的沉降也不一样。为了系统而全面地掌握土石坝的沉降情况，需要对土石坝进行沉降观测即垂直位移观测。土石坝沉陷测量也是在坝面布置适当的测点，用仪器设备测量其垂直方向的位移量变化。测量高程变化通常采用水准测量或连通管法。

2. 土石坝变形观测测次要求

土石坝变形随着时间的增长而逐渐减缓，即间隔变形量与时间成反比。以沉陷为例，土石坝建成后，第一年产生的沉陷量最大，以后逐年减小，在相当长时间以后，如果荷重不发生变化，坝体固结到一定程度后变形趋近于零，即不再继续沉陷。因此，土石坝变形的测次可随时间相应减少。根据有关规定，土石坝施工期，每月测 3～6 次；初蓄期，每月测 4～10 次；运行期，每年测 2～6 次。变形基本稳定或已基本掌握其变化规律后，测次可适当减少，但每年不得少于两次。当水位超过运用以来最高水位时，增加测次。

（二）土石坝渗流观测

对于正常渗流，水利工程中是允许的。但是在一定外界条件下，正常渗流有可能转化为异常渗流。所以，对土石坝中的渗流现象，必须进行认真的检查观测，从渗流的现象、部位、程度来分析并判断工程建筑物的运行状态，保证水库安全运用。水工建筑物的渗流观测通常包括以下项目。

（1）土石坝浸润线观测。

（2）土石坝坝基透水压力观测。

（3）绕坝渗流观测。

（4）混凝土和砌石建筑物扬压力观测。

（5）渗流量观测。

（6）渗流水透明度观测及化学分析。

第三节　混凝土坝与浆砌石坝的检查监测

用浆砌石或混凝土修建的大坝是一种整体结构。与土石坝比较，混凝土坝的优点是：坝顶可以溢流，施工期可以允许坝上过水，工程量较土石坝小，雨季也可进行施工，而且施工质量较易得到保证。浆砌石坝除了同样具有上述优点以外，还有就地取材、节约水泥用量，节省模板、减少脚手架，只需很少的施工机械，受温度影响较小、发热量低、施工期无需散热或冷却设备，施工操作技术简单等优点。所以，混凝土坝与浆砌石坝在我国水利水电建设中得到了广泛的应用。

一、混凝土坝与浆砌石坝的巡视检查

混凝土坝与浆砌石坝巡视检查的要求与土石坝基本相似，但还应结合混凝土及砌石建筑物的不同特点进行。检查部位除坝顶、上下游坝面、坝肩、库区范围外，还应对溢流面、廊道以及集水井、排水沟等处进行巡视检查。

（一）检查内容

混凝土坝与浆砌石坝检查内容包括坝体有无裂缝、渗水、侵蚀、脱落、冲蚀、松软及钢筋裸露现象，排水系统是否正常，伸缩缝、沉陷缝的填料、止水片是否完好，有无损坏流失和漏水，缝两侧坝体有无异常错动，坝与两岸及基础连接部分的岩质有无风化、渗漏情况等。

（二）检查项目

1. 坝体裂缝

由于热胀冷缩、材料干缩、不均匀沉陷、负载过大、抗拉强度不足及设计不当等原因，大坝表面和内部常产生裂缝，裂缝会增加水的渗透作用，削弱大坝的整体性，从而影响大坝安全。应经常对坝顶、坝面和廊道检查观察有无裂缝。对于较高的坝，用目测观察坝面有困难的，可在适当位置用望远镜进行观察；上游坝面还可在船上观察检查。

发现坝身有裂缝时要量测裂缝位置、高程、走向、长度、宽度等，并详细记载，绘制裂缝平面位置图、形状图，必要时进行照相。对于较重要的裂缝，应埋设标点和标志，定期观测裂缝长度和宽度变化。

2. 渗透

应经常检查观察下游坝面、溢流面、廊道及坝后地基表面有无渗水现象。特别是高水位期间要加强观察。如发现有渗水现象，应测定渗水点部位、高程、桩号等，详细观察渗水色泽，有无游离石灰和黄锈析出，做好记载并绘好渗水点位置图或进行照相，必要时需定期进行渗水量观测，同时也应尽可能查明渗漏路径，分析渗漏原因及危害。

在下游坝面或廊道内发现渗水出逸点，经分析怀疑上游面有漏水孔洞时，应尽可能查明并进行处理。有条件的可降低水位检查或进行水下检查。

3. 材料破损

混凝土破损最常见的原因有碱-活性骨料反应、其他化学反应以及冻融作用、溶蚀作用、水流侵蚀、气蚀和过应力等。

应注意观察溢流面有无冲蚀、磨损及钢筋裸露现象；对混凝土坝表面还须观察有无脱壳、剥落、松软、侵蚀等现象；对表面松软程度进行检查，可用刀子试剥进行判断。

对混凝土的脱壳、松软及剥落，应观察剥落的位置、面积、深度情况。松软程度可用手指、刀子等试剥的方法进行判断。

对砌石坝还应检查块石是否松动、勾缝是否脱落等。

4. 冲刷

水流对下游消能防冲设备的冲刷破坏，以及对下游河床的冲刷等，对大坝安全有威胁。另外，大坝上、下游护坡混凝土，泄水以及消力池，渠道等护面混凝土等，常易遭受冲刷破坏。应经常检查消能防冲设施。对下游河床可以进行地形测量，与上次进行对比冲坑是否加深等。对护坡混凝土、泄水以及消力池、渠道等护面混凝土表面进行检查观察。

5. 变形

当各坝段的基础条件及外荷载不同时，可能产生不均匀沉陷，导致大坝产生裂缝、倾斜甚至塌毁。如果大坝的滑动力超过抗滑能力时，则可能产生滑动。应经常检查大坝各段的变化情况。

6. 其他

混凝土坝与浆砌石坝的其他检查项目包括以下几项。

（1）应注意观察大坝的集水井、排水管以及护坦、消力池的排水孔等排水是否正常，有无堵塞现象。

（2）北方水库在冬季结冰期间要注意观察库面冰盖对坝体的影响，并加强变形观测。

（3）对混凝土坝的伸缩缝要注意观察随气温变化的开合情况、止水片和缝间填料是否完好、有无损坏流失等情况。

二、混凝土坝与浆砌石坝观测

（一）混凝土坝与浆砌石坝变形观测

混凝土坝与浆砌石坝建成蓄水运用后，在坝体自重、水压力、泥沙压力、浪压力、扬压力以及温度变化等作用下，坝体会发生变形。坝体变形与各种荷载作用和影响因素的变化具有相应的规律性并在允许范围内，这是正常现象。而坝体的异常变形，则往往是大坝破坏事故的先兆，如法国的马尔巴塞拱坝失事前，拱座发生了异常变形。如果该坝在运行期间进行了系统的变形观测，及时掌握拱座的变形情况并采取有效措施，是有可能避免垮坝失事的。

1. 变形观测项目

为保证混凝土坝与浆砌石坝的安全运行，必须对坝体进行变形观测，以随时掌握大坝在各种荷载作用下和有关因素影响下变形是否正常。观测项目包括以下几项。

（1）混凝土坝与浆砌石坝受水压力等水平方向的推力和坝底受向上的扬压力作用，有向下游滑动和倾覆的趋势，因此要进行水平位移观测。

（2）混凝土坝与浆砌石坝在水平向荷载下将产生挠度，需要进行挠度观测。

（3）坝体受温度影响和自重等荷载作用，将发生体积变化，地基也将发生沉陷，需要进行垂直位移观测。坝体体积变化，坝段间伸缩缝开合情况不同，就要进行伸缩缝观测。

（4）当发现坝体发生裂缝时必须进行观测。

（5）为了掌握坝体在荷载作用下和温度影响下的应力与应变情况，还应在坝体内预埋各种仪器，观测其内部温度、应力和应变。

上述各项变形观测应配合进行，并同时进行上游水位、气温、水温等有关荷载和影响因素的观测。

2. 外部变形观测项目

这里仅就当前一般大、中型水库观测工作的现状，主要介绍外部变形观测。

（1）水平位移观测。水平位移观测通常是在坝顶表面或廊道内设置适当数量的测点，测定其平面位置变化。测定测点平面位置的方法很多，目前常用的有视准线法、前方交会法、引张线法、激光准直法。

（2）挠度观测。混凝土坝与浆砌石坝的挠度，当前普遍采用垂线法进行观测。垂线法有正垂线和倒垂线两种。

（3）垂直位移观测。混凝土坝与浆砌石坝的垂直位移通常用水准测量或连通管进行观测。由于混凝土坝与浆砌石坝的垂直位移量与土坝相比小得多，如果观测精度较低，将会发生间隔垂直位移量小于误差的现象，为此需要用精密水准测量。测点的布置与水平位移测点统一。

（4）伸缩缝观测。混凝土坝的伸缩缝一般用以下两种方法进行观测：一是在伸缩缝两侧混凝土表面埋设金属标点，测量缝宽变化或缝侧两块混凝土体之间3个方向的相对位移；二是在混凝土内部伸缩缝间埋设差动电阻式或其他形式的测缝计，测量缝宽的变化。

（5）裂缝观测。当检查观测发现混凝土坝与浆砌石坝发生裂缝时，必须进行裂缝观测。

3. 测次要求

测次主要根据有关规定和工程具体情况确定。在运用初期测次时要密，当变形趋于稳定或基本掌握其变化规律时，测次可适当减少，一般每月观测一次。伸缩缝可在每年最高、最低气温时观测，裂缝不再继续发展后，可每季观测一次。当上游水位超过历年实际运用最高水位或接近设计最高水位、气温异常高或异常低，或发生Ⅳ度以上的地震后，应增加测次。

（二）混凝土及砌石建筑物扬压力观测

混凝土坝与浆砌石坝基础面上的扬压力，是指大坝处于尾水位以下部分所受的浮力和在上、下游水位差作用下，水从基底及岩石裂隙中自上游流向下游所产生的向上的渗透压力的合力。向上的扬压力相应减少了坝体的有效重量，降低了坝体的抗滑和抗倾覆能力，所以扬压力的大小直接关系到建筑物的稳定性。混凝土坝与浆砌石坝设计中，须根据建筑物断面尺寸、上下游水位，以及防渗排水措施等计算扬压力大小来进行建筑物稳定计算。

建筑物投入运用后，实际扬压力大小是否与设计相符对于建筑物的安全稳定关系十分重大。为此，必须进行扬压力观测，以掌握扬压力的分布和变化，据以判断建筑物是否稳定。发现扬压力超过设计时应及时采取补救措施。

混凝土坝与浆砌石坝的扬压力观测通常是在建筑物内埋设测压管来进行

的。在观测扬压力的同时，应该观测相应的上、下游水位和渗流量。

（三）混凝土坝应力和应变监测

应力、应变监测应与变形、渗流监测项目相结合布置。重要的部位可布设互相验证的观测仪器。在布置应力、应变监测项目时，应对所采用的混凝土进行热学、力学及徐变等性能试验。设计采用的仪器设备和电缆，其性能和质量应满足观测项目的需要。

仪器埋设后，应按照规定的测次和时间进行观测。各种相互有关的项目，应在同次观测。发现异常测值时，应及时进行初步分析。分析各监测量的变化规律和趋势，判断测值有无异常。经检验分析确定为异常的观测值，应先检查计算有无错误、量测系统有无故障。如未发现疑点，则应及时重测，以验证观测值的真实性。经多方面比较判断，确信该监测量为异常值时，应立即向主管人员报告。

仪器设备应妥加保护。电缆的编号应防止锈蚀、混淆或丢失。电缆长度不得随意改变，必须改变电缆长度时，应在改变长度前后读取观测值，并做好记录。集线箱应保持干燥，测站可以适当配置去湿设备。

第四节　溢洪道的检查监测

泄水建筑物是为了宣泄水库多余的水量，防止洪水漫坝失事，确保工程安全，以及为满足放空水库和防洪调节等要求修建的。常用的泄水建筑物有深式泄水建筑物和溢洪道。许多实例证明，不少水库垮坝失事是由于溢洪道故障不能及时泄洪而招致的。为此，必须对溢洪道进行经常的检查观测，随时保持溢洪道的正常工作能力。

河岸溢洪道一般适用于土石坝、堆石坝等水利枢纽；重力坝与拱坝通常采用河床溢洪道即溢流坝。

表 6.1　　河岸溢洪道类型

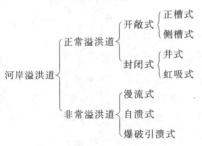

河岸溢洪道可以分为正常溢洪道和非常溢洪道两大类。溢洪道的类型见表 6.1。

一、溢洪道的结构组成及各部分的工作特点

溢洪道一般由进水渠、控制段、泄水槽、消能防冲设施、出水渠五部分

组成。

1. 进水渠及其工作特点

溢流堰不能紧靠水库，需修建进水渠将库水平顺地引至堰前。它的工作特点如下。

（1）引水过程中，应尽量减小水头损失。

（2）长度应尽量短，轴线尽量平直，最好为直轴线。如需转弯，转弯半径 $R>5B$（渠底宽），且堰前有足够长的直线段，以保证正向进水。

（3）横断面应足够大，以减小流速和减小水头损失，一般流速为 $1\sim2\text{m/s}$。断面形状应为梯形，应注意边坡稳定。要做好衬砌和减小糙率等，底坡应采用逆坡或平坡，渠底高程要低于堰顶高程。

2. 控制段及其工作特点

控制段包括溢流堰及两侧连接建筑物，是控制溢洪道泄流能力的关键部位。溢流堰的体形应尽量满足增大流量系数要求，以便在泄流时不产生空穴水流或诱发振动的负压等，通常选用宽顶堰或实用堰，有时也用驼峰堰、折线形堰等。中、小型水库溢洪道常不设闸门，堰顶高程就是水库的正常蓄水位；水库兴利库容与调洪库容重叠时设置闸门。溢洪道设闸门时，堰顶高程低于水库的正常蓄水位。

侧槽式溢洪道的溢流堰一般不设闸门。

3. 泄水槽及其工作特点

溢洪道在溢流堰后多用泄槽与消能防冲设施相连，以便将过堰洪水安全地泄向下游河道。河岸溢洪道的落差主要集中在该段。泄槽衬砌应满足以下条件。

（1）表面光滑平整，不致引起不利的负压和空蚀。

（2）分缝止水可靠，避免高速水流浸入底板以下，因脉动压力引起破坏。

（3）排水系统通畅，以减小作用于底板上的扬压力。

（4）所用材料能抵抗水流冲刷。

（5）在各种荷载作用下能保持稳定。

（6）适应温度变化和一定的抗冻融循环能力。

4. 消能防冲设施及其工作特点

溢洪道宣泄的洪水，单宽流量大，流速高，能量集中。因此，消能防冲设施应根据地形地质条件、泄流条件、运行方式、下游水深及河床抗冲能力、消能防冲要求、下游水流衔接及对其他建筑物的影响等因素，通过技术经济比较选定。

河岸式溢洪道一般采用挑流消能或底流消能。挑流消能一般适用于较好岩石地基的高、中水头枢纽。挑坎下游常做一段短护坦以防止泄流时产生贴流而冲刷齿墙底脚。底流消能一般适用于土基或破碎软弱的岩基上。

5. 出水渠及其工作特点

溢洪道下泄水流经消能后如不能直接泄入河道时应设置出水渠。出水渠的作用是将消能后的水流平顺地引入下游河道。出水渠轴线方向应尽量顺应河势，或利用天然冲沟或河沟。

二、溢洪道巡视检查的主要内容

溢洪道的巡视检查主要有以下内容。

（1）检查溢洪道的闸墩、底板、边墙、胸墙、消力池、溢流堰等结构有无裂缝和损坏。

（2）检查两岸岩体是否稳定，两侧岩石裂隙发育、严重风化或是土坡者应检查坡顶排水系统是否完好，以防岩体崩坍而堵塞溢洪道。如发现有坍落的土石应立即清除。

（3）有闸门的溢洪道，在挡水期间要检查闸墩、边墙、底板等部位有无渗水现象；大风期间，要注意观察风浪对闸门的影响；冰冻地区，要注意冰盖对闸门的影响。

（4）泄洪期间应注意观察漂浮物的影响，防止漂浮物卡堵门槽；同时还要观察堰下和消力池的水流形态及陡槽水面曲线有无异常变化。

（5）泄洪后要及时检查进水渠段有无塌坑、崩岸，陡槽段有无磨损，底板是否被掀动，消能设施有无冲刷和空蚀以及下游冲刷坑的长度、深度等情况。

（6）对永久溢洪道的临时挡水子埝和自破式、爆破式非常溢洪道的爆破孔或防冲设施等要经常检查，保持其状态完好。

（7）对溢洪道观测标点、基点、设备等要经常检查，保持完好。对各项观测项目的工作基点、校核基点、水尺、断面桩等应定期进行校测。对观测用的仪器量具，应定期检查率定。

三、溢洪道的变形观测

溢洪道的变形观测包括水平位移观测和沉陷观测，方法与混凝土坝相同。水力学方面的观测主要有水流形态观测和高速水流观测。

（一）水流形态观测

水流形态观测包括水流平面形态（漩涡、回流、折冲水流、急流冲击波等）、水跃、水面曲线和挑射水流等观测项目，观测时应同时记录上下游水位、流量、闸门开度、风向等，以便验证在各种组合情况下泄流量和水流情况是否符合设计要求。

1. 平面流态的观测

平面流态的观测范围，应分别向上、下游延伸至水流正常处为止。观测方法有目测法、摄影法，有时还可设置浮标，用经纬仪或平板仪交会测定浮标位置。

2. 水跃观测

水跃观测方法有方格坐标法、水尺组法和活动测锤法。

（1）方格坐标法。适用于水面较窄，用目测或望远镜能清楚地看见对面侧墙的情况。在侧墙上，从消能设备起点开始，向下游按桩号每1m绘一条纵线，另从消能设备底板开始，向上按高程每1m绘一条横线，并注明高程。在水面经常变动的范围内横线、纵线分别加密至0.1m和0.5m。观测前，先将泄水建筑物及绘制的方格预制成图，比例可取为1/100。观测时，待水流稳定后，持图站在能清楚观察水跃侧面形状的位置上，按水面在方格坐标上的位置描绘在图上。为便于比较，可把两侧墙上观测的成果，用不同颜色绘于同一图上。

（2）水尺组法是在两岸侧墙上沿水流方向设置一系列的水尺来代替方格坐标进行观测。

（3）如在侧墙上无法绘制方格坐标或设立水尺组，可采用活动测锤法，即在垂直于水流的方向上架设若干条固定断面索，其上设活动测锤来观测水面线。

3. 其他观测项目

挑射水流应观测水面线形态、尾水位、射流最高点与落水点位置、冲刷坑位置和水流掺气情况，常用方法是拍照或用经纬仪交会法。

（二）高速水流观测

高速水流将引起建筑物和闸门振动。高速水流的观测项目有振动、水流脉动压力、负压、进气量、空蚀和过水面压力分布等。

1. 振动观测

为了研究减免振动的措施（尤其要避免产生共振），需进行振动观测。振动观测的内容有振幅和频率，测点常设在闸门、工作桥大梁等受动能冲击最大且有代表性的部位，采用的观测仪器有电测振动仪、接触式振动仪和振动表等。

2. 脉动压力观测

脉动压力的观测内容是脉动的振幅和频率，测点常布设在闸门底缘、门槽、门后、闸墩后、挑流鼻坎后、泄水孔洞出口处、溢流坝面、护坦和水流受扰动最大的区域，采用电阻式脉动压强观测仪器进行观测，同时还应观测平均压力，以对比校验。

3. 负压观测

负压观测的测点布设常与通气管结合，测点一般布设在高压闸门的门槽、门后顶部、进水喇叭口曲线段、溢流面、反弧段末端和消力齿槛表面等水流边界条件突变易产生空蚀的部位。施工时，在测点埋设直径 18mm 或 25mm 的金属负压观测管，管口应与建筑物表面垂直并齐平，另一端引至翼墙、观测廊道或观测井内，安装真空压力表或水银压差计。

4. 进气量观测

进气量观测的目的是了解通气管的工作效能，并为研究振动、负压、空蚀等提供资料。进气量观测可采用孔口板法、毕托管法、风速仪法及热丝风速法等，其中孔口板法和毕托管法适用于小型通气管，热丝风速法适用于进气风速较小的情况。

5. 空蚀观测

空蚀观测包括空蚀量与空蚀平面分布观测。空蚀量观测可用沥青、石膏、橡皮泥等塑性材料充填空蚀所形成的空洞，以测出空蚀体积。大型的空蚀也可测量其面积、深度，计算空蚀量。空蚀平面分布观测用摄影、拓印、网格等方法进行。

6. 过水面压力分布观测

过水面压力分布观测是在过水面上布设一系列测压管，得出压力分布图。测点的布置以能测出过水面上压力分布为度。

第五节　水闸的检查监测

水闸是一种既挡水又过流的低水头水工建筑物，用以调节水位、控制流量，以满足水利事业的各种要求。

按水闸所承担的任务分类，水闸可分为进水闸、节制闸（或拦河闸）、分洪闸、排水闸、挡潮闸、排沙闸（排冰闸、排污闸）和泄水闸等。

按闸室结构形式分类，水闸可分为开敞式水闸、涵洞式水闸。

一、水闸的工作特点

水闸大多建于河流中下游平原地区的软土地基上，因闸基土壤中常夹有压缩性大、承载力低的软弱夹层，容易产生较大的沉陷或不均匀沉陷，轻则影响水闸的正常使用，重则危及水闸的安全。另外，水闸的水头低而变幅大，下泄水流佛汝德数低，消能不充分，下游河（渠）道抗冲能力低，故闸下冲刷比较普遍。还有在闸基和两岸连接部分因水头差引起的渗流，对闸的稳定不利，也可能引起有害的渗透变形。水闸的工作特点表现为稳定、防渗、消能防冲、沉降4个方面。

1. 稳定方面

关闸挡水时，水闸上下游水头差造成较大的水平推力，使水闸有可能沿基面产生向下游的滑动，为此，水闸必须具有足够的重力，以维持自身的稳定。

2. 防渗方面

由于上下游水位差的作用，水将通过地基和两岸向下游渗流。渗流会引起水量损失，同时地基土在渗流作用下，容易产生渗透变形。特别是在砂土地基上建闸采用灌注桩等刚性基础时，容易产生地基土与闸底脱开形成渗漏通道。严重时闸基和两岸的土壤会被淘空，危及水闸安全。渗流对闸室和两岸连接建筑物的稳定不利。因此，应认真进行防渗设计和妥善保护排水设施。

3. 消能防冲方面

水闸开闸泄水时过闸水流往往具有较大的动能，流态也较复杂，而土质河床的抗冲能力较低，可能引起冲刷。此外，水闸下游常出现波状水跃和折冲水流，会进一步加剧对河床和两岸的淘刷。因此，设计水闸除应保证闸室具有足够的过水能力外，还必须采取有效的消能防冲措施，以防止河道产生有害的冲刷。

4. 沉降方面

土基上建闸，由于土基的压缩性大，抗剪强度低，在闸室的重力和外部荷载作用下，可能产生较大的沉降而影响正常使用，尤其是不均匀沉降会导致水闸倾斜甚至断裂。在水闸设计时，必须合理地选择闸型、构造，安排好施工程序，采取必要的地基处理等措施，以减少过大的地基沉降和不均匀沉降。

二、水闸的检查观察

水闸管理单位应经常对建筑物各部位、闸门、启闭机、机电设备、通信设施、管理范围内的河道、堤防、拦河坝和水流形态等进行检查。汛前着重检查岁修工程完成情况，度汛存在问题及措施；汛后着重检查工程变化和损坏情况，据以制订岁修工程计划。冰冻期间，还应检查防冻措施落实及其效果等。

1. 水闸建筑物停水期间的检查内容

水闸建筑物停水期间检查的部位包括闸墙、闸底板、消能防冲设施、两岸连接建筑物等，检查内容包括以下几项。

（1）土工建筑物有无雨淋沟、塌陷、裂缝、渗漏、滑坡和白蚁、害兽等；排水系统、导渗及减压设施有无损坏、堵塞、失效；堤闸连接段有无渗漏等迹象。

（2）石工建筑物如块石护坡有无塌陷、松动、隆起、底部淘空、垫层散失；墩、墙有无倾斜、滑动、勾缝脱落；排水设施有无堵塞、损坏等现象。

（3）混凝土建筑物有无裂缝、腐蚀、磨损、剥蚀、露筋及钢筋锈蚀等情况；伸缩缝止水有无损坏、漏水及填充物流失等情况。

（4）水下工程有无冲刷破坏；消力池、门槽内有无砂石堆积；伸缩缝止水有无损坏；门槽、门槛的预埋件有无损坏；上下游引河有无淤积、冲刷等情况。

2. 建筑物行水期间检查观察

建筑物行水期间检查观察主要是对水流形态进行检查，包括以下内容。

（1）经常对水流形态进行观察，密切注意有无不正常的水流现象，必要时进行水流形态观测。

（2）对水流形态的观察一般应注意：进口段水流是否顺直；出口水跃或射流形态及位置是否正常稳定；跃后水流是否平稳，有无折冲水流、摆动流、回流、滚波、旋涡、水花翻涌等现象。河岸及河床有无冲刷、塌坡或淤积现象等。

（3）在观察水流形态的同时，应对上下游有无船只、漂浮物或其他障碍物影响行水等情况，拦污栅、拦鱼网是否有堵塞塞水现象和闸门振动等情况进行观察。

（4）有条件的工程可组织潜水员或利用水下照相、水下电视等方法进行水下部位的检查，如常年处于水下的门槽、门枢、导向轨道止水设备等有无损坏、气蚀、变形；行水部分的混凝土面有无磨损、冲蚀和钢筋裸露等。

3. 闸门启闭机等金属结构的检查观察

闸门启闭机等金属结构的检查观察项目包括以下内容。

（1）应经常检查闸门有无变形、裂纹、脱焊等现象，有无油漆脱落和锈蚀，闸门主侧轮、止水装置是否完好，支承行走机构是否运转灵活，闸门及闸门槽有无气蚀等情况。闸门部分启闭时，应注意观察闸门有无振动。

（2）对闸门启闭机应经常检查运转是否灵活，机电安全保护设施如制动设备、熔断器、安全阀、限位开关、过负荷开关等是否准确有效，以及电动机、仪表是否正常，电源系统、传动系统、润滑系统是否正常，液压系统管道、油缸是否漏油，油路是否通畅，油量、油质是否符合要求等。对平时极少用的溢洪道闸门启闭机，应在汛前进行试运转，并在整个汛期经常检查，保持启闭灵活。

（3）机电设备线路是否正常，接头是否牢固，安全保护装置动作是否准确可靠，指示仪表是否指示正确、接地可靠，绝缘电阻值是否符合规定，防雷设施设备是否安全可靠，备用电源是否完好可靠等。

（4）对溢洪道闸门启闭机还应检查备用动力设备或手动启闭是否可靠。

（5）应注意观察闸门是否歪扭、门槽有无堵塞、闸门吊点结构是否牢固、止水设备是否完好、丝杆有无弯曲等。冰冻地区冬季启闭闸门前还应注意检查闸门的活动部分有无冻结现象。

（6）启闭机运转过程中要注意其工作状态。发现有不正常的振动、声响、发热、冒烟等情况应即停车检查，分析原因并进行检修。

（7）对连接闸门的钢丝绳、节链、拉杆、螺杆等要注意检查有无锈蚀、裂纹、断丝弯曲等损坏现象，吊点结构是否牢固可靠，防锈黄油有无变质，以及绳芯是否缺油或在起重时有无出油现象等，对不合格的钢丝绳应予以更换。

（8）对金属结构表面，要观察有无油漆剥落和锈蚀现象。在发现金属结构有裂纹或开焊以后，应立即用油漆画上记号，并采取适宜的焊补或加强措施。

（9）对焊接的金属结构，应观察有无裂缝和开焊现象。

（10）对铆接的金属结构，应注意检查铆钉有无松动。

三、水闸的观测

水闸的观测项目主要有水位、流量、沉陷、裂缝、扬压力、上下游引河及护坦的冲刷和淤积等。根据工程具体情况，还可设置倾斜、水平位移、地基深层沉降、结构振动、闸下流态、结构应力、地基反力、墙后土压力等专门性观测项目。

1. 沉陷观测

水闸的沉陷标点可布置在闸室和岸墙、翼墙、底板的端点和中点。标点在施工期先埋设在底板面层，放水前再转接到上部结构上，以便施工期间的观测。在标点安设后应立即进行观测，然后根据施工期不同荷载阶段分别进行观测。水闸竣工放水前、后应各观测一次，在运用期则根据情况定期观测，直至沉陷稳定时为止。

2. 裂缝的检查和观测

裂缝的检查和观测应在水闸施工期和运用期经常进行，观测范围一般为结构主要受力部位和有防渗要求的部位。

3. 扬压力观测

扬压力观测可埋设测压管或渗压计进行。测点通常布置在地下轮廓线有代表性的转折处，测压断面不少于两个，每个断面上的测点不少于 3 个，如图 6.1 所示。侧向绕渗观测的测点可设在岸墙、翼墙的填土侧，对于水位变化频繁或黏性土地基上的水闸，应尽量采用渗压计。扬压力观测的时间和次数根据上、下游水位变化情况确定。

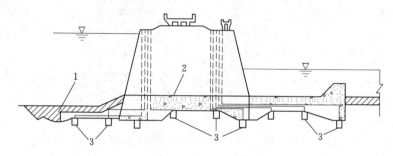

图 6.1　水闸闸基扬压力测点布置示意图
1—铺盖；2—闸接板；3—测点

第六节　堤防与穿堤建筑物的检查监测

沿河、渠、湖、海岸边缘修筑的挡水建筑物称为堤防。

堤防按其修筑的位置不同，可分为河堤、江堤、湖堤、海堤以及水库、蓄滞洪区低洼地区的围堤等。河堤是将洪水限制在行洪道内，防止洪水泛滥，保护堤外居民和工农业生产的设施。

按其功能可分为干堤、支堤、子堤、遥堤、隔堤、行洪堤、防洪堤、围堤（圩垸）、防浪堤等。

按建筑材料可分为土堤、石堤、土石混合堤和混凝土防洪墙等。

一、堤防工程的安全特性

堤防工程安全涉及堤身、堤岸防护工程以及穿堤建筑物安全，与土石坝有相似之处，但从安全管理角度来看则又有很大区别，主要表现在以下方面。

（1）堤防多是在民埝基础上逐渐加高形成的，大多未经过地质勘探和地基处理，填筑质量也未严格控制，并且经历多次抢险、动物破坏、重修，堤身堤基情况非常复杂。

（2）从安全监测角度看，堤防高度低但轴线长，水文地质条件、隐患分布沿线变化大，受监测技术、经费以及管理条件的限制，在土石坝上成功使用的监测技术在堤防上却难以操作。

（3）从运行条件看，水库水位的控制可以人为调节，而堤防虽然临河水位作用水头较小，但是其水位和河势却难以做到有效调控，呈现河水来去迅猛、河势多变的特点。

（4）从安全保障措施来看，堤防隐患分布及发生险情的随机性，增加了查险、抢险等人为非工程措施在堤防安全保障中所占比例。

（5）河水水流方向与堤防平行，河堤、江堤等受动水作用，洪水产生冲刷，清水产生淘刷，甚至中小洪水也会直接影响堤防安全。

（6）堤防除了要抵御水流冲刷、渗透等作用外，还须对抗风浪及海潮侵袭。

（7）堤防工程防守战线长、隐患类型多，给检查监测带来很多困难。

二、堤防日常检查项目

土质堤防检查部位包括堤顶、堤防迎水坡、背水坡、滩地与堤脚、堤后坑塘与田地等。检查项目与土坝类似，一般检查项目如下。

（1）检查堤身有无裂缝、漏洞及陷坑、滑坡等，堤表土坡有无塌陷、雨淋坑、冲沟等现象，堤身有无挖坑、取土和耕作，护坡草皮和防护林是否完好。

（2）临水坡坡面防护设施完好程度检查，有无护坡损坏、垫层掏空等现象，护坡等有无开裂、错动等现象。

（3）检查堤背、堤脚是否有严重渗水，渗水是清水还是浑水，出逸点高度。

（4）堤后坑塘中水面是否出现翻花鼓泡，水中带沙、冒泡等管涌特征；堤背侧地面隆起（牛皮包、软包）、膨胀、浮动和断裂等现象也是产生管涌的前兆。

（5）护岸、护滩工程有无冲刷和坍塌，是否有滩地崩岸逼近堤脚，堤脚是否有损坏危险，河道水流有无变化，险工是否有上提下挫。

（6）有无生物损害，如鼠洞、白蚁窝等。

三、穿堤建筑物周边日常检查项目

穿堤建筑物损坏或接触渗漏是堤防工程出险的主要原因。加强观察与检查，及时分析堤身、堤基渗透压力变化，即可分析判定是否有接触渗漏险情发生。一般应注意检查观察以下几个方面。

（1）查看建筑物背水侧渠道内水位的变化，也可做一些水位标志进行观测，帮助判别是否产生接触渗漏。

（2）查看堤背侧渠道水是否浑浊，并判定浑水是从何处流进的，仔细检查各接触带出口处是否有浑水流出。

（3）建筑物轮廓线周边与土结合部位处于水下，可能在水面产生冒泡或浑水，应仔细观察，必要时可进行人工探摸。

（4）接触带位于水上部分，在结合缝处（如八字墙与土体结合缝）有水渗出，说明墙与土体间产生了接触渗漏，应及早处理。

四、汛期堤防险情巡查

堤防工程防守线长面广，堤防及穿堤建筑物周围在汛期高水位时可能出现渗漏、裂缝、滑坡等险情，所以除一般的检查监测措施外，在汛期特别是高水位时应加强巡堤查险。

1. 巡查时机

巡堤查险工作应连续进行，日夜不断。可根据工情和水情间隔一定时间派出巡查小组，以便保证及时发现险情、及时抢护。

2. 巡查部位及项目

巡堤查险时，对堤防的临水坡、背水坡和堤顶要一样重视。

巡查临水坡时要不断用探水杆探查，借助波浪的间歇查看堤坡有无裂缝、塌陷、滑坡、洞穴等险情，观察水面有无漩涡等异常现象。在风大流急、顺堤行洪和水位骤降时，要注意岸坡有无崩塌现象。

背水坡的巡查往往易被忽视，尤应注意。在背水坡巡查时要注意有无散浸、管涌、流土、裂缝、滑坡等险情。

对背河堤脚外 50～100m 范围内地面的积水坑塘也要注意巡查，检查有无管涌、流土等，并注意观测渗漏的发展情况。

堤顶巡查主要观察有无裂缝及穿堤建筑物的土石结合部有无异常情况。

3. 巡查方法

巡查人员每组一般为 5～7 人。出发巡查时，应按迎水坡水面线、堤顶、背水坡、堤腰、堤脚成横排分布前进，严禁出现空白点。根据经验，要注意"五时"，做好"五到"，掌握好"三清""三快"。

"五时"含义如下。

（1）黎明时。此时查险人员困乏，精力不集中。

（2）吃饭换班时。交接制度不严格，巡查易间断。

（3）天黑时。巡查人员看不清，且注意力集中在行走道路上，险情难以发现。

（4）刮风下雨时。注意力难集中，险情往往为风雨所掩盖。

（5）河道水位降落时。此时紧张心情缓解，思想易麻痹。

"五到"是指：巡查时要做到眼到、手到、耳到、脚到、工具物料随人到。脚到指借助脚走的实际感觉来判断险情。

"三清"是指：险情要查清，辨别真伪以及出险原因；要说清出险时间、地点、现象等；报警信号要记清，以便及时组织力量，针对险情特点进行抢险。

"三快"含义如下。

（1）发现险情要快。巡堤查险时要及时发现险情，争取把险情消灭在萌芽状态。

（2）报告险情要快。发现险情，无论大小都要尽快向上级报告，以便上级掌握出险情况，迅速采取有力的抢护措施。

（3）抢护快。凡发现险情，均应立即组织力量及时抢护，以免小险发展成大患，增加抢险的难度和危险。

五、堤防工程监测

堤防工程的监测项目包括：堤身垂直位移、水平位移；水位、潮位；堤身浸润线；堤基渗透压力、渗流流量等。观测方法同土石坝。

第七节　监测资料的整编与分析

对水工建筑物进行的各种观测项目，为工程运行工况提供了第一手资料。取得这些资料后还须去粗取精、去伪存真、由此及彼、由表及里，进行科学的整理分析，才能作出正确的判断，获得规律性的认识。

通过对观测资料的分析，了解各个建筑物的状态，掌握工程运用的规律，确定维修措施，改善运行状况，从而保证工程安全，发挥其应有的效益。对观测资料进行科学的整理分析，对于管好用好水利工程、保证水利工程安全运用、充分发挥效益具有重要的意义。

观测取得的数据是客观实际的反映。但是，每个观测项目所布置的测点数量总是有限的，测次一般有一定的间隔时间，与其相关的因素也是多样的，而且实测数据不可避免地带有特定的误差。因此，必须通过科学的分析整理，才能掌握客观规律性和与影响因素的相关关系，获得符合实际的理性认识。

一、监测资料整编

监测资料整编分为平时资料整理与定期整编刊印。

1. 平时资料整理

平时资料整理是一种经常性工作，重点是计算、查证原始观测数据的可靠性与准确性。如有异常或疑点应及时复测、确认；如影响工程安全运行应及时上报主管部门。

平时资料整理应做好原始观测数据的检验、计算、填表和绘图。根据图表和有关资料，分析各监测量的变化规律和趋势，判断有无异常的观测值。

对于经检验分析初步判定为异常的观测值，应先检查计算有无错误、量测系统有无故障。如未发现疑点，则应及时重测一次，以验证观测值的真实性。经多方面比较判断，确信该监测值为异常值时，应立即向主管人员报告。

2. 定期整编与刊印

定期整编和刊印是在平时资料整理的基础上，按规定时段对监测资料进行全面整理、汇编和分析，并附以简要安全分析意见和编印说明后刊印成册。整编时段，在施工期和初蓄期，视工程施工或蓄水进程而定，最长不超过 1a；在运行期，一般以 1～5a 为宜，其中的整编工作应至少每年做一次，刊印时段可视具体情况，但最长不得超过 5a。

二、观测成果的分析

原始的观测成果往往只展示了工程的直观表象，要深刻地揭示规律和作出判断，从繁多的监测数据中找出关键问题，还必须对观测数据进行检验、剖析、提炼和概括，这就是监测资料分析工作。

观测成果的分析是一项细致而又复杂的工作，要以科学的态度去认真进行。使用计算机，应用比较法、作图法、特征值统计法及数学模型法等数理统计方法，对观测成果进行定量分析，掌握工程现状与运行规律。使用数学模型法做定量分析时，应同时用其他方法进行定性分析，加以验证。

应了解分析各监测物理量的大小、变化规律及原因量与效应量之间（或几个效应量之间）的关系和相关程度。有条件时，还应建立原因量与效应量之间的数学模型。在此基础上应判断各监测物理量的变化和趋势是否正常，是否符合技术要求，并应对各项监测成果进行综合分析，评估工程的工作状态。

资料分析的项目、内容和方法应根据实际情况而定，但对于变形量、渗漏量、扬压力（扬压力非建筑物基本荷载者除外）及巡视检查的资料必须进行分析。第一次蓄水时的分析工作可酌情处理；反映工况如建筑物稳定性和整体性，灌浆帷幕、排水系统和止水工作的效能，经过特殊处理的地基工况等的监测成果，应与设计预期效果相比较。

对于主要监测物理量宜建立数学模型并适时修正，借以解释监测量的变化规律，预报将来的变化，并确定技术警戒范围。应分析各监测量的大小、变化规律及趋势，揭示工程的缺陷和不安全因素。分析完毕后应对工程工作状态作出评估。

监测资料分析的主要步骤可归纳为图 6.2。

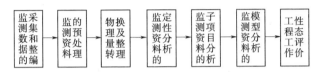

图 6.2　监测资料分析的主要步骤

第八节　水利工程安全评价

一、安全评价周期

水利工程安全评价周期应根据工程级别、类型、运行历史等来确定。法规与标准规定内容如下。

（1）《水库大坝安全鉴定办法》（水建管〔2003〕271 号）第五条规定：大坝实行定期安全鉴定制度，首次安全鉴定应在竣工验收后 5a 内进行，以后应每隔 6～10a 进行一次。运行中遭遇特大洪水、强烈地震、工程发生重大事故或出现影响安全的异常现象后，应组织专门的安全鉴定。

（2）《水闸安全鉴定管理办法》（水建管〔2008〕214 号）第三条规定：水闸实行定期安全鉴定制度。首次安全鉴定应在竣工验收后 5a 内进行，以后应每隔 10a 进行一次全面安全鉴定。运行中遭遇超标准洪水、强烈地震、增水高度超过校核潮位的风暴潮、工程发生重大事故后，应及时进行安全检查，如出现影响安全的异常现象的，应及时进行安全鉴定。闸门等单项工程达到折旧年限，应按有关规定和规范适时进行单项安全鉴定。

（3）《堤防工程安全评价导则》（SL/Z 679—2015）规定：堤防工程应根据堤防级别类型、历史和保护区经济发展状况等定期进行安全评价；出现较大洪水、发现严重隐患的堤防应及时进行安全评价。

（4）《泵站安全鉴定规程》（SL 316—2015）规定：泵站全面安全鉴定周期为：建成投入运行达到 20～25a；全面更新改造后投入运行达到 15～20a；前面两项规定的时间之后 5～10a。泵站出现下列情况之一，应进行全面安全鉴定或专项安全鉴定：拟列入更新改造计划；需要扩建增容；建筑物发生较大险情；主机组与其他主要设备状态恶化；规划的水情、工情发生较大变化，影响安全运行；遭遇超设计标准的洪水、地震等严重自然灾害；按《灌排泵站机电设备报废标准》（SL 510—2011）的规定，设备需报废的；有其他需要的。

二、安全鉴定的范围与工作内容

（一）水库大坝安全鉴定

1. 大坝安全鉴定范围

大坝安全鉴定的范围包括永久性挡水建筑物，以及与其配合运用的泄洪、输水和过船等建筑物。

2. 大坝安全鉴定任务

大坝安全鉴定任务包括现场安全检查、大坝安全评价、大坝安全鉴定技术审查和提出大坝安全鉴定意见等内容。

现场安全检查包括查阅工程勘察设计、施工与运行资料，对大坝外观状况、结构安全情况、运行管理条件等进行全面检查和评估，并提出大坝安全评价工作的重点和建议，编制大坝现场安全检查报告。

大坝安全评价包括工程质量评价、大坝运行管理评价、防洪标准复核、大坝结构安全、稳定评价、渗流安全评价、抗震安全复核、金属结构安全评价和大坝安全综合评价等。大坝安全评价过程中，应根据需要补充地质勘探与土工试验，补充混凝土与金属结构检测，对重要工程隐患进行探测等。

大坝安全评价单位负责对大坝安全状况进行分析评价，并提出大坝安全评价报告。大坝安全鉴定委员会负责审查大坝安全评价报告，通过大坝安全鉴定报告书。

（二）水闸工程

1. 鉴定范围

安全评价范围包括：闸室；上、下游连接段；闸门；启闭机；机电设备；管理范围内的上下游河道、堤防；管理设施和其他与水闸工程安全有关的挡水建筑物。

2. 水闸安全鉴定任务

水闸安全评价包括现状调查、安全检测、安全复核和安全评价等。

水闸工程现状调查内容包括工程技术资料收集、现场检查和现状调查分析。

安全检测项目应根据现状调查分析报告，结合工程运行情况和影响因素综合研究确定。水闸安全检测项目包括：①地基土、回填土的工程性质；②防渗、导渗与消能防冲设施的完整性和有效性；③砌体结构的完整性和安全性；④混凝土与钢筋混凝土结构的耐久性；⑤金属结构的安全性；⑥机电设备的可靠性；⑦监测设施的有效性；⑧其他有关设施专项测试。

水闸安全复核包括防洪标准、渗流安全、结构安全、抗震安全、金属结构安全、机电设备安全等。

（三）泵站工程

1. 鉴定范围

泵站安全鉴定包括全面安全鉴定和专项安全鉴定。全面安全鉴定范围包括建筑物、机电设备、金属结构等；专项安全鉴定范围为全面安全鉴定的一项或多项。

2. 泵站安全鉴定任务

泵站安全鉴定任务包括现状调查分析、现场安全检测、工程复核计算分析等。

泵站现状调查分析包括：原设计、施工资料调查分析；更新改造资料调查分析；运行与技术管理资料调查分析；泵站所在地及受益区的水文、水情及规划资料调查分析；其他相关资料调查分析等。

现场安全检测部位包括建筑物、机电设备、金属结构等。

工程复核计算分析包括：泵站工程规模复核；建筑物复核与评价、机电设备复核、金属结构复核计算等。

（四）堤防工程

1. 鉴定范围

堤防本体、堤岸（坡）防护工程，交叉建筑物。

2. 堤防安全鉴定任务

堤防安全鉴定任务包括基础资料收集、运行管理评价、工程质量评价、防洪标准复核、渗流安全复核、结构安全复核等。

（1）基础资料搜集应包括堤防工程（含改扩建、除险加固）设计、施工、运行管理以及堤防保护区、水文气象、地形、地质等有关技术经济资料，通过查阅技术档案、现场查勘、走访当事人和当地群众等方式收集。

（2）运行管理评价是对堤防投入运行后的管理工作进行全面的检查和评价。

（3）工程质量评价是应用现场巡视检查、历史资料分析、勘探试验等方法，对堤基、堤身、堤岸（坡）防护工程等质量进行评价。

（4）防洪标准复核应根据最新技术经济资料和堤防工程现状，复核防洪标准、设计洪（潮）水位以及堤顶高程等，评价现状堤防是否满足现行有关标准的防洪要求。

（5）渗流安全性复核应分析当前实际渗流状态和已有渗流控制设施能否满足设计条件下的渗流安全性要求。应对堤防运行过程中背水侧地面、堤脚、堤坡曾发生过或可能发生渗水、管涌的堤段进行渗流安全性复核，并应判明渗流异常的原因。可借助隐患探测、抽水试验等手段测试。

（6）堤防结构安全性复核是分析堤防现状能否满足设计条件下的结构安全性要求。复核重点应为运行中曾出现或可能出现结构失稳的险工、险段。根据堤防结构及其失稳模式的特点确定复核部位和工况，并应分析防渗体、排渗体失效或部分失效对结构安全性的影响。

三、工程安全评价

（一）大坝安全状况评价

大坝安全状况分为三类，分类标准如下。

一类坝：实际抗御洪水标准达到《防洪标准》（GB 50201—2014）规定，大坝工作状态正常；工程无重大质量问题，能按设计正常运行的大坝。

二类坝：实际抗御洪水标准不低于部颁水利枢纽工程除险加固近期非常运用洪水标准，但达不到《防洪标准》（GB 50201—2014）规定；大坝工作状态基本正常，在一定控制运用条件下能安全运行的大坝。

三类坝：实际抗御洪水标准低于部颁水利枢纽工程除险加固近期非常运用洪水标准，或者工程存在较严重安全隐患，不能按设计正常运行的大坝。

（二）水闸工程

水闸安全类别可划分为以下四类。

一类闸：运用指标能达到设计标准，无影响正常运行的缺陷，按常规维修养护即可保证正常运行。

二类闸：运用指标基本达到设计标准，工程存在一定损坏，经大修后可正常运行。

三类闸：运用指标达不到设计标准，工程存在严重损坏，经除险加固后才能正常运行。

四类闸：运用指标无法达到设计标准，工程存在严重安全问题，需降低标准运用或报废重建。

（三）泵站工程

依据工程复核计算分析与评价结论分别对泵站单个建筑物、单项机电设备和单项金属结构等逐一进行安全类别评定。

1. 建筑物安全类别评定

一类建筑物：结构完整，运用指标达到设计标准，技术状态良好，无影响安全运行的缺陷，满足安全运用的要求。

二类建筑物：运用指标基本达到设计标准，结构基本完整，技术状态较好，建筑物虽存在一定损坏，但不影响安全运用。

三类建筑物：运用指标达不到设计标准，建筑物存在严重损坏，但经加固改造能保证安全运用。

四类建筑物：运用指标无法达到设计标准，技术状态差，建筑物存在严重安全问题，经加固改造也不能保证安全运用以及需降低标准运用或报废重建。

2. 机电设备、金属结构安全类别评定

一类设备：零部件完好齐全，主要参数满足设计要求，技术状态良好，能保证安全运行。

二类设备：零部件齐全，主要参数基本满足设计要求，技术状态较好，设备虽存在一定缺陷，但不影响安全运行。

三类设备：设备的主要部件有损坏，主要参数达不到设计要求，技术状态较差，存在影响运行的缺陷或事故隐患，但经大修或更换元器件能保证安全运行。

四类设备：技术状态差，设备严重损坏，存在影响安全运行的重大缺陷或事故隐患，零部件不全，经大修或更换元器件也不能保证安全运行以及需要报废或淘汰的设备。

3. 泵站安全级别评定

根据泵站建筑物、机电设备和金属结构的安全类别评定结果评定。

（1）一类泵站。符合一类建筑物和一类设备条件，运用指标能达到设计标准，无影响安全运行的缺陷。

（2）二类泵站。符合二类建筑物和二类设备的条件，运用指标基本达到设计标准，建筑物和设备存在一定损坏或缺陷，经维修养护即可保证安全运行。

（3）三类泵站。符合三类建筑物或三类、四类设备的条件，运用指标达不到设计标准，建筑物或设备存在较大的损坏，经对建筑物加固改造或对主要设备进行大修、更换元器件、更新改造后，能保证安全运行。

（4）四类泵站。符合四类建筑物的条件，运用指标无法达到设计标准，建筑物存在严重安全问题，可降低标准运用或报废重建。

（四）堤防安全级别评定

堤防工程安全综合评价可分为三类：一类为安全，二类为基本安全，三类为不安全。

（1）一类堤防。堤防各项复核计算结果均为 A 级，且堤防工程管理和工程质量评价同为 A 级的，经日常养护修理即可在设计条件下正常运行。

（2）二类堤防。堤防各项复核计算结果、堤防运行管理和工程质量评价有一项及以上为 B 级，且无 C 级的。

（3）三类堤防。堤防各项复核计算结果以及堤防运行管理和工程质量评价结果有一项或以上为 C 级的。

四、鉴定结果的处理

1. 大坝

鉴定组织单位（即管理单位）应当根据大坝安全鉴定结果，采取相应的调度管理措施，加强大坝安全管理。对鉴定为二类坝、三类坝的水库，鉴定组织单位应当对可能出现的溃坝方式和对下游可能造成的损失进行评估，并采取除险加固、降等或报废等措施予以处理。在处理措施未落实或未完成之前，应制定保坝应急措施，并限制运用。对三类坝，应即立项，安排计划，进行除险加固，限期脱险。在未除险加固前，大坝管理单位应制定保坝应急措施。

2. 水闸

对水闸安全评价评定为二类、三类、四类的水闸，安全评价报告应提出处理建议与处理前的应急措施，并根据安全管理评价结果对工程管理提出建议。

3. 泵站

对安全类别为三类、四类的泵站，应提出大修、加固、更新改造、降低标准运用或报废重建的结论性意见。

4. 堤防

对二类堤防应有针对性地提出汛期查验、抢险工作的重点和局部加固处理意见；对三类堤防应提出除险加固方案建议。

第七章

水利工程养护与维修加固

第一节　概　　述

水利工程事故类型中，水库垮坝和堤防溃决造成的灾害较大，也是工程事故控制的主要目标。

水库壅高水位，储存大量水量，一旦垮坝，水势居高临下，洪峰流量远远大于入库洪水流量，决口难以封堵，后果是难以控制的。所以，对水库溃坝的应急管理，主要是采取预防措施，防患于未然；在事故发生初期采取抢险措施，避免溃坝。

堤防溃决虽然不像水库垮坝那样难以应付，但堤防一般都是在河道出现高水位时出险。所以，堤防事故应急管理同样强调预防和事故发生初期抢险。只有在前期预防和抢险失效出现决口的情况下才考虑堵口措施。

其他工程如溢洪道、引水闸门、涵管等穿堤建筑物等出险本身损失并不大，但有可能造成垮坝和溃堤。

水利工程养护与维修加固是事故应急管理预防阶段的主要措施。通过危险源评价和编制应急预案，充分了解工程结构、安全现状及存在问题；当检查监测发现工程存在安全隐患时，应及时维修加固；当工程达到危险状态，没有维修加固必要时，就要考虑拆除和重建。

通过工程运用过程中合理养护和及时维修加固，不但可以减少工程事故风险，而且可以保持工程完好率，延长工程寿命，提高工程效益，降低工程管理费用。

一、水利工程养护

水利工程养护是在工程运行与间歇期为保持工程完整状态和正常运用而进行的检查、试验、调整、简单清理、清扫等维护工作，对检查发现的工程缺陷或问题进行局部修补，并保持工程范围管理规范和设备清洁、操作灵活。

水利工程养护是经常、定期、有计划、有次序地进行的，分为日常养护和定期养护。日常保养由巡查、管理和操作者负责，每日小维护，每周大维护。定期保养是以维持工程设施设备的技术状况为主的保养形式，主要是针对设施易破坏部位修复，设备运动部位润滑、易损零部件的磨损与损坏进行修理或更换。定期保养以专业管理维修人员为主。

二、水工建筑物的维修加固

水工建筑物的维修加固是根据检查监测的结果，对劣化的工程材料构件予以替换，对损坏的工程部位予以维修加固，对磨损落后的设备进行更新改造，对设计标准偏低及在运行过程中工情和环境变化造成达不到现行安全标准的工程进行升级改造的工程措施。

工程维修一般可分为岁修、大修和抢修 3 种。

岁修是对汛前汛后检查发现的建筑物局部损坏而进行的小整修、局部改善。根据防汛需要、工程安全和投资决定岁修内容和工程规模。一般是在每年汛期结束后开始，第二年汛前完成，所以也称为"冬修"。

大修是工程发生较大损坏或老化，修复工程量较大，技术较复杂，必须有计划地进行加固、整修或局部改建才能恢复其功能。需制订修复计划，报批后实施。

水工建筑物的大修要求以检查监测结果为依据，因地制宜。对难以解决的某些特殊情况，应请设计、施工和科研等单位协商，确定处理措施，并及时进行观测，验证其效果。

抢修是指在工程设备、设施运行过程中突然发生事故，建筑物及设备受损坏危及运行安全时紧急进行的非计划检修工作。

维修加固的原则应贯彻"安全第一、预防为主、应修必修、修必修好"的检修管理方针，努力推行状态检修，既反对该修的不修，又防止盲目大拆大换，浪费资财，要使检修工作有计划、有重点地进行，保证工程的正常运行。

第二节 土石坝的养护与维修加固

从对已失事大坝的破坏原因和运行大坝的病害分析中可以看出，土石坝维护与加固重点在于处理大坝渗漏，其次是大坝的裂缝和滑坡。

由于堤防工程一般为土石结构，其养护要求、故障与病害类型也与土石坝相同，故堤防养护与维修加固包含在此节中，不再单独叙述。

一、土石坝的日常维护

土石坝日常维护工作的主要内容如下。

（1）严禁在坝顶、坝坡及戗台上堆放重物，建筑房屋，敷设水管，行驶重量、振动较大的机械车辆，以免引起不均匀沉陷或滑坡破坏。

（2）不得利用护坡作装卸码头，靠近护坡不得停泊船只、木筏，更不允许船只高速行驶，对坝前较大的漂浮物应及时打捞，以保护护坡的完整。

（3）在对土石坝安全有影响的范围内，不准任意挖坑、建塘、打井、爆破、炸鱼或进行其他对工程有害的活动，以免造成土坝裂缝、滑坡和渗漏。

（4）不得在坝面上种植树木、农作物，严禁放牧、铲草皮以及搬动护坡的砂石材料，以防止水土流失、坝面干裂和出现其他损害。

（5）在下游导渗设备上不能随意搬动砂、石材料以及进行打桩、钻孔等损坏工程结构的活动，并应避免河水倒灌和破坏反滤造成回流冲刷。

（6）经常保持坝顶、坝坡、戗台、防浪墙的完整，对表面的坍塌、隆起、细微裂缝、雨水冲沟、蚁穴兽洞，应加强检查，及时养护修理。护坡砌石如有松动、风化、冻毁或被风浪冲击损坏，应及时更新修复，保证坝面完整清洁、坝体轮廓清楚。

（7）经常保持坝面和坝端山坡排水设施的完整，经常清淤，保证排水畅通。

（8）正确地控制库水位，务必使各时期水位及其降落速度符合设计要求，以免引起土坝上游坡滑坡。

（9）注意各种观测仪器和其他设备的维护，如灯柱、线管、栏杆、标点盖等，应定期涂刷油漆，防锈防腐。

（10）寒冷地区，冰冻前应消除坝面排水系统内的积水，每逢下雪，应将坝顶、台阶及其他不应积雪部位的积雪扫除干净，以防冻胀、冻裂破坏。

二、土石坝渗漏与处理

水库蓄水后，在水压力的作用下渗漏现象是不可避免的。但对于渗流量较大、水质浑浊的异常渗漏，一经发现必须立即查清原因，及时采取处理措施，防止事故扩大。

（一）土石坝的渗漏途径及其危害性

1. 渗漏途径

土石坝渗漏除沿地基中的断层破碎带或岩溶地层向下游渗漏外，一般均沿坝身土料、坝基土体、穿坝（堤）建筑物周边或岸坡接触带及绕过坝肩渗向下游，即坝身渗漏、坝基渗漏、接触渗漏及绕坝渗漏。

土坝渗漏的常见形式有散浸、集中渗漏、管涌等。坝体浸润线抬高，渗漏的逸出点超过排水体的顶部，下游坝坡呈大片湿润状态的现象称为散浸；下游坝坡、结构物周边、地基或两岸出现成股水流涌出的现象，则称为集中渗漏；坝体中的集中渗漏，逐渐带走坝体中的土粒，自然形成管涌；若没有反滤保护（或反滤设计不当），渗流将把土粒带走，淘成孔穴，逐渐形成塌坑。

2. 土石坝渗漏过大的危害

土石坝渗漏过大时将造成以下危害。

（1）损失蓄水量。一般正常的渗漏损失水量很小，水库设计时已给予考虑。如果出现意外渗漏，可能大量损失水量，影响工程效益，甚至无法蓄水。

（2）抬高浸润线。严重的坝身、坝基或绕坝渗漏常会导致土石坝坝身浸润线抬高，使下游坝坡出现散浸现象，降低坝体的抗剪强度，可能造成坝体滑坡。

（3）渗透破坏。渗流通过坝身或坝基时，若渗流的渗透坡降大于临界坡降，将使土体发生管涌或流土等渗透变形，产生集中渗漏，严重时可能导致土坝失事。

（二）土石坝渗漏的原因

造成土石坝渗漏的主要原因有以下几个方面。

（1）对坝基与坝肩勘探不够详细，没有发现渗漏隐患，或坝基与坝肩防渗处理方案不合理，或防渗施工质量不佳，会造成坝基渗漏或绕坝渗漏。

（2）防渗体（斜墙和心墙）设计不合理，坝身尺寸单薄，特别是塑性斜墙或心墙厚度不够，使渗流水力坡降过大，造成心墙（斜墙）被击穿而引起坝体渗漏。

（3）反滤层施工质量不好，渗流使土料带出，在防渗体内逐渐形成集中渗流。

（4）坝体施工质量差，如土料含砂砾太多，透水性过大，或者在分层填筑时已压实的土层表面未经刨毛处理，致使上下土层结合不良；或铺土层过厚，碾压不实；或分区填筑的结合部少压或漏压等。施工过程中在坝体内形成薄弱夹层和漏水通道，从而造成渗水从下游坡逸出，形成散浸或集中渗漏。

（5）冬季施工中，填土碾压前冻土层没有彻底处理，或把大量冻土填入坝内，形成软弱夹层，发展成坝体渗漏的通道。

（6）坝体不均匀沉陷引起横向裂缝；或坝体与两岸接头不好而形成渗漏途径；或坝下压力涵管周围不均匀沉陷产生接触渗漏。在渗流的作用下，发展成管涌或集中渗漏的通道。

（7）管理工作中，对白蚁、獾、鼠等动物在坝体内的孔穴未能及时发现并进行处理，以致发展成为集中渗漏通道。

（8）排水体在施工时未按设计要求选用反滤料或铺设的反滤料层间混乱，或被削坡弃土或者下游洪水倒灌带来的泥沙堵塞等原因造成坝后排水体失效，或因排水体设计断面太小，排水体顶部不够高，导致渗水从排水体上部逸出坝坡等。排水体失效虽不增加渗漏水量，但可引起浸润线抬高。

（三）土石坝坝体与坝基渗漏的处理方法

土石坝渗漏处理的具体原则为"上堵下排"。"上堵"即在坝轴线上游部位坝身或地基采取措施，堵截渗漏途径，防止入渗，或延长渗径，降低渗透坡降，减少渗透流量；"下排"即在下游做好排水和导渗设施，将坝内渗水尽可能安全地排出坝外而又不挟带土粒，以达到渗透稳定、保证工程安全运用的目的。

土石坝渗漏的处理应根据渗漏的原因，结合具体情况，采取针对性措施。

1. 斜墙（铺盖）法

在上游坝坡和库底补做或加固原有防渗斜墙和防渗铺盖，堵截渗流，防止渗漏。斜墙法适用于斜墙坝和面板坝的基础渗漏，对于大坝施工质量差，造成了严重管涌、塌坑、斜墙被击穿、浸润线及其逸出点抬高、坝身普遍漏水，及坝端岸坡岩石裂隙较多，节理发育，或岸坡岩石为石灰岩，存在溶洞，产生绕坝渗流等情况有效。

按照所用材料的不同，分为黏土斜墙、沥青混凝土斜墙及土工膜防渗斜墙。

（1）黏土防渗斜墙与防渗铺盖。修筑黏土斜墙时，一般应放空水库，揭开护坡，铲去表土，挖松 $10\sim15\mathrm{cm}$，并清除坝身含水量过大的土体，再填筑与原斜墙相同的黏土，分层夯实，使新旧土层结合良好。斜墙底部应修筑截水槽，深入坝基至相对不透水层，如图 7.1 所示。

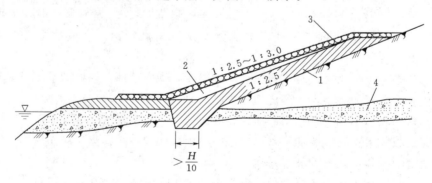

图 7.1　采用黏土贴坡斜墙处理土坝渗漏
1—黏土贴坡斜墙；2—保护层；3—护坡；4—透水层

如果坝身渗漏不太严重，且主要是施工质量较差引起的，则不必另做新斜墙，只需降低水位，使渗漏部分全部露出水面，将原坝上游土料翻筑夯实即可。

对于坝体上游坡形成塌坑或漏水喇叭口而其他部位尚好的情况下，可将塌坑或漏水喇叭口局部开挖并回填黏土，做成黏土贴坡。同时在漏水口处预埋灌浆管，进行压力灌浆，封堵漏水通道，如图 7.2 所示。

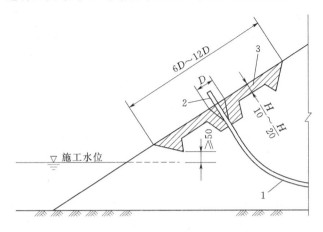

图 7.2 塌坑与漏水喇叭口处理示意图（单位：cm）

D—漏水喇叭口直径；H—设计水头；

1—漏水通道；2—预埋灌浆管；3—黏土铺盖（夯实）

黏土铺盖是在坝上游地基面分层碾压黏土而成的防渗层。防渗铺盖遭到破坏，或者是原有黏土铺盖防渗能力不足，坝基产生严重渗漏时，如果水库又可放空，可以在原有铺盖上用辗压法铺筑黏土铺盖。

当水库不能放空时，可用船只装运黏土至漏水部位，从水面向下均匀倒入水中，形成防渗层封堵渗漏部位，如图 7.3 所示。也可在坝顶用输泥管沿坝坡放淤（浑水）或输送泥浆在坝面淤积一防渗层，如图 7.4 所示。

（2）沥青混凝土斜墙。在缺乏合适的黏土土料时，可在上游坝坡加筑沥青混凝土斜墙。沥青混凝土几乎不透水，同时能适应坝体变形，不致开裂，抗震性能好，工程量小（厚度约为黏土斜墙的 $1/40\sim1/20$），投资省、工期短。我国在修筑沥青混凝土斜墙方面已积累了相当丰富的经验。

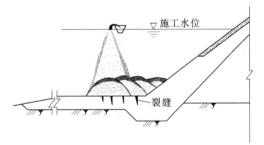

图 7.3 用水中倒土法封堵漏水

（3）土工膜防渗斜墙。成品土工膜的厚度一般为 $0.5\sim3.0$mm，它具有重量轻、运输量小、铺设方便的特点，而且具有柔性好，适应坝体变形，耐腐蚀，不怕鼠、獾、白蚁破坏等优点。当对土工膜有强度要求时，可将抗拉强度较高的绵纶布、尼龙布等作为加筋材料，与土工膜热压形成复合土工

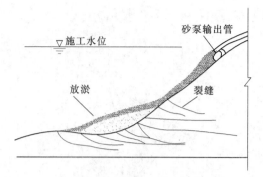

图 7.4　用输泥管放淤封堵漏水

膜。土工膜防渗墙与其他材料防渗斜墙相比，其施工简便，设备少，易于操作，节省造价，而且施工质量容易保证。

可将土工膜用沥青粘在迎水坡面倾斜面上，然后回填保护层土料。土工膜与坝基、岸坡、涵洞的连接以及土工膜本身的接缝处理是整体防渗效果的关键。沿迎水坡坝面与坝基、岸坡接触边线开挖梯形沟槽，然后埋入土工膜，用黏土回填；土工膜与坝内输水涵管连接，可在涵管与土坝迎水坡相接段增加一个混凝土截水环。

2. 灌浆法堵漏

灌浆法的主要优点是水库不需要放空，可在正常运用条件下施工，工程量小、设备简单，技术要求不复杂，造价低，易于就地取材。灌浆法分为帷幕灌浆法、高压喷射灌浆法和劈裂灌浆法。

（1）帷幕灌浆法。帷幕灌浆法是从坝顶钻孔（可达基岩下一定深度），灌浆充填土中孔隙，在坝内形成一道灌浆帷幕，阻断渗漏通道。适用于均质土坝及心墙坝中较深的裂缝处理，或者地基中有大石块，修建防渗墙困难时。也可以用来处理建筑物周边接触渗漏，或基岩节理发育，岩石破碎等渗漏处理。

灌注的浆液一般有黏土浆、水泥浆、水泥黏土浆、化学灌浆材料等。在砂砾石地基中，多采用水泥黏土浆，对于中砂、细砂和粉砂层，可酌情采用黏土浆。

（2）高压喷射灌浆。高压喷射灌浆是采用高压射流冲击破坏被灌地层结构，使浆液与被灌地层的土砂颗粒掺混，形成设计要求的凝结体。除沟槽掺搅形成凝结体外，浆液向沟槽两侧射流切割缝槽体孔隙渗透，形成凝结过渡层，也有着较好的防渗性。

高压喷射灌浆分为定喷、旋喷和摆喷 3 种工艺，可形成不同厚度的防渗墙体。适用于在各种松散地层（如砂层、淤泥、黏性土、壤土层和砂砾层）中构筑防渗体。能在狭窄场地、不影响建筑物上部结构条件下施工。与其他基础处理技术相比，具有适用范围广、设备简单、施工方便、工效高、有较好的耐久性、料源广、价格低等优点。但对于裂隙岩体和直径大于 5cm 的砾卵石层效果不佳。

（3）劈裂灌浆法。劈裂灌浆法是沿坝轴线方向密钻孔，相邻多孔同时加压灌浆，利用"群孔效应"劈裂坝体并充填泥浆或水泥黏土浆，从而形成连续的浆体防渗帷幕。土坝坝体沿坝轴线劈裂灌浆后，在泥浆自重和浆、坝互压的作用下，固结而成为与坝体牢固结合的防渗墙体，堵截渗漏；与劈裂缝贯通的原有裂隙及孔洞在灌浆中得到充填，通过浆、坝互压和干松土体的湿陷作用，部分坝体得到压密，可提高坝体的密实性与变形稳定性。

劈裂灌浆具有设备简单和工期短、投资省、效果好等优点。根据经验，浆脉厚度一般为 5～20cm 即可满足要求。劈裂灌浆裂缝的扩展是多次灌浆形成的，浆脉也是逐次加厚的。一般单孔灌浆次数不少于 5 次，有时多达 10 次，每次劈裂宽度较小，可以确保坝体安全。

劈裂灌浆适用于均质坝及宽心墙坝，当坝体比较松散、渗漏、裂缝众多或很深的情况下可得到很好的应用；在窄心墙坝体、堤坝地基、湿陷性黄土宽顶坝、砂坝及软土地基加固等方面也取得很好效果。

劈裂灌浆对解决下列问题效果较好。

（1）坝体铺土过厚，分层分段施工碾压不实，土质疏松，存在架空现象。

（2）坝体浸润线较高，坝后坡存在大面积湿润，或有管涌、流土破坏现象。

（3）坝体出现不均匀沉陷的横向裂缝、软弱带、透水砂层或较多的蚁穴兽洞等隐患。

3. 防渗墙法

防渗墙法即用一定的机具，按照相应的方式造孔，然后在孔内填筑防渗材料，在地基或坝体内形成一道防渗墙体来达到防渗的目的。此法可以在不降低水库水位的情况下施工，可处理坝基透水、坝体透水等。

防渗墙种类很多，表 7.1 列出一部分常用类型。可根据渗漏原因及条件选用。

（1）塑性混凝土防渗墙法。塑性混凝土是用黄土或膨润土代替部分水泥制成的混凝土，其具有黏聚性、保水性好等特点。塑性混凝土强度略低，抗渗性好，

表 7.1　防渗墙分类

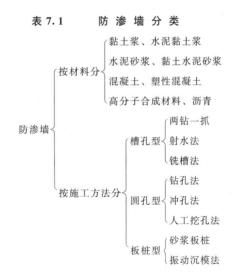

防渗墙
- 按材料分
  - 黏土浆、水泥黏土浆
  - 水泥砂浆、黏土水泥砂浆
  - 混凝土、塑性混凝土
  - 高分子合成材料、沥青
- 按施工方法分
  - 槽孔型
    - 两钻一抓
    - 射水法
    - 铣槽法
  - 圆孔型
    - 钻孔法
    - 冲孔法
    - 人工挖孔法
  - 板桩型
    - 砂浆板桩
    - 振动沉模法

弹性模量小，变形性能好，能适应土石材料的沉陷变形，是目前土石坝防渗加固和堤防防渗处理最常用的材料。

塑性混凝土防渗墙按施工方法不同，可分为槽孔式、桩墙式和振动沉模法等几种。

桩墙式防渗墙是用造孔机械（如冲击钻或回转钻）在坝身打孔，直径为 0.5～1.0m，在孔内浇筑塑性混凝土形成桩，将若干桩孔连成墙，形成一道整体混凝土防渗墙。这种防渗墙可以适应各种不同材料的坝体和复杂的地基。

槽孔式防渗墙即将防渗墙分段，每段槽孔长 8～20m，用造槽设备挖槽浇筑混凝土成墙。实行跳段施工，先打第一期槽孔浇筑塑性混凝土，等待一定时间再打第二期槽孔。槽孔施工常用"两钻一抓"法、射水法、铣槽法等。防渗墙的厚度一般为 0.2～0.6m。墙底应嵌入基岩不小于 0.5m 以加强连接，两端与岸坡防渗设施或岸边基岩相连接。

振动沉模防渗板墙技术，是利用强力振动设备将两块空腹模板 A、B 交替沉入土中，向空腹内注满浆液，边振动边拔模，浆液留于槽孔中固结形成单块板墙，将单板连接起来，即形成连续的防渗板墙帷幕。空腹模板 A、B 侧边带有锁口装置，可保证连接紧密。施工顺序是：打入 A 板→紧贴 A 板打入 B 板→向 A 板空腹内注浆液振动拔模→将 A 板紧贴 B 板打入→向 B 板空腹内注浆液振动拔模，以此类推。该项技术主要用于砂、砂性土、黏性土、淤泥质土及砂砾石地层建造混凝土连续防渗墙，造墙深度可达 20m 左右，厚度 8～25cm。其对卵石含量高的厚地层沉入困难，不能沉入基岩和大块石中。目前，造墙深度尚不能超过 25m。

（2）砂浆板桩防渗墙法。将管底设有活门的灌浆管焊接在 20～40 号工字钢上，用振动锤将工字钢打入坝体，穿过渗透部位直达不透水层，然后用提升设备将工字钢慢慢拔出，同时从灌浆管将水泥砂浆（一般水泥与砂的体积比为 1：2）灌入工字钢拔起时所遗留出的空隙内，当工字钢全部拔出后，工字钢在地基中所遗留的空间全部灌满水泥砂浆，而后再重新打入工字钢，重复以上步骤。待浆液凝固后，地基中即形成一道水泥砂浆板桩防渗墙。也可以像振动沉模法一样，在工字钢侧边设置锁口装置，以利成墙。

（3）黏土防渗墙法。土坝坝体与坝基渗漏，可利用人工挖孔或机械在渗漏范围防渗体中造孔，用黏性土料分层回填夯实，形成一个连续的黏土防渗墙。在回填夯击时，对井壁土层挤压，使其井孔周围土体密实，从而达到防渗加固的目的。

在坝顶防渗墙轴线上用冲抓钻造孔，开孔直径一般要求在 110～120cm 内，孔深一般不超过 25m，过深易发生偏斜。第一钻孔达到设计深度后，对钻孔进行检查并清除孔底浮土碎石，然后回填符合设计要求的黏土。回填层厚 25～35cm，以铁夯或石夯夯实。而后，再打第二孔，相邻两孔之间应有一定的搭接宽度，以保证黏土防渗墙的有效厚度，如图 7.5 所示。具体厚度可由黏土允许水力坡降确定。

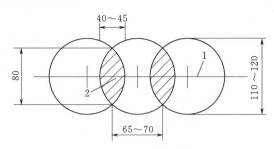

图 7.5　黏土防渗墙的有效厚度（单位：cm）

1—防渗墙轴线；2—搭接厚度

（4）垂直铺塑防渗墙法。垂直铺塑技术是运用专门开沟造槽的机械，开出一定宽度和深度的沟槽，同时在沟槽内铺设塑料薄膜和填以设计要求的回填料，经过填料的湿陷固结形成以塑料薄膜为主要幕体材料的复合防渗帷幕。

塑料薄膜具有良好的隔水性和柔韧性。垂直铺塑防渗墙具有连续、均质和适应变形能力强、防渗效果好、操作简单、投资省和工效高等特点。垂直铺膜不受紫外线和人畜的破坏，使用寿命长。但在砂基中开槽，槽壁容易塌落，宜用泥浆护壁。目前开挖的槽宽可做到仅 20cm，深度达 18m。对铺膜来说槽宽仍偏大，深度偏小，有待进一步改进。

（5）泥浆截水槽法。泥浆截水槽法是用索铲、抓铲、反铲或挖沟机等挖土机械在渗漏部位挖出一条窄槽，挖槽时用泥浆固壁，然后在槽内倒入不透水土料，即形成泥浆截水槽。这种方法适用于深度在 25～30m 以内的地基防渗中，其造价仅为混凝土防渗墙的 1/5，特别是深度小于 15m 的泥浆截水槽尤为经济。

4. 导渗法

上面几种方法均为坝身渗漏的"上堵"措施，目的是截流减渗，而导渗则为"下排"措施。

导渗法主要针对已经进入坝体的渗水，通过改善和加强坝体排渗能力，使渗水在不致引起渗透破坏的条件下，安全通畅地排出坝外。按具体情况不同，可采用以下几种形式。

（1）导渗沟法。这是治理散浸的一种方法。当坝体散浸不严重，不致引起坝坡失稳时，可在下游坝坡上采用导渗沟法处理。导渗沟在坝坡上可布置成垂直坝轴线的"I"形沟或"人"字形沟（一般为 45°角），也可布置成两者结合的"Y"形和"W"形沟，如图 7.6 所示。

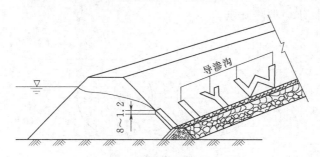

图 7.6　导渗沟平面形状示意图（单位：m）

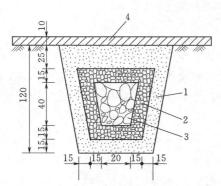

图 7.7　导渗沟断面（单位：cm）

1—砂；2—碎石；3—卵石；4—覆盖土

排水导渗沟是在坝坡面上开设浅沟，沟内用砂、砾、卵石或碎石按反滤原则回填。为使坝坡保持整齐美观，免受冲刷，导渗沟可做成暗沟，如图 7.7 所示。

为避免造成坝坡崩塌，不应采用平行坝轴线的纵向或类似纵向（如口形、T 形等）导渗沟。

（2）导渗砂槽法。对局部浸润线逸出点较高和坝坡渗漏较严重，而坝坡又较缓且具有褥垫式滤水设施的坝段，可用导渗砂槽处理。它具有较好的导渗性能，对降低坝体浸润线效果比较明显。其形状如图 7.8 所示。

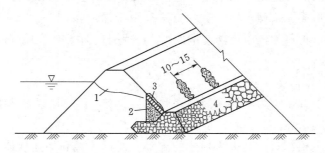

图 7.8　导渗砂槽示意图（单位：m）

1—浸润线；2—砂；3—回填土；4—滤水体

（3）贴坡排水法。贴坡排水法适用于坝面出现大面积较严重的渗漏，影响下游坝坡稳定的情况。将坝下游坡面原有护坡清理干净，铺设贴坡砂层，其顶部应略高于渗流出逸点，底部与坝体原来的排水体相连。贴坡砂层的顶部厚度不小于 0.5m，底部厚度不小于 0.8m。贴坡砂层的表面覆盖压坡体，顶部设保护层，如图 7.9 所示。

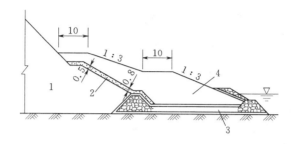

图 7.9　贴坡排水法示意图（单位：m）
1—原坝体；2—砂壳；3—排水设施；4—培厚坝体

5．排渗减压

（1）排渗沟法。当坝基渗漏造成坝后长期积水，使坝基湿软，承载力降低，或坝基有不太厚的弱透水层，坝后产生渗透破坏，而又无法在上游进行防渗处理时，则可在下游靠近坝趾处设置排渗沟排水减压。排渗沟一般离开坝脚一定距离，平行坝轴线布置，如图 7.10 所示。

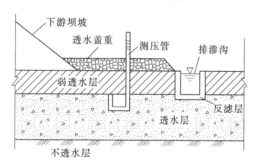

图 7.10　排渗沟示意图

均质透水层排渗沟需深入坝基 1～1.5m；对双层结构地基，应挖穿弱透水层，沟内按反滤材料设保护层；当弱透水层较厚时，可考虑设减压井导渗。

排渗沟一般做成明沟；但有时为防淤塞，也可做成暗沟：用无砂混凝土管或其他透水材料做成。

（2）减压井。在下游坝脚处设置减压井。减压井是每隔一定距离造孔穿过弱透水层深入强透水层一定深度而形成，其作用是防止坝趾下游形成沼泽化和产生管涌、流土等渗透破坏，并可降低坝体浸润线，增加坝坡的稳定性。适用于坝基上部为弱透水层，下部为强透水层，土坝上游铺盖遭到破坏或长度不足，又不能放空水库进行修补时，可把地基深层的承压水导出地面，以降低浸润线，防止坝基渗透变形。当坝基弱透水层覆盖较厚，开挖排水沟不经济，而且施工也较困难时，也可采用减压井，如图 7.11 所示。

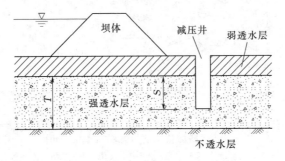

图 7.11　减压井示意图

（3）透水盖重。透水盖重是在坝体下游渗流出逸地段的适当范围内，先铺设反滤料垫层，然后填以石料或土料盖重。它既能使覆盖层土体中的渗水导出，又能给覆盖层土体一定的压重，抵抗渗压水头，故又称为压渗，如图 7.12 所示。

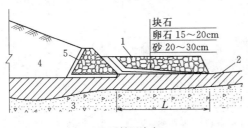

（a）石料压渗台

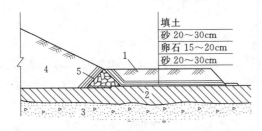

（b）土料压渗台

图 7.12　压渗台示意图

1—压渗台；2—覆盖层；3—透水层；
4—坝体；5—滤水体

（四）绕坝渗漏的处理

绕坝渗漏可能是沿坝与岸坡结合面的，也可能是坝端岸坡山体内的。绕坝渗漏将使岸坡坝段的浸润线升高，下游岸坡面出现散浸、软化和集中渗漏，影响到岸坡的稳定。

绕坝渗漏处理的基本原则仍是"上截"和"下排"，常用的方法有下列几种。

1. 截水槽法

当岸坡表面覆盖层或风化岩层较厚，且透水性较大时，可在岸坡上开挖深槽，切断覆盖层或风化层，直达不透水层，然后回填黏土或混凝土，做成防渗截水槽。

2．防渗斜墙（铺盖）法

当为均质坝或斜墙坝时，可将上游岸坡进行清理后修筑黏土斜墙来阻止绕坝渗漏。如果上游坝肩岸坡岩石轻微风化，但节理发育或山坡单薄，可以沿岸坡设置黏土铺盖来进行防渗。

3．堵塞回填法

岸坡裂缝和洞穴引起绕坝渗漏，则应将裂缝清理干净，对于较小的裂缝可用砂浆堵塞，对于较大的裂缝可用黏土回填夯实；对于与水库相通的洞穴，应先将洞穴清理干净，在上游面用黏土回填夯实，下游面按反滤原则堵塞，并用排水沟或排水管将渗水导向下游。

4．灌浆法

当坝端基岩裂隙发育，或存在砂卵石带渗漏严重时，可在坝端岸坡内进行灌浆处理，形成防渗帷幕。防渗帷幕应与坝体和坝基内防渗体相连，形成一个整体，如图 7.13 所示。

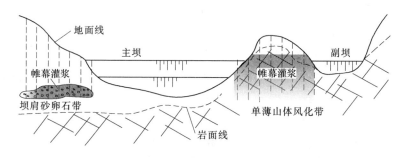

图 7.13　坝肩绕坝渗漏帷幕灌浆处理示意图

5．导渗排水法

绕坝渗漏在下游岸坡坡面出逸，可在出现散浸的岸坡地段铺设反滤排水，以防其进一步发展成为管涌或流土，也可以沿下游岸坡及坡脚处打排水孔集中排水。

三、土石坝的滑坡与处理

滑坡是指土质堤坝坝坡在一定的内外因素作用下失去稳定，上部滑塌，下部隆起，产生相对位移的现象。滑坡是土质堤坝常见的一种病害，有的是突然发生的，有的是先出现裂缝然后才产生滑坡的。一般开始在坝顶或坝坡上出现裂缝，裂缝开始发展较缓慢易被人忽视，但随后急剧发展形成滑坡。如能经常检查，发现问题及时采取预防措施，则损害将会大大减轻。否则将会影响水库安全，严重的也可能造成垮坝或堤防决口事故。

（一）滑坡的种类

土石坝滑坡种类划分见表7.2。

表7.2　滑坡种类

滑坡种类
- 按性质划分
  - 剪切破坏型滑坡
  - 塑流破坏型滑坡
  - 液化破坏型滑坡
- 按滑动面形状划分
  - 圆弧滑坡
  - 折线滑坡
  - 混合滑坡
- 按部位划分
  - 上游滑坡
  - 下游滑坡
- 按范围划分
  - 局部滑坡
  - 整体滑坡

1. 剪切破坏型滑坡

坝坡与坝基上部滑动体的下滑力超过了滑动面上的抗滑力，失去平衡向下滑移的现象即剪切性滑坡。剪切破坏滑坡最为常见，这类滑坡的主要特征为：滑动前在坝面出现一条平行于坝轴线的纵向裂缝，随裂缝的不断延伸和加宽，两端逐渐向下弯曲延伸形成曲线形。滑动时，主裂缝两侧相互错开，错距逐渐加大。同时，滑坡体下部出现带状或椭圆形隆起。末端向坝脚方向推移，如图 7.14 所示。初期发展较慢，后期突然加快，移动距离可由数米至数十米不等，直到滑动力与抗滑力经过调整达到新的平衡。

2. 塑流破坏型滑坡

塑流破坏型滑坡多发生于含水量较大的高塑性黏土填筑的坝体，即高塑性黏土坝坡中。其主要原因是土的蠕动作用（塑性流动）。由于塑性流动的作用，土体也将不断产生剪切变形，以致产生显著的塑性流动。

土体的蠕动一般进行得十分缓慢，发展过程较长，较易被察觉，并能及时防护和补救。但当土体接近饱和状态而又不能很快排水固结时，塑性流动便会出现较快的速度，危害性也较大。

塑流滑坡发生前，不一定出现明显的纵向裂缝，而通常表现为坡面的水平位移和垂直位移连续增长，滑坡体的下部土被压出或隆起，如图 7.15 所示。只有当坝体中间有含水量较大的近乎水平的软弱夹层，而坝体沿该层发生塑流破坏时，滑坡体顶端在滑动前也会出现纵向裂缝。

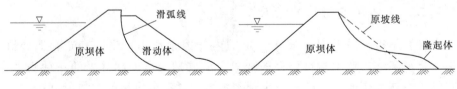

图 7.14　剪切滑坡示意图　　　　　图 7.15　塑流滑坡示意图

3. 液化破坏型滑坡

对于级配均匀的中细砂或粉砂坝体或坝基，在砂体达饱和状态时，突然遭受强烈振动（如地震、爆炸或地基土层剪切破坏等），砂的体积急剧收缩，砂体中的水分无法流泄而使砂粒漂浮在水中产生流动，这种现象即可产生液化滑坡，如图7.16所示。

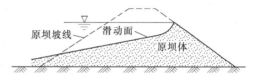

原坝坡线　滑动面　原坝体

图 7.16　液化滑坡示意图

液化滑坡发生时间短促，事前没有预兆，大体积坝体顷刻之间便液化流散，很难观测、预报或抢护，所以应在建坝前进行周密的研究，并在设计与施工中采取防范措施。

（二）滑坡的原因

滑坡的根本原因在于滑动面上土体滑动力超过了抗滑力。滑动力主要与坝坡的陡度有关，坝坡越陡滑动力越大；抗滑力主要与填土的性质、压实的程度以及渗透水压力有关。土粒越细、压实程度越差、渗透水压力越大，抗滑力就越小。另外，某些外加荷载也可能导致抗滑力的减小或滑动力的增大。滑坡的原因一般可归纳为以下几个方面。

（1）勘测设计方面。坝基中含水量较高的成层淤泥等高压缩性软土层、粉细砂层没有勘探清楚；土料抗剪强度指标选择偏高，坝坡设计过陡；坝址选择没有避开坝脚附近的渊潭或水塘；坝端破碎岩石未采取防渗措施，产生绕坝渗漏等。

（2）施工方面。筑坝土料不符合要求；坝体填土碾压不密实；冬季施工时没有采取适当的防冻措施；土坝施工期的接缝质量差；土坝加高培厚，新旧坝体之间没有妥善处理，通过结合面渗漏雨水及结合面抗剪强度不足；坝基和坝肩处理不合格，渗漏超标或坝基产生震动液化等。

（3）运用管理及其他方面。库水位降落速度过快，反渗水压力引起上游坡滑坡；长时间持续降雨，坝面的积水沿坝坡或裂缝渗入坝体使下游坝坡土料饱和；水库高水位持续时间长，坝体浸润线升高，渗透水压力和土重增大；坝下游排水设施堵塞，浸润线抬高；或因风浪淘刷，使护坡破坏，坝坡形成陡坎；在土坝附近爆破、发生超设计烈度的地震，软弱地基的剪切破坏或砂土液化等。

（三）滑坡的征兆

土石坝滑坡前都有一定的征兆，可归纳为以下几个方面。

（1）出现裂缝。当坝顶或坝坡出现平行于坝轴线的裂缝，且裂缝两端有向下弯曲延伸的趋势，裂缝两侧有相对错动，进一步挖坑检查发现裂缝两侧有明显擦痕，且在较深处向坝趾方向弯曲，则为剪切滑坡的预兆。

（2）变形异常。在正常情况下，坝体的变形速度是随时间而递减的。而在滑坡前，坝体的变形速度却会出现不断加快的异常现象。具体出现上部垂直位移向下、下部垂直位移向上的情况，则可能发生剪切破坏型滑坡。若坝顶没有裂缝，但垂直和水平位移却不断增加，可能会发生塑流破坏型滑坡。

（3）孔隙水压力异常。土坝滑坡前，孔隙水压力往往会出现明显升高的现象。实测孔隙水压力高于设计值时可能会发生滑坡。

（4）浸润线、渗流量与库水位的关系异常。一般情况下，随库水位的升高，浸润线升高，渗流量加大。可是，当库水位升高、浸润线也升高，但渗漏量显著减少时，可能是反滤排水设备堵塞，而当库水位不变、浸润线急剧升高，渗漏量也加大时，则可能是防渗设备遭受破坏。上述两种情况若不采取相应措施，也会造成下游坝坡滑坡。

（四）滑坡的处理

1. 滑坡的处理原则

滑坡抢护见第八章第一节。当滑坡已经形成且坍塌终止，或经抢护已经进入稳定阶段后，应分析滑坡原因，进行永久性处理。滑坡处理应该在低水位的时候进行，其基本原则是"上部减载，下部压重"并结合"上截下排"。应重点分析滑坡产生的原因，有针对性地采取处理措施。

（1）对于因坝体土料辗压不实，浸润线过高而引起的滑坡，应首先采取前述防渗漏措施，下游采取压坡、导渗和放缓坝坡等措施。

（2）对于因坝基内存在软黏土层、淤泥层、湿陷性黄土层或易液化的均匀细砂层而引起的滑坡，应在坝脚外挖除并固脚。

（3）对于因坝体土料含水量较大，施工速度较快，孔隙水压力过大而引起的滑坡，其处理方法主要是放缓坝坡、压重固脚和加强排水。当滑坡发生在上游坝坡时，应降低水库水位，然后在滑动体坡脚抛筑透水压重体，在透水压重体上填土培厚坝脚，放缓坝坡。如果水库水位无法降低，则应用船只在水上抛石或抛砂袋，以达到压坡固脚的目的。

（4）对于因排水设备堵塞而引起下游坝坡产生滑坡，其处理方法首先是要分段清理排水设备，恢复其排水能力，如果无法完全恢复其排水效能，则可在堆石排水体的上部设置贴坡排水，然后在滑动体的下部修筑压坡体、压重台等压坡固脚措施。

（5）对于因坝体内存在软弱土层而引起滑坡的处理，主要是采取放缓坝坡，并在坝脚处设置排水压重的办法。

2. 滑坡处理措施

（1）堆石（抛石）固脚。在滑坡坡脚增设堆石体是防止滑动的有效方法。用于处理下游的滑坡时，则可用块石堆筑或干砌，以利排水。处理上游坝坡的滑坡，在水库有条件放空时，可用块石浆砌；当水库不能放空时，可用船向水中抛石固脚。

如图 7.17 所示，堆石的部位应在滑弧中的垂线 OM 以外，靠滑弧下端部分。

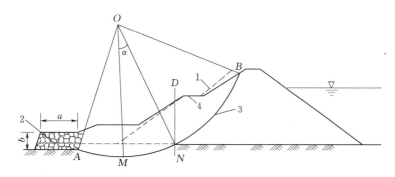

图 7.17　下游堆石固脚示意图
1—原坝坡；2—堆石固脚；3—滑动圆弧；4—放缓后坝坡

（2）放缓坝坡。当滑坡是由于边坡过陡引起时，应采用放缓坝坡的处理措施，即先将滑动土体挖除，并将坡面切成阶梯状，然后按放缓的加大断面，用原坝体土料分层填筑，夯压密实，如图 7.18 所示。

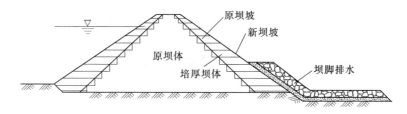

图 7.18　放缓坝坡示意图

（3）滤水还坡。由于坝体原有的排水设施质量差或排水建筑物失效，浸润线抬高使坝体饱和，降低了阻滑能力引起滑坡者，可采用滤水还坡法进行处理。具体有导渗沟滤水还坡与反滤层滤水还坡。

导渗沟滤水还坡具体做法是：从脱坡的顶点到坝脚开挖导渗沟，沟中填导渗材料，然后将陡坎以上的土体削成斜坡，换填砂性土料，分层填夯，做好还坡，如图 7.19 所示。

反滤层滤水还坡与导渗沟滤水还坡法基本相同，仅将导渗沟改为反滤层即可。

（4）清淤固脚。对于地基存在淤泥层、湿陷性黄土层或液化的均匀细砂层，施工时没有清除或清除不彻底而引起的滑坡，处理时应彻底清除这些软弱层，或可采用开导渗沟等排水措施。

也可在坝脚外一定距离修筑固脚齿槽，并用砂石料压重固脚，以增加阻

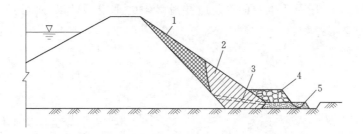

图 7.19　滤水还坡示意图

1—削坡换填砂性土；2—还坡部分；3—导渗沟；

4—堆石固脚；5—排水暗沟

滑力。先在坝脚以外适当距离处修建一道固脚齿槽，槽内填以石块，然后将坝坡脚至固脚齿槽之间坝基内的软黏土、淤泥、黄土或细砂层清除，铺填石块，与固脚齿槽相连，然后在坝坡面上用土料填筑压重台，如图7.20所示。

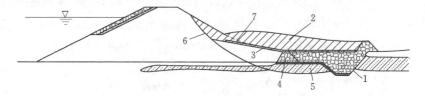

图 7.20　软弱夹层地基的滑坡处理

1—块石固脚齿槽；2—回填土；3—砂层；4—原有排水体；

5—软弱夹层；6—滑裂线；7—原坡面线

（5）压坡。下游压坡是在下游坝坡上将护坡清除，然后铺设反滤层，并用砂、石料填筑压坡体，并在压坡体的下游坡面上设置贴坡排水，如图7.21所示。

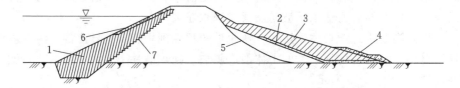

图 7.21　上游防渗下游压坡的滑坡处理

1—黏土斜墙；2—砂砾石；3—土料压坡；4—排水体；5—滑裂线；

6—护坡；7—上游坝坡线

（五）滑坡处理注意事项

（1）滑坡体的开挖与填筑，应符合"上部减载、下部压重"的原则，切忌在上部压重。开挖填筑应分段进行，保持允许的边坡，以利施工安全。开挖中对松土稀泥、稻田土、湿陷性黄土等应彻底清除，不得重新上坝。对新填土应严格掌握施工质量，填土的含水量和干容重必须符合要求。新旧土体的结合面应刨毛，以利结合。

（2）对于滑坡主裂缝，原则上不应采用灌浆方法。因为浆液中的水将渗入土体，降低滑坡体之间的抗剪强度，对滑坡体的稳定不利；灌浆压力更会增加滑坡体的下滑力。

（3）滑坡处理前，应严格防止雨水、地面水渗入缝内，可采用塑料薄膜、油毡、油布等加以覆盖。同时，还应在裂缝上方修截水沟，拦截或引走坝面雨水。

（4）不宜采用打桩固脚的方法处理滑坡。因为桩的阻滑作用很小，土体松散，不能抵挡滑坡体的推力，而且因打桩连续的震动，反而促使滑坡体滑动。

（5）对于水中填土坝、水力冲填坝，在处理滑坡阶段进行填土时，最好不要采用碾压法施工，以免因原坝体固结沉陷而开裂。

四、土石坝的裂缝与处理

土石坝坝体裂缝是一种较为常见的病害现象，大多发生在蓄水运用期间，对坝体存在着潜在的危险。

（一）裂缝的类型

土石坝裂缝的分类见表7.3。

（二）裂缝的成因及特征

在实际工程中土石坝的裂缝常由多种因素造成，并以混合的形式出现。

1. 干缩和冻融裂缝

干缩和冻融裂缝是由于坝体受气候的影响或植物的影响，土料中水分大量蒸发或冻胀，在土体干缩或膨胀过程中产生的。

（1）干缩裂缝。在黏性土中，水分蒸发引起土体干缩，土体会出现裂缝。土料黏性越大、含水量越高时，产生干缩裂缝的可能性越大。壤土干缩裂缝比较少见，而砂土则不会出现干缩裂缝。

表 7.3　裂 缝 分 类

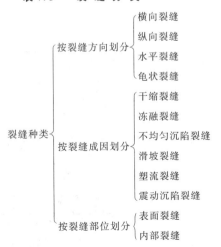

干缩裂缝的特征包括：发生在坝体表面，分布较广，密集交错呈龟裂状，缝间距比较均匀，上宽下窄呈楔形尖灭，缝宽通常小于 1cm，个别情况下也可能较宽、较深。

干缩裂缝一般不致影响坝体安全，但若不及时维修处理，雨水沿缝渗入，将增大土体含水量，降低土体抗剪强度，促使病害发展。尤其是斜墙和铺盖的干缩裂缝可能引起严重的渗透破坏。因此，对干缩裂缝也必须予以重视。

（2）冻融裂缝。冻融裂缝主要由冰冻而产生，即当气温下降时土体因冰冻而膨胀，气温升高时冰融，但经过冻融的土体不会恢复到原来的密实度，反复冻融，土体表面就形成裂缝。其特征为：发生在冻土层以内，表层破碎，有脱空现象，缝深及缝宽随气温而异。

2. 纵向裂缝

平行于坝轴线的裂缝称为纵向裂缝。

（1）成因与特征。纵向裂缝主要是因坝体在横向断面上不同土料的固结速度不同，或由坝体、坝基在横断面上产生较大的不均匀沉陷所造成的。一般规模较大，基本上是垂直地向坝体内部延伸，多发生在坝的顶部或附近。其长度一般可延伸数十米至数百米，缝深几米至十几米，缝宽几毫米至几十厘米，两侧错距不大于 30cm。

（2）常见部位。纵向裂缝常见部位有以下几处。

1）坝壳与心墙或斜墙的结合面处。由于坝壳与心墙、斜墙的土料不同，压缩性有较大差异，填筑压实的质量也不相同。因固结速度不同，致使在结合面处出现不均匀沉陷的纵向裂缝，如图 7.22 所示。

（a）心墙坝纵向裂缝

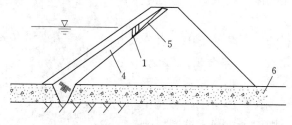

（b）斜墙坝纵向裂缝

图 7.22　坝壳与心墙或斜墙产生纵向裂缝示意图

1—纵缝；2—坝壳；3—心墙；4—斜墙；

5—斜墙沉降；6—砂卵石覆盖层地基

2）坝基沿横断面开挖处理不当处。地基发生不均匀沉陷，引起坝体纵向裂缝，如在未经处理的软弱地基上筑坝，如图 7.23（a）所示；沿坝基横断面方向上软土地基分布厚度不同等，如图 7.23（b）所示。

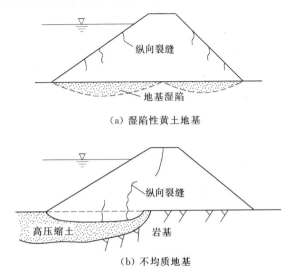

（a）湿陷性黄土地基

（b）不均质地基

图 7.23　压缩性地基引起的纵向裂缝示意图

3）坝体横向分区填筑，土料性质不同，或上、下游坝身碾压质量不同，或上、下游进度不平衡，填筑层高差过大，结合面坡度太陡，在横向分区结合处产生纵向裂缝。

4）骑在山脊的土坝（坝肩与副坝）两侧。在固结沉陷时，同时向两侧移动，坝顶容易出现纵向裂缝，如图 7.24 所示。

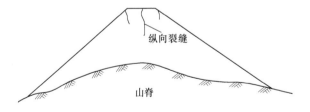

图 7.24　跨骑在山脊上的土坝坝顶纵向裂缝示意图

3. 横向裂缝

与坝轴线大致垂直的裂缝称为横向裂缝。

（1）成因与特征。横向裂缝产生的根本原因是沿坝轴线纵剖面方向相邻坝段的坝高不同或坝基的覆盖层厚度不同产生不均匀沉陷。常见于坝端，一般接近铅直或稍有倾斜地伸入坝体内。缝深几米到十几米，上宽下窄，缝口宽几毫米到十几厘米，偶尔可见更深、更宽的裂缝。缝两侧可能错开几厘米甚至几十厘米。

横向裂缝对坝体危害极大，特别是贯穿心墙或斜墙，造成集中渗流通道的横向裂缝。

（2）常见部位。横向裂缝常见部位有以下几处。

1）坝身与岸坡接头坝段，河床与台地的交接处等。坝体沿坝轴线方向的不均匀沉陷产生横向裂缝，如图7.25所示。

2）相邻坝段地基变化部位。坝基地质构造施工开挖处理不当，有压缩性大的坝段，或坝基岩盘起伏不平、局部隆起，而施工中又未加处理，地基不均匀沉陷产生裂缝。

3）坝体与刚性建筑物结合处、输水涵洞的上部，往往会因为不均匀沉陷引起横向裂缝，如图7.25中所示裂缝2。

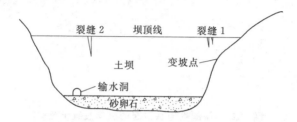

图7.25 某水库横向裂缝示意图

4）坝体分段施工的结合部位。在土石坝合龙的龙口坝段、施工时土料上坝线路、集中卸料点及分段施工的接头等处往往由于结合面坡度较陡，各段坝体碾压密实度不同甚至漏压而引起不均匀沉陷，产生横向裂缝。

4. 内部裂缝

坝体内部裂缝危害性很大。内部裂缝很难从坝面上发现，往往发展成集中渗流通道，造成了险情才被发觉，使维修工作被动，甚至无法补救。内部裂缝形成原因有以下几个。

（1）较薄的黏土心墙坝，由于心墙沉陷慢且沉陷量大于坝壳堆石，在心墙与其两侧堆石之间的过渡层（反滤层）不满足要求时，多在心墙内发生水平向贯穿裂缝，如图7.26所示。

（2）修建在局部高压缩性地基上的土坝，因坝基局部沉陷量大，使坝底部发生拉应变过大而产生横向或纵向的内部裂缝，如图7.27所示。

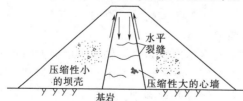

图7.26 心墙内部水平裂缝示意图

（3）修建于狭窄山谷中的坝，在地基沉陷的过程中，上部坝体通过拱作用传递到两端，拱下部坝沉陷量较大，因而产生拉应力，坝体内产生裂缝，如图7.28所示。

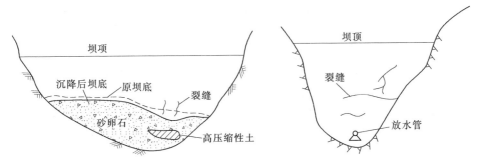

图7.27　高压缩地基内部裂缝示意图　　　图7.28　窄深峡谷土坝内部
裂缝示意图

（4）坝体和刚性建筑物相邻部位。因刚性建筑物比周围松散冲积层或坝体填土的压缩性小得多，从而使坝体和刚性建筑物相邻部位因不均匀沉陷而产生内部裂缝，如图7.29所示。

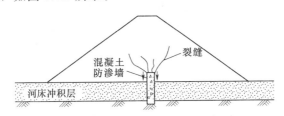

图7.29　刚性截水引起内部裂缝示意图

（三）裂缝类型的判断

不同类型的裂缝危害不同，处理方法也不同。所以处理裂缝前，首先应根据观测资料、裂缝特征和部位，结合现场探测结果，分析裂缝类型、产生原因，然后按照不同情况，采取针对性措施，适时进行加固和处理。在实际工程中需注意判断分析内部裂缝，也需注意区分纵向裂缝和滑坡裂缝。只有判断准确，才能正确拟订方案，采取有效的处理措施。

1. 滑坡裂缝与纵向裂缝的区别

滑坡裂缝与纵向裂缝初时外形相似，但危害性大不相同，处理方法也不同。应注意区分。

（1）纵向裂缝一般接近于直线，垂直向内延伸；而滑坡裂缝一般呈弧形，向坝脚延伸。

（2）纵向沉陷缝发展过程缓慢，随土体固结到一定程度而停止，而滑坡裂缝初期较慢，当滑坡体失稳后突然加快。

（3）纵向沉陷缝，缝宽为几毫米至几十毫米，错距不超过 30cm，而滑坡裂缝的宽度可达 1m 以上，错距可达数米。

（4）滑坡裂缝发展到后期，在相应部位的坝面或坝基上有带状或椭圆形隆起，而沉陷缝不明显。

2. 内部裂缝判断

内部裂缝可根据坝体表面和内部的沉陷资料，结合地形、地质、坝型和施工质量等条件进行分析，做出正确判断。必要时，还可以钻孔、挖探槽或探井进行检查，以进一步证实。对于没有观测设备的中小型水库土坝，主要依靠加强管理，通过蓄水后对渗流量与渗水浑浊度的观测来发现坝体的异常现象。如有下列其中之一者，可能产生内部裂缝。

（1）当库水位升高到某一高程时，在无外界影响的情况下，渗漏量突然加大。

（2）当实测沉陷远小于设计沉陷，而又没有其他影响因素时，应结合地形、地质、坝型和施工质量等进行分析判断。

（3）某坝段沉陷量、位移量比较大。

（4）单位坝高的沉陷量和相邻坝段相差悬殊。

（5）个别测压管水位比同断面的其他测压管水位低很多，浸润线呈现反常情况；或做注水试验，其渗透系数远超过坝体其他部位；或当水库水位升到某一数值时，测压管水位突然升高。

（6）钻探时孔口无回水，或者有掉钻现象。

（7）用电测法探测裂缝。

（四）裂缝处理原则

各种裂缝对土石坝都有不同的影响，危害最大的是贯穿坝体的横向裂缝、内部裂缝及滑坡裂缝。例如，细小的横向裂缝有可能发展成为坝体的集中渗漏通道；部分纵向裂缝可能是坝体滑坡的征兆；有的内部裂缝，在蓄水期突然产生严重渗漏，威胁大坝安全；有的裂缝虽未造成大坝失事，但影响正常蓄水，长期不能发挥水库效益。所以一经发现，应认真监视、及时处理。

（1）由不均匀沉陷引起的横向裂缝，无论是否贯穿坝身，均应迅速处理。

（2）对于纵向裂缝，如属滑坡性裂缝或较宽、较深的不均匀沉陷裂缝，也应及时抢护。

（3）对缝深小于 0.5m、缝宽小于 0.5mm 的表面干缩裂缝，或缝深不大于 1m 的纵向裂缝，也可不予处理，但要封闭缝口：用干而细的沙壤土由缝口灌入，再用板条或竹片捣实。灌塞后，沿裂缝做宽 5～10cm、高 3～

5cm 的拱形小土埂压住缝口，以防雨水浸入。

（4）有些正在发展中的、暂时不致发生险情的裂缝，可观测一段时间，待裂缝趋于稳定后再进行处理，但要做临时防护措施，防止雨水及冰冻影响。

实践证明，只要加强养护，发现裂缝及时采取针对性处理措施，是可以防止土坝裂缝的发展和扩大，迅速恢复土石坝的工作能力的。

（五）裂缝处理措施

对于非滑动性的土坝或堤防裂缝，通常是在裂缝趋于稳定后采用开挖回填法、灌浆法和开挖回填与灌浆相结合的方法来进行处理。

1. 开挖回填

开挖回填是处理裂缝比较彻底的方法，适用于处理深度不超过 3m 的表面裂缝，或允许放空水库进行防渗部位的裂缝修补。

（1）裂缝开挖注意事项。开挖中应注意的事项如下。

1）开挖前应向裂缝内灌入较稀的石灰水，使开挖沿石灰痕迹进行，以利掌握开挖边界。

2）对于较深坑槽应挖成阶梯形，以便出土和安全施工。挖出的土料不要大量堆积在坑边以免影响边坡稳定，不同土料应分开存放以利继续使用。

3）开挖长度应超过裂缝两端 1m 以上，开挖深度应超过裂缝 0.5m，开挖边坡以不致坍塌并满足土壤稳定性及新旧填土结合的要求为原则，槽底宽至少 0.5m。

4）坑槽挖好后应及时回填，不能及时回填时应保护坑口，避免雨淋、干裂、冰冻、进水等而造成塌垮。

（2）开挖横断面形状。开挖回填法又分为梯形楔入法、梯形加盖法和十字梯形法。应根据裂缝所在部位及特点选用。

1）梯形楔入法。适用于不太深的非防渗部位的纵向裂缝。开挖时采用梯形断面，或开挖成台阶形的坑槽。回填时削去台阶，保持梯形断面，便于新老土料紧密结合，如图 7.30 所示。

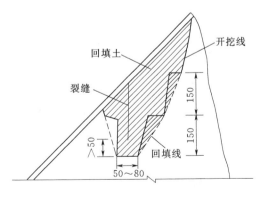

图 7.30　梯形锲入法（单位：cm）

2）梯形加盖法。适用于裂缝不太深的防渗部位及均质坝迎水坡的纵向裂缝。其开挖情形基本与梯形楔入法相同，只是上部因防渗的需要，适当扩大开挖范围，如图 7.31 所示。

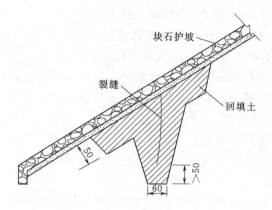

图 7.31　梯形加盖法（单位：cm）

3）梯形十字法。适用于处理坝体和坝端的横向裂缝，开挖时除沿缝开挖直槽外，在垂直裂缝方向每隔一定距离（2～4m），加挖结合槽组成"十"字形，横槽底长 2.5～3.0m。为了施工安全，可在上游做挡水围堰，如图 7.32 所示。

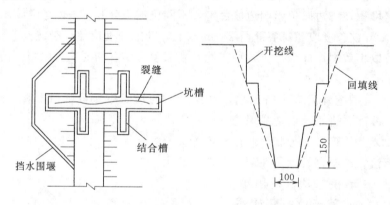

图 7.32　梯形十字法（单位：cm）

（3）土料回填。

1）回填前应检查坑槽周围的含水量，如偏干则应将表面洒水湿润；如土体过湿或冰冻，应清除后再回填。

2）回填时，应将坑槽的阶梯逐层削成斜坡，并将结合面刨毛、洒水，要特别注意边角处的夯实质量。

3）回填土料应根据坝体土料和裂缝性质选用。对沉陷裂缝应选用塑性较大的土料，控制含水量大于最优含水量 1%～2%；对于滑坡、干缩和冰冻裂缝的回填土料，应采用含水量低于最优含水量 1%～2% 的土料。回填土料的干容重，应稍大于原坝体的干容重。对坝体挖出的土料，须经试验鉴定合格后才能使用。对于较小的裂缝，可用和原坝体相同的土料回填。

4）回填时应先将坑槽周壁刨毛，土料应分层夯实，层厚以 10～15cm 为宜，压实厚度为填土厚度的 2/3，夯实工具按工作面大小选用，可采用人工夯实或机械碾压。顶部应高出坝面 3～5cm，并做成向上拱形以防雨水灌入。

2. 充填式黏土灌浆法

灌浆主要有充填作用和压密作用。浆液在灌浆压力作用下，一方面可以挤开坝内土体、形成浆路、灌入浆液，同时在较高的灌浆压力作用下，可使裂缝两侧的坝内土体和不相连通的缝隙也因土壤的挤压作用而被压密或闭合。

（1）适用范围。适用于自表层延伸到坝体深处的裂缝，或当库水位较高、不易全部开挖回填的部位，或开挖危及坝坡稳定或全部开挖回填有困难的裂缝。浆液充填坝体中的裂缝、孔隙或洞穴，也能够填塞形状复杂和宽度小于 1mm 的裂缝，特别是内部裂缝。

（2）灌浆材料。灌浆的浆液应具有较好的灌入性和流动性，同时也应具有良好的析水性和收缩性，以使浆液灌入后能迅速析水固结，且固结后收缩性小，能与坝体紧密结合。造浆材料一般宜采用粉粒含量为 50%～70% 的黏性土，浆液配比按水与固体的重量比为 1:1～1:2。在灌注浸润线以下部位的裂缝时可采用黏土水泥浆，浆液中水泥掺量为干料的 10%～30%，以加速浆液的凝固和提高其强度。在灌注渗透流速较大部位的裂缝时，为了能及时堵塞通道，可掺入适量的砂、木屑、玻璃纤维等材料。

（3）灌浆孔布置。灌浆孔的布置应根据裂缝的分布和深度来决定。对于土坝表层可见的裂缝，孔位一般布置在裂缝的两端、转弯处、缝宽突变处及裂缝密集处以及裂缝交错处；对于坝体内部的裂缝，布孔应根据内部裂缝的分布范围、裂缝大小、灌浆压力和坝体结构综合考虑。一般宜在坝顶上游侧布置 1～2 排，必要时再增加排数。钻孔灌浆按分序加密方式，最终孔距以 1～3m 为宜，孔深应超过缝深 1～2m。

（4）灌浆压力。灌浆压力的大小直接影响到灌浆质量和效果，应通过试验来确定。通常灌浆压力应随孔深由小到大逐渐增加，最大灌浆压力不超过灌浆部位以上土体的重量。在裂缝不深、坝体单薄和长而深的非滑动性纵向裂缝的情况，应首先采用重力灌浆和低压灌浆。

灌浆方法遵循的原则有："粉黏结合"的浆料选择，"先稀后浓"的浆液浓度变换，"先疏后密"的孔序布置，"有限控制"的灌浆压力，"少灌多复"的灌浆次数等。

3. 开挖回填与灌浆结合法

这种方法是在裂缝的上部采用开挖回填，裂缝的下部采用灌浆处理。即先沿裂缝开挖至一定深度（一般为2～4m）即进行回填，在回填时预埋灌浆管，回填后采用黏土灌浆，进行坝体下部裂缝灌浆处理，如图7.33所示。此法适用于中等深度的裂缝，或水库水位较高，全部采用开挖回填有困难的部位。

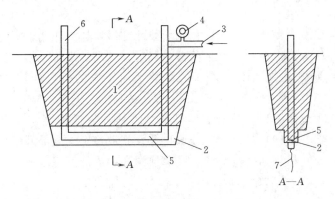

图7.33　灌浆管埋设方法示意图

1—开挖后回填土；2—小槽；3—进浆管；4—压力表；
5—花管；6—排水孔；7—裂缝

4. 横墙隔断法

水平裂缝的维修可采用横墙隔断法。首先降低库水位，根据横向裂缝的具体情况，选用不同孔径的冲抓钻，垂直横向裂缝冲抓填筑黏土防渗墙隔断横缝漏水。

五、输水洞的修理

埋于坝下的输水洞事故是土石坝发生事故的主要类型。坝体不均匀沉陷造成输水洞接头错位或拉开、破坏，或铸铁管、钢管壁锈蚀穿孔，涵管放水时高速水流产生负压淘刷管外坝体造成堤身洞穴，特别是不少涵管由于结构布置不合理、自身结构强度与抗裂安全度不足而裂缝漏水；管道周围填土不密实，沿管壁与堤土接触面形成集中渗流。这种集中渗流大多也发生在库水位较高的时候，经不断冲蚀带走坝体中的土粒，轻者在坝体上沿涵管走向发生连续竖直塌坑和滑坡等，重者导致溃坝。

（一）输水洞断裂漏水处理的方法

输水洞漏水的原因是多方面的，应针对产生漏水的原因进行有效的处理。

1. 洞壁裂缝漏水的处理

洞壁裂缝若不及时处理，溶蚀作用会使破坏逐渐扩大。

（1）对于内径大于 0.7m 的管道，可派人进入管内，用沥青或桐油麻丝、快凝水泥砂浆或环氧砂浆将管壁上的孔洞和接头裂缝紧密填塞。

（2）用水泥砂浆或环氧砂浆处理。通常在裂缝部位凿深 2～3cm，并将周围混凝土面用钢钎凿毛，清除混凝土碎渣，用清水冲洗干净，最后用水泥砂浆或环氧砂浆封堵。处理时，先将漏水点剥蚀的灰土凿掉，洗刷干净，待干燥后，先涂一层环氧基液，再把搓好的环氧砂浆配料填入孔中，用木棍捣实，用木板撑住，待砂浆凝结后（凝结时间一般为半小时）拆除模板即可。放水洞气蚀部位也可采用同样的方法处理。

（3）灌浆处理。对于质量较差的隧洞衬砌和涵洞洞壁，可以采用灌浆处理。对于输水涵洞外壁与土坝坝体接触不好或填土不实，或防渗垫层不密实等引起的纵向渗漏，均可在洞内或坝上进行灌浆处理。灌浆材料通常采用水泥浆，输水涵洞外壁渗水的处理可采用灌泥浆或黏土水泥浆进行。大型隧洞和涵洞，要求较高强度的补强灌浆可用环氧水泥浆液。

2. 输水隧洞洞壁破坏加固补强

输水隧洞洞壁损坏补强，可采用喷射混凝土方法。分为喷混凝土、喷混凝土加钢筋网等类型。

（1）喷混凝土。喷混凝土是一种用高压空气将混凝土输送、喷射到工作面上，把运输、浇筑、振捣等工具连接在一起的混凝土施工工艺。喷层厚度小于 10cm 时，可只喷水泥砂浆，喷层厚度大于 10cm 时喷混凝土比较经济。

（2）喷混凝土加钢筋网。在喷射混凝土层中设置钢筋网（或钢丝网）。施工时，先钻孔埋设锚杆，然后在锚杆的露出部分绑扎钢筋网，最后喷射混凝土。这种方法可增加喷射混凝土的整体性，以提高承载能力。

3. 输水涵洞断裂的灌浆处理

对于因不均匀沉陷而产生的洞身断裂，一般要等沉陷趋于稳定或加固地基后断裂不再发展时进行处理。灌浆以后如继续断裂，再进行灌浆。

灌浆处理常采用水泥浆，也可用环氧浆液处理。断裂部位可用环氧砂浆封堵。

4. 输水洞内衬砌补强处理

因材料强度不够造成输水洞内产生裂缝或断裂时，可采用衬砌补强进行处理。常用补强处理方法：一种是用外径比原内径略小的钢管、钢筋混凝土管、钢丝网水泥管等成品管与原洞壁间充填水泥砂浆或埋骨料灌浆而成；另一种是在洞内现场浇筑混凝土、浆砌块石、浆砌混凝土预制块，或者支架钢丝网喷水泥砂浆等方法衬砌。

须将黏附在洞壁上的杂物、沉淀物等清洗掉，然后对洞壁凿毛、湿润，使新老管壁结合良好。

5. 用顶管法重建坝下涵洞

有些坝下涵洞洞径较小，无法加固，只能废旧洞、建新洞。采用顶管法重建涵洞，可大大减少开挖和回填土石方量。顶管法是在坝下游用千斤顶将预制混凝土管顶入坝体，直到预定位置，然后在上游坝坡开挖，在管道上游修建进口建筑物的方法。

（二）输水涵管周围集中渗流的处理

可采用压力灌浆截渗的方法。在沿管壁周围集中渗流的情况下，用压力灌浆措施堵塞管壁四周孔隙或空洞，浆液用黏土浆或加 10％～15％ 的水泥，灌浆浆液宜先浓后稀。为加速凝结提高阻渗效果，浆内可适量加水玻璃或氯化钙等。

六、土石坝护坡的破坏与修理

护坡的作用是保护坝体免受风浪和雨水的冲刷、冰凌和风的破坏，以及减轻蛇、鼠等动物在坝坡中挖洞筑窝等。

土质堤坝护坡的主要型式为：迎水坡多为混凝土板、沥青渣油混凝土、浆砌石、干砌块石、填浆勾缝块石护坡，背水坡多为草皮或干砌石护坡。

常见护坡破坏的类型有脱落、塌陷、崩塌、滑动、挤压、鼓胀、溶蚀等。土质堤坝护坡维护分为临时紧急抢护和永久加固修理两类。

1. 临时紧急抢护

当护坡受到风浪破坏时，为了防止险情继续恶化，应该采取临时紧急抢护措施。临时抢护措施通常有砂袋、抛石盖压抢护和铅丝石笼抢护等几种。

（1）砂袋压盖抢护。适用于风浪不大，护坡局部松动脱落，垫层尚未被淘刷的情况，此时可在破坏部位用砂袋两层并纵横叠压，压盖范围应超出破坏区 0.5～1.0m 范围。如垫层和坝体已被淘刷，在盖压之前，应先抛填 0.3～0.5m 厚砂卵石或砂砾石，然后用砂袋盖压。

（2）抛石盖压抢护。适用于风浪较大，护坡已冲掉和坍塌的情况。如垫层及坝体已被淘刷，应先抛填 0.3～0.5m 厚的卵石或碎石垫层，然后抛石。石块大小应足以抵抗风浪的冲击和淘刷。

（3）铅丝石笼抢护。适用于风浪很大，护坡破坏严重的情况。装好的石笼用设备或人力移至破坏部位，石笼间用铅丝扎牢，并填以石块，以增强其整体性和抵抗风浪的能力。

2. 永久加固修理

永久加固修理的方法通常有填补翻修、框格加固、细石混凝土与砂浆灌注，浆砌块石、混凝土盖面加固，沥青混凝土护面加固等。

（1）局部填补翻修。适用于护坡产生不均匀沉陷，或由于风浪冲击，局部遭到破坏的情况。当库水位下降后，可及时按设计恢复。在翻砌前先按坝原断面填筑土料，将反滤修复，然后按设计铺砌护坡。为了防止护坡因块石松动、淘刷垫层而使整体护坡向下滑动，可在坝坡上顺坝轴线方面设置浆砌块石齿墙阻滑设施。

（2）砌石缝黏结。当护坡石块尺寸较小，或石块尺寸虽大，但施工质量较差，不能抵御风浪冲刷时，可用水泥砂浆、细石混凝土、沥青渣油浆或沥青混凝土填缝，将护坡石块黏结成整体。施工时应先将石缝清理和冲洗干净，然后向石缝中充填黏结料，并每隔一定距离保留一些细缝隙以便排水。

（3）混凝土盖面加固。如果原来的干砌石护坡的块石较小或浆砌石护坡的厚度较小、强度不够，不足以抵抗风浪的冲击和淘刷，可将原来的护坡表面和缝隙清理干净，然后在原来的护坡上浇一层 5～7cm 厚的混凝土盖面，盖面应每隔 3～5m 用沥青混凝土板分缝。

（4）浆砌石（或混凝土）框格。由于库面较宽、风吹程较大，或因严寒地区结冰的推力，护坡大面积破坏，全部翻砌仍解决不了浪击冰推破坏时，可利用原护坡较小的块石浆砌框格，起到固架作用，中间再砌较大块石，如图 7.34 所示。框格砌石护坡可增加护坡的整体性，护坡如有损坏，仅限于框格内，可避免大面积塌滑。

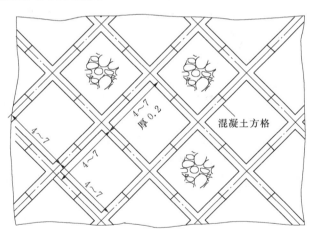

图 7.34　护坡的框格加固（单位：m）

框格形式可筑成正方形或菱形。框格大小视风浪和冰情而定。如破坏较严重，可将框格网缩小或将框格带适当加宽；反之可以将框格放大以减少工程量。

（5）细石混凝土或砂浆灌注。在原有护坡的块石缝隙内灌注细石混凝土或砂浆，将块石胶结起来，连成整体，可以增强抗风浪和冰推的能力，减免对护坡的破坏。

（6）全面浆砌块石。当采用混凝土或砂浆灌缝加固不能抗御干砌护坡破坏时，可利用原有护坡的块石进行全面浆砌。

（7）沥青渣油混凝土加固。如当地缺乏石料，可将护坡改建为沥青渣油块石、沥青渣油混凝土板护坡，或沥青渣油混凝土护坡。

沥青渣油块石护坡和沥青渣油混凝土板护坡是在坝坡上铺设反滤层，在垫层上铺砌块石或预制的沥青渣油混凝土板，石块或板块间留出 2～3cm 宽的间隙，在间隙中充填沥青渣油砂浆或沥青渣油混凝土，并将其捣实。

沥青渣油混凝土护坡是在垂直坝轴线方向将平整后的坝坡分成宽度为 1.0～2.0m 的铺砌条块，然后在条块内自下而上分层（一般为 3 层）铺筑沥青混凝土而成。

七、库岸坍滑的防治

水库蓄水后，库岸地下水位受库水位顶托而升高，在风浪作用下，其岸坡易造成淘刷、坍塌和滑坡现象，在水库管理中应予以重视。库岸坍滑严重的，将影响水库及周围地区安全。引起库岸塌滑的因素较多，主要有库岸的坡度、高度、形状、地质、水浸、渗透、淘刷、冻融、地震、人为开挖等作用。库岸坍滑一般有崩塌、滑坡和蠕动 3 种类型。库岸坍滑的防治分为岩质和非岩质两种情况。

（一）岩质库岸坍滑防治

1. 削坡

若滑坡体较小，可全部挖除；滑坡体较大时，可挖顶部填下部，以放缓坡度，防止滑动，也称为刷方工程。

2. 防漏排水

在坍滑体周围设置排水沟和排水管网，拦截岸坡流向滑坡体的地表水和地下水；对滑坡体表面种草皮、水泥喷浆、勾缝，以阻止地表水流入滑坡体内。

3. 锚固

用钻机钻孔至稳定岩体一定深度，孔内埋设钢索或锚杆施加预应力用以锚固，外边用钢丝网喷混凝土或砂浆护岸，其结构布置如图 7.35 所示。锚固前应采用相应的排水措施，以降低岸坡的地下水位，改善锚固条件。

4. 抗滑桩法

垂直滑动面钻孔，灌注钢筋混凝土桩，增加抗剪强度。若滑动面上、下岩体完整，可沿滑动面挖平洞设键槽防滑。在紧急抢护中，也可使用钢桩和管桩等阻滑。

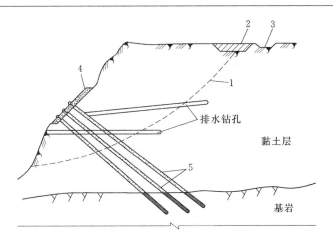

图 7.35　预应力锚索处理滑坡示意图
1—可能滑裂线；2—黏土表面封闭；3—截水沟；
4—混凝土挡墙；5—预应力锚索

5. 支护

常采用挡土墙支护和支撑支护。对松散的土层、坡积层、破碎岩体，在坡脚修浆砌石、混凝土或钢筋混凝土挡土墙；若滑坡体整体性较好，可用钢筋混凝土框架进行支撑支护。

（二）非岩质库岸坍滑防治

1. 抛石护岸

抛石护岸主要用于受主流顶冲淘刷而引起的塌岸现象。

2. 石笼护脚

石笼护脚适用于水下部分，冲刷强烈的情况。情况紧急时，可采用柳石枕护脚。

3. 护坡

护坡适用于受风浪淘刷而引起的塌岸，可以用干砌石、浆砌石、混凝土、三合土、水泥土等材料护坡。

4. 护岸墙

护岸墙适用于岸坡较陡、风浪冲击和水流淘刷强烈的地段。常用浆砌石、干砌石、混凝土、钢筋混凝土墙护岸，这种结构抗冲能力强、稳定性较好。

5. 防护林护岸

防护林护岸适用于库岸滩地和土坡坡度适合的地段。植树造林，做成防护林带，以抵御水库高水位时风浪和雨水的侵蚀。防护效果与树木品种、疏密、坡度、土壤性质等因素有关，常用柳树和芦竹等树种。

第三节　混凝土坝与浆砌石坝的养护与维修

一、混凝土坝与浆砌石坝的日常养护

混凝土坝与浆砌石坝的日常养护，包括工程表面、伸缩缝止水设施、排水设施、监测设施等的养护，以及冻害、碳化与氯离子侵蚀、化学侵蚀等的防护。管理单位应根据有关规程规定，并结合工程具体情况确定养护项目和内容。

1. 一般规定

一般情况下，混凝土坝与浆砌石坝应做好以下养护工作。

（1）严禁在大坝管理和保护范围内进行爆破、炸鱼、采石、取土、打井、毁林开荒等危害大坝安全和破坏水土保持的活动。

（2）严禁将坝体作为码头停靠各类船只。在大坝管理和保护范围内修建码头，必须经专门论证，并与坝脚和泄水、输水建筑物保持一定距离，不得影响大坝安全和工程管理工作。

（3）经批准兼作公路的坝顶，应设置路标和限荷标示牌，并采取相应的安全防护措施。

（4）严禁在坝面堆放超过结构设计荷载的物资和使用引起闸墩、闸门、桥、梁、板、柱等超载破坏和共振损坏的冲击、振动性机械；严禁在坝面、桥、梁、板、柱等构件上烧灼；有限制荷载要求的建筑物必须悬挂限荷标示牌。各类安全标志应醒目、齐全。

2. 表面养护和防护

混凝土坝与浆砌石坝表面应做好以下日常养护工作。

（1）坝面和坝顶路面应经常清理，保持清洁整齐。

（2）过水面应保持光滑平整，泄洪前应清除过水面上能引起冲磨损坏的石块和其他重物。

（3）易受冰压损坏的部位，可采用人工、机械破冰，或安装风、水管吹风扰动等防止结冰。

（4）易受冻融、冻胀损坏的部位，冰冻期注意排干积水、降低地下水位，减压排水孔应清淤、保持畅通；溢流面、迎水面水位变化区出现的剥蚀或裂缝应及时修补；防止闸门漏水，避免发生冰坝和冻融损坏。

（5）碳化与氯离子侵蚀防护。对碳化、氯离子侵蚀可能引起钢筋锈蚀的混凝土表面应采用涂料涂层全面封闭防护；钢筋锈蚀破坏应立即修补，并采用涂料涂层封闭防护。

（6）化学侵蚀防护。已形成渗漏通道或出现裂缝的溶出性侵蚀，采用灌浆封堵或加涂料涂层防护；酸类和盐类侵蚀，首先加强环境污染监测，减少污染排放；轻微侵蚀的采用涂料涂层防护，严重侵蚀的采用浇筑或衬砌形成保护层防护。

3. 伸缩缝止水设施养护

混凝土坝与浆砌石坝伸缩缝止水设施应做好以下养护工作。

（1）各类止水设施应完整无损、无渗水或渗漏量不超过允许范围。

（2）沥青井 5～10a 加热一次，沥青不足时应补灌，沥青老化及时更换；沥青井出流管、盖板等设施应经常保养，溢出的沥青应及时清除。

（3）伸缩缝充填物老化脱落，应及时充填封堵。

4. 排水设施养护

混凝土坝与浆砌石坝排水设施应做好以下养护工作。

（1）排水设施应保持完整、通畅，集水井、集水廊道的淤积物应及时清除，坝面、廊道及其他表面的排水沟、孔应经常进行人工或机械清理。

（2）坝体、基础、溢洪道边墙及底板的排水孔应经常进行人工掏挖或机械疏通，疏通时应不损坏孔底反滤层。无法疏通的，应在附近补孔。

5. 监测设施养护

大坝监测设施应做好以下养护工作。

（1）各类监测设施应保持完好，能正常监测。

（2）对易损坏的监测设施应加盖上锁、建围栅或房屋进行保护，如有损坏应及时修复。

（3）有防潮湿、防锈蚀要求的监测设施，应采取除湿措施，定期进行防腐处理。

6. 其他养护

其他方面应做好以下养护工作。

（1）应定期排放漂浮物。无排漂设施的可利用溢流表孔定期排漂，无溢流表孔且漂浮物较多的，可采用浮桶、浮桶结合索网或金属栅栏等措施拦截漂浮物并定期清理。

（2）坝前泥沙淤积应定期监测，应及时排淤或局部水下清淤。

（3）坝肩和输水、泄水道的岸坡应定期检查，及时疏通排水沟孔，对滑坡体应及时处理。

二、混凝土坝与浆砌石坝的维修

（一）混凝土坝与浆砌石坝的常见病害及产生原因

混凝土坝与浆砌石坝常见的病害有 4 种，即重力坝坝身和地基的抗滑稳定性不够、拱坝拱座破坏失稳、坝体裂缝和渗漏、坝基渗漏与绕坝渗漏。

1. 坝体和地基抗滑稳定性不足的原因

混凝土与浆砌石重力坝，必须保证在各种外力组合作用下同时满足强度和稳定两方面的要求。强度条件通过按标准设计坝断面就较易得到保证，而抗滑稳定要求则往往成为大坝设计的控制条件。

抗滑稳定性不足往往是由于多方面原因综合造成的结果。造成重力坝抗滑稳定性不足的主要原因可能是勘测、设计、施工的缺陷，也可能是管理中的问题引起一些参数变化。最常见的原因有以下几个方面。

（1）坝基地质条件不良，勘测不够详细对坝基地质条件缺乏全面了解，坝体建造于较差的地基上。特别是当忽略了坝基内摩擦系数极小的薄层黏土夹层或软弱结构时。

（2）在设计中采用了过高的抗剪强度指标而造成抗滑稳定性不足。

（3）设计时坝体断面过于单薄，自重不够，在水平推力作用下，使坝体上游面底部形成拉力裂缝，增大了扬压力，使坝体稳定性不够。

（4）施工时地基处理不彻底，开挖深度不够，将坝体置于强风化岩层上，使坝与地基接触面之间的抗剪强度指标减小，或坝与坝基结合不良。

（5）帷幕灌浆深度不够，或防渗帷幕断裂漏水而使坝底扬压力超过设计数值。

（6）坝内水平施工缝处理不好时，或是坝体排水帷幕失效，渗漏水深入坝体使层间扬压力增大，减少了坝体层间抗剪力。

（7）水平施工缝没有打毛或打毛不合格，使混凝土抗剪强度达不到设计值。

（8）因管理不善造成排水设备堵塞失效，坝基渗透压力增大，减小坝体的抗滑稳定性。

（9）水库水位超过设计最高水位，甚至出现洪水漫坝情况，增大了坝体所受水平推力。此外，如果下游冲刷坑过分靠近坝体，也将减小坝体的抗滑稳定性。

2. 拱坝拱座破坏失稳原因

拱坝断面小，工程量小，承载能力强，在地形地质情况适宜时多有采用。但拱坝设计及运行管理的安全问题主要来自拱座。拱座内的软弱夹层、裂隙水渗透作用、多年运用后的风化剥蚀会使拱座工作状态恶化。

3. 坝体裂缝和渗漏类型及原因

混凝土坝与浆砌石坝裂缝是常见的现象，其类型及特征见表7.4。

混凝土坝与浆砌石坝裂缝的产生，主要与设计、施工、运用管理等方面有关。

表 7.4 混凝土坝与浆砌石坝裂缝的类型及特征

类型	特 征
沉陷裂缝	(1) 裂缝往往是贯通性的，走向一般与沉陷走向一致； (2) 较小的沉陷引起的裂缝一般看不出错距；较大的不均匀沉陷引起的裂缝则常有错距； (3) 温度变化对裂缝影响较小
干缩裂缝	(1) 裂缝属于表面性的，没有一定规律性，走向纵横交错； (2) 深度较浅，不会超过 30cm，长度一般都很小，上宽下窄
温度裂缝	(1) 裂缝可以是表层的，也可以是深层或贯穿性的； (2) 冷击裂缝分布在表层，走向没有一定规律性；温升与温降裂缝分布很有规律； (3) 钢筋混凝土深层或贯穿性裂缝，方向一般与分块长度方向垂直或近似于垂直； (4) 裂缝方向较直，宽度沿裂缝方向无多大变化； (5) 缝宽受温度变化的影响，有明显的热胀冷缩现象
应力裂缝	(1) 裂缝属深层或贯穿性的，走向一般与主应力方向垂直； (2) 宽度一般较大，沿长度和深度方向有明显变化； (3) 缝宽一般不受温度变化的影响

（1）对于拱坝和连拱坝，由于是超静定结构，且坝身尺寸较为单薄，对温度和地基的变形十分敏感。因此在各种荷载组合作用下，常于坝体内产生较大的拉、压应力。当应力超过材料强度时，将在坝体内引起裂缝，出现常见的渗漏病害。尤其是浆砌石拱坝，由于其灰缝的抗拉强度较低，更易产生坝体裂缝和渗漏。

（2）大坝设计时分缝分块不当，块长或分缝间距过大。

（3）由于设计不合理、水流不稳定，引起坝体振动甚至坝体开裂。

（4）基础处理不合格致使基础产生不均匀沉陷。

（5）施工质量较差或温度控制等未符合要求，使坝体内外温差过大等产生温度缝。

（6）施工缝处理不善，施工过程不连续出现冷缝；施工质量控制不好，使混凝土的均匀性、密实性差；或者混凝土养护不当，混凝土强度不足导致混凝土坝产生裂缝；浆砌石坝砌筑不密实及勾缝不严。

（7）大坝在运用过程中，超设计荷载使用，使建筑物承受的应力大于材料强度产生裂缝；大坝维护不良，或者受冰冻影响而又未采取防护措施，也容易引起裂缝。

（8）由于地震、爆破、台风和特大洪水等引起的坝体振动或超设计荷载作用导致裂缝发生。含有大量碳酸根离子的水，对混凝土产生侵蚀，造成混凝土收缩也容易引起裂缝。

4. 坝基渗漏与绕坝渗漏及产生原因

混凝土坝与浆砌石坝经常出现渗漏的部位有：坝体渗漏，如由冷缝、施工缝、裂缝、伸缩缝和坝体不密实存在渗漏通道等引起的渗漏；坝与岩石基础接触面渗漏；基础渗漏；坝肩绕坝渗漏等。

（1）坝体、坝基渗漏与绕坝渗漏的原因。造成混凝土坝与浆砌石坝渗漏的原因一般有以下几个方面。

1）因勘探工作不详细，地基中存在的渗漏隐患未能发现和处理，水库蓄水后渗漏。

2）在设计过程中，由于对某些问题考虑不全，在某种应力作用下，使坝体产生裂缝导致渗漏。

3）大坝施工中处理不彻底，帷幕灌浆质量不好，坝体与基础接触灌浆不合格，坝体所用建筑材料质量差等引起渗漏。

4）设计、施工过程中采取的防渗措施不合理，或运用期间由于物理、化学因素的作用，使原来的防渗措施失效或遭到破坏。

5）运用期间，遭受强烈地震及其他破坏作用，使坝体或基础产生裂缝，引起渗漏。

（2）渗漏的危害。混凝土坝与浆砌石坝的渗漏危害是多方面的。

1）坝体渗漏，将使坝体内部产生较大的渗透压力，坝基渗漏、接触面渗漏或绕坝渗漏，会增大坝下扬压力，影响坝身稳定。

2）压力水渗漏对坝体坝基产生溶蚀破坏作用，水泥中钙的溶出使混凝土强度降低，裂缝逐渐扩大，缩短建筑物的使用寿命。

3）严重的坝基渗漏将产生流土、管涌等而引起沉陷、脱落，而且还会发生淘空、沉陷等现象，使坝体破坏。

（二）增加重力坝抗滑稳定性的措施

抗滑稳定性不足是重力坝最危险的病害。当发现坝体存在抗滑稳定性不足（如坝基发现新的软弱夹层），或已产生初步滑动迹象（如观测结果，坝体底部水平位移增大，或由于水平位移而引起坝体裂缝和渗漏）时，应对造成抗滑稳定性不足的原因进行全面的分析，针对具体情况，采取针对性措施及时处理。

增加坝体的抗滑稳定，也就是增大安全系数的途径有减少扬压力、增加坝体重力、增加摩擦系数和减少水平推力等。现将具体措施分述如下。

1. 减少扬压力

扬压力对坝体的抗滑稳定性有极大的影响。当观测中发现实测扬压力增大成为坝体抗滑稳定性不足的主要原因时，就要采取减少扬压力措施。减少扬压力的措施通常是"上堵下排"，即在坝基上游部分补强帷幕灌浆加强防渗，在帷幕下游部分加强排水。

补强帷幕灌浆可从坝体灌浆廊道中进行。当没有灌浆廊道或需结合坝身灌浆处理时，可从坝顶上游侧钻孔，穿过坝身，深入基岩进行灌浆，也可进行深水钻孔灌浆。

由于扬压力过大而抗滑稳定性不够时，在帷幕下游部分设置排水系统增加排水能力。采用补钻排水孔措施，排水孔作成竖直的较好，这样便于观测和检查，且孔不易堵塞。如原有的排水孔受泥沙或地基中钙质析出物堵塞时，可用钻机进行扫通，恢复其排水能力。

排水与补强帷幕灌浆配合使用更能保证坝体的抗滑稳定性。

2. 增加坝体重力

增加重力坝坝体的重力是增加抗滑稳定性的有效措施之一。增加坝体重量可采用加大坝体断面或预应力锚固等方法。

加大坝体断面可从坝的上游面或下游面进行。从上游面增加断面时，既可增加坝体重力，又可改善防渗条件，但须降低库水位施工；从下游面增加断面时施工较为方便。坝体断面增加应考虑增加坝体时分期施工对坝体应力的影响。施工时还应注意新、旧坝体之间结合紧密。

对空腹重力坝或大头坝等坝型，也可采用坝腔内填石渣加重，不一定增大坝体断面。

预应力锚索锚固增加重力的方法是从坝顶钻孔到坝基，孔内放置钢索锚入地基岩层中，而在坝顶端施加预应力使坝体受压，从而增加坝体抗滑稳定性。

3. 增加摩擦系数

增加的坝体断面施工时必须注意清基和砌筑质量。上游面增加的坝体能加做齿墙，对防止滑动更为有利。

对于原坝体与地基的连接，可通过固结灌浆加以改善。固结灌浆除了能加强坝体与地基的结合，还能增强基岩的整体性和弹性模量，增加地基的承载能力，减少不均匀沉陷的发生；并可辅助帷幕灌浆，加强地基与防渗帷幕的衔接，提高帷幕的效果。

4. 减小水平推力

减小水平推力可采用控制水库运用和在坝体下游面加支撑等方法。

控制水库运用主要用于病险水库度汛。通过降低汛前调洪起始水位，改建溢洪道以加大泄洪能力控制库水位等，可减小库水对坝的水平推力。

坝体下游面加支撑可使坝体上游的水平推力通过支撑传到地基上，从而减少坝体所受的水平推力，又可增加坝体重力。方法包括在溢流坝下游护坦钻孔设桩、非溢流坝的重力墙支撑、钢筋混凝土水平拱支撑等，如图 7.36 所示。

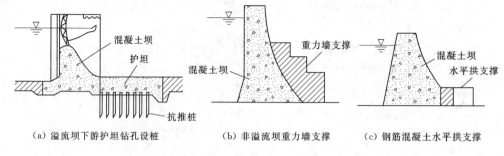

（a）溢流坝下游护坦钻孔设桩　　（b）非溢流坝重力墙支撑　　（c）钢筋混凝土水平拱支撑

图 7.36　下游面加支撑的形式

（三）拱座加固措施

拱座加固措施包括预应力锚杆加固拱座、固结灌浆加固、补做人工拱座等。

1. 预应力锚索加固拱座

对于拱座内有断层或软弱夹层，可采用预应力锚索加固拱座。钻孔穿过断裂等结构面，将锚杆锚固在结构面下盘，再施加预应力，利用锚杆锚固力增加抗滑力，利用锚杆抗剪强度对抗滑动力等。

2. 固结灌浆加固

对于拱座裂隙发育，可采用固结灌浆的方法处理；渗漏水严重时可采用补做帷幕。固结灌浆材料采用水泥浆，帷幕灌浆可用水泥黏土浆。

3. 补做人工拱座

对于原拱座设计不合理，或由于多年运用风化破坏严重，其他方法处理效果不好时，可将水库放空，将原拱座挖除，重新用混凝土坝或浆砌石坝补做拱座。应对人工拱座的形状、体积进行专门设计，并注意与基础山体的结合。

（四）混凝土坝裂缝处理

1. 混凝土坝裂缝处理原则

混凝土坝裂缝可能造成两种危害：一种是渗水，造成水量损失和工程运行状态恶化；另一种是建筑物的整体性和密实性受到破坏，影响结构受力。前者修理时主要解决渗漏问题，而后者则要求恢复其整体性。因此，修理裂缝的方法基本上可分为防渗、堵漏和恢复整体性、结构补强几个方面。

（1）缝宽在 0.1mm 以下表面无渗水的龟裂缝，不影响混凝土结构强度的可不加修理。但对处于高流速下比较密集的龟裂缝，宜用环氧砂浆进行表面涂抹，以增强其抗冲耐蚀能力。

（2）缝宽在 0.1mm 以上的无渗水裂缝，当不影响结构强度时，为防止钢筋锈蚀，可采用表面水泥浆涂抹粘补的方法。

（3）有少量渗水，但不影响结构强度的裂缝，可采用凿槽嵌补和喷浆等方法。

（4）数量较多、分布面积较广的细微裂缝，当不影响结构强度时，可采用水泥砂浆抹面，浇筑混凝土隔水层、沥青混凝土防水层或表面喷浆等方法。

（5）渗漏较大，但对结构强度无影响的裂缝，可在渗水出口面凿槽，把漏水集中导流后，再嵌补水泥砂浆或其他材料；如渗漏量较大，最好在渗水进口面粘补胶泥或粘补其他材料。也可凿槽嵌补环氧砂浆等材料，或采用钻孔灌浆堵漏的方法。

（6）沉陷缝应首先加固基础（如采用灌浆的方法），然后堵塞裂缝，必要时可辅以其他措施以增强结构的整体性。

（7）恢复或增强结构整体性的方法有浇筑新混凝土或钢筋混凝土、灌水泥浆或水泥砂浆、喷水泥浆或水泥砂浆、钢板衬护、钢筋锚固或预应力锚索加固等。

2. 混凝土坝裂缝防渗处理的方法

裂缝防渗修补可采用喷涂法、粘贴法、凿槽嵌补法和灌浆法。

（1）喷涂法。喷涂法修补是在裂缝部位混凝土表面凿毛处理并喷射一层密实而强度高的材料，达到封闭裂缝、防渗堵漏的目的。喷涂法适用于宽度小于 0.3mm 的表层裂缝（死缝）修补堵漏。表面喷涂材料可选用水泥砂浆或环氧树脂类、聚酯树脂类、聚氨酯类、改性沥青类等涂料。

根据裂缝的部位、性质和修理要求，可以分别采用无筋素喷浆、挂网喷浆或挂网喷浆结合凿槽嵌补等修理方法。无筋素喷浆施工工艺：用钢丝刷或风砂枪清除表面附着物和污垢并凿毛、冲洗干净，混凝土表面气孔可用树脂类材料充填，对凹处先涂刷一层树脂基液，后用树脂砂浆抹平，喷涂或涂刷 2～3 遍，第一遍喷涂采用经稀释的涂料，涂膜总厚度应大于 1mm。

（2）粘贴法。粘贴法就是用胶粘剂把橡皮或其他材料粘贴在混凝土坝裂缝部位，达到封闭裂缝防渗堵漏的目的。粘贴法适用于不稳定裂缝（活缝）的防渗面修补。有表面粘贴法和开槽粘贴法两种，前者用于裂缝宽度小于 0.3mm 的表层裂缝修补，后者用于裂缝宽度大于 0.3mm 的表层活缝修补。粘贴材料可选用橡胶片材、改性聚氯乙烯片材等。

1）表面粘贴法施工工艺。粘贴基面处理按上述喷涂法有关规定执行，在粘贴片材前应使基面干燥，并涂刷一层胶黏剂，再加压粘贴刷有胶黏剂的片材。

2）开槽粘贴法施工工艺。沿裂缝凿槽宽 18～20cm、槽深 2～4cm、槽长超过缝端 15cm 并清洗干净；在槽面先涂刷一层树脂基液，再用树脂基砂浆找平。沿缝铺宽为 5～6cm 的隔离膜，再在隔离膜两侧干燥基面上涂刷胶黏剂，粘贴刷有胶黏剂的片材，并用力压实，回填弹性树脂砂浆，并压实抹光，其表面应与原混凝土面齐平。

（3）凿槽嵌补法。沿混凝土坝裂缝凿一条深槽，槽内嵌填各种防水材料以防渗水。适用于缝宽大于 0.3mm 的表层裂缝修补。嵌补材料应根据裂缝的类型进行选择，对死缝可选用环氧砂浆及预缩砂浆（干硬性砂浆）等，对活缝应选用弹性树脂砂浆和弹性嵌缝材料等。

凿槽的断面形状有：V 形，见图 7.37（a），多用于垂直裂缝；U 形，见图 7.37（b），多用于水平裂缝；燕尾形，见图 7.37（c），多用于顶面裂缝（开口向下）及有水渗出的裂缝。

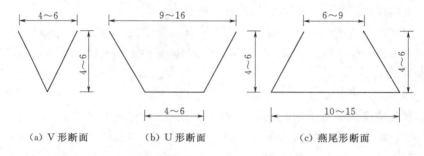

（a）V 形断面　　　　（b）U 形断面　　　　（c）燕尾形断面

图 7.37　缝槽形状及尺寸（单位：cm）

1）死缝充填法施工工艺。沿裂缝凿 V 形槽，槽宽、深 4～6cm；槽面涂刷树脂基液，待干燥后涂刷聚合物水泥浆，趁湿润向槽内充填修补材料，并压实抹光。

2）活缝充填法施工工艺。沿裂缝凿 U 形槽，槽宽、深 4～6cm；槽底面用砂浆找平并铺设隔离膜；槽侧面涂刷胶黏剂，再嵌填弹性嵌缝材料并用力压实；回填砂浆与原混凝土面齐平。

（4）灌浆法。灌浆法适用于深层裂缝和贯穿裂缝的防渗修补。灌浆材料可按裂缝的性质、开度以及施工条件等具体情况选定。对于开度大于 0.3mm 的死缝可采用水泥灌浆，对开度小于 0.3mm 的裂缝，宜用化学灌浆；"死缝"可选用水泥浆材料、环氧浆材料、高强水溶性聚氨酯浆材料等；"活缝"可选用弹性聚氨酯浆材料等。

灌浆法施工工艺：按设计要求钻孔、洗孔、埋设灌浆管；沿裂缝凿宽、深 5～6cm 的 V 形槽，在槽内涂刷基液，用砂浆嵌填封堵；压水检查贯通情况；垂直缝和倾斜缝灌浆应从深到浅、自下而上进行，接近水平状裂缝灌浆可从低端或吸浆量大的孔开始；灌浆压力限制为 0.2～0.5MPa，当进浆顺利时应降低灌浆压力；灌浆结束封孔。

3. 混凝土坝裂缝补强加固方法

当裂缝影响结构强度时需要补强加固。可采用灌浆法、预应力法、粘贴玻璃钢法、增加断面法等。

（1）灌浆法适用于深层裂缝和贯穿裂缝的补强加固。灌浆材料可选用水泥类浆材、环氧类浆材、高强水溶性聚氨酯浆材和甲凝浆材等。

（2）预应力法适用于影响建筑物抗滑稳定或整体受力的裂缝和因强度不足而开裂部位的补强加固。预加应力方向应与裂缝面垂直，用钢筋探测器探查钢筋位置，钻孔时不得损伤钢筋。

（3）粘贴玻璃钢法适用于梁、板、管等补强加固。补强加固材料可选用环氧树脂、聚酯树脂等胶黏剂和玻璃丝布。

（4）增加断面法适用于涵管、柱、墩等补强加固。补强加固材料可选用混凝土和活性聚合物。增加断面法施工混凝土表面应凿毛、冲洗干净，并涂刷界面处理剂。新、老混凝土结合面设置锚筋，其间距为 30～40cm，锚固长度约为 15 倍锚筋直径。新浇混凝土强度等级应高于老混凝土强度等级。

（五）浆砌石裂缝处理

处理裂缝的目的是增强坝体的整体性、提高坝体的抗渗能力、恢复或加强坝体结构强度。浆砌石裂缝处理方法有堵塞封闭裂缝、加厚坝体、灌浆处理、表面粘补等。

1. 填塞封闭裂缝

将裂缝凿深约 5cm，洗净缝内的砂浆，用 M10 水泥砂浆仔细勾缝填塞，并做成凸缝以增加耐久性。内部裂缝可用砂浆灌填密实。可适当加入加气剂或塑化剂以改善砂浆的流动性，但要注意水灰比不宜过大，以避免水泥砂浆收缩后形成新的裂缝。

填塞裂缝可提高坝体的抗渗能力，并局部恢复坝体的整体性。对于已经稳定的温度缝和沉陷缝均可采用这种方法。处理工作尽量安排在冬季气温较低时进行。

2. 加厚坝体

因强度不够所产生的应力裂缝和贯穿整个坝体的沉陷缝，应采取加厚坝体的措施以改善坝体应力状态。坝体加厚的尺寸应经核算确定。在具体处理时，应注意新老砌体的结合，如能在新老砌体之间设置混凝土防渗墙则效果更好。

3. 灌浆处理

对于数量众多的贯穿性裂缝常用灌浆处理。灌浆处理可防止渗漏，恢复坝体的整体性和提高坝体的强度。

灌浆材料可根据裂缝的大小、渗漏情况和施工条件等采用水泥或水玻璃、甲凝、丙凝和环氧树脂等化学材料。当裂缝大于 0.2mm 时，多采用水泥灌浆。当裂缝小于 0.1mm 时，应采用化学材料灌浆。

在水泥浆液中加入适量的水玻璃灌浆，有以下优点：①凝结时间短，且可人为控制凝结时间在几分钟至几小时内；②润滑性强，可提高其流动性和可灌性，一般较小裂缝也可灌入；③可以有效地充填裂缝，结石率高；④凝结后强度较高，既能防渗又能加固坝体。

4. 表面粘补

表面粘补不能恢复坝体的整体性和提高坝体强度。当裂缝不稳定，而裂缝并不影响坝体结构受力条件时可对裂缝进行表面粘补。表面粘补是用环氧浆液粘贴橡皮、玻璃丝布或塑料布等，在裂缝的上游面粘贴，以防止沿裂缝渗漏并适应裂缝的活动变化。

（六）混凝土坝与浆砌石坝渗漏处理

1. 渗透处理的原则

混凝土坝与浆砌石坝渗漏处理的原则仍然是"上截下排"、以截为主、以排为辅。

（1）对坝体渗漏宜在迎水面封堵，这样既可直接阻止渗漏，又可防止坝体侵蚀，降低坝体渗透压力，有利于建筑物的稳定。不能降低上游水位时宜采用水下修补，不影响结构安全时也可在背水面封堵。

（2）对坝基渗漏的处理，以截为主，以排为辅。排水虽可降低基础扬压力，但会增加渗漏量，对有软弱夹层的地基容易引起渗漏变形，应慎重对待。

（3）对于接触渗漏和绕坝渗漏的处理，应尽量采取封堵的措施，以减少水量损失，防止渗透变形。

2. 混凝土坝体渗漏处理措施

应根据渗漏的部位、危害程度以及修补条件等实际情况确定处理的措施。

（1）集中渗漏处理。集中渗漏宜在上游封堵，如迎水面封堵不方便则在出水口封堵。

1）当漏水量较小，水压力低于 0.1MPa 时，可采用直接堵漏法。即把出水孔洞凿成口大内小的楔形状，将快凝止水砂浆捻成与孔相近的形状，迅速塞入孔内压实堵漏。

2）漏水面积较大的缺陷或裂缝的出水口修补。漏水量较大又有一定压力时用导管堵漏法，即将出水口缺陷凿除并凿成适合下管的孔洞，将导管插入孔中，导管四周用快凝止水砂浆封堵。待导管周围砂浆强度满足要求时封堵排水管。

当水压小于 0.1MPa 时可采用导管上安装阀门堵漏，或将裹有棉纱的木楔打入铁管堵水，或是砂浆凝固后拔出导管，用快凝止水砂浆封堵导管孔；当水压大于 0.1MPa 时，可采用顶水灌浆堵漏法，灌浆材料采用水泥浆材、化学浆材，灌浆压力为 0.2～0.4MPa。

（2）裂缝渗漏处理。裂缝渗漏处理应先止漏后修补。裂缝上游侧封堵方法见前文的裂缝防渗处理措施，出水口止漏可采用直接堵塞法、导渗止漏法。对大坝上游面水平裂缝的渗漏处理应进行专项设计。

1）直接堵塞法适用水压小于 0.1MPa 的裂缝漏水处理。沿缝面凿槽，把快凝砂浆捻成条形，逐段迅速堵入槽中，挤压密实，堵住漏水。

2）导渗止漏法适用于水压大于 0.1MPa 的裂缝漏水处理。用风钻在缝的一侧钻斜孔，穿过缝面并埋管导渗，裂缝修补后封闭导水管。

（3）散渗处理。散渗处理可采用表面涂抹粘贴法、喷射混凝土（砂浆）法、防渗面板法、灌浆法等。

1）表面涂抹粘贴法适用于混凝土轻微散渗出水侧处理，材料可选用各种有机或无机防水涂料及玻璃钢等。混凝土表面凿毛，清除破损混凝土，采用快速堵漏材料对出渗点强制封堵，使混凝土表面干燥，再涂抹防水涂料或粘贴玻璃钢。

2）喷射混凝土（砂浆）适用于迎水面大面积散渗的处理，施工方法有干式、湿式和半湿式 3 种。对有渗水的受喷面宜采用干式喷射；无渗水的受喷面宜采用半湿式或湿式喷射。5cm 以下厚度宜喷射砂浆；5～10cm 厚度宜喷射混凝土或钢丝网喷射混凝土；厚度为 10～20cm 时，宜采用钢筋网喷射混凝土或钢纤维喷射混凝土。

3）防渗面板适用于严重渗漏、抗渗性能差的迎水面处理。材料可选用混凝土、沥青混凝土等。

4）灌浆处理适用于建筑物内部混凝土密实性较差或网状深层裂缝产生的散渗。灌浆材料可选用水泥浆材或化学浆材，灌浆孔可设置在坝上游面、廊道或坝顶处，孔距根据渗漏状况确定，灌浆压力为 0.2～0.5MPa。灌浆结束后散渗面可用防水涂层防护。

（4）伸缩缝渗漏处理。伸缩缝渗漏处理可采用嵌填法、粘贴法、锚固法、灌浆法及补灌沥青等。

1）嵌填法可选用橡胶类、沥青基类或树脂类等弹性嵌缝材料。沿缝凿宽、深均为 5～6cm 的 V 形槽，清除缝内杂物及失效的止水材料，槽面涂刷胶黏剂，槽底缝口设隔离棒，嵌填弹性嵌缝材料。回填弹性树脂砂浆与原混凝土面齐平。

2）粘贴法的粘贴材料可选用厚 3～6mm 的橡胶片材，施工按混凝土裂缝（活缝）修补方法。

3）锚固法适用于迎水面伸缩缝处理，防渗材料可选用橡胶、紫铜、不锈钢等片材，锚固件采用锚固螺栓、钢压条等，局部修补时应做好伸缩缝的止水搭接。沿缝两侧凿槽，槽宽 35cm、槽深 8～10cm。沿缝两侧各钻一排锚栓孔，预埋锚栓。清除缝内堵塞物，嵌入沥青麻丝，安装止水片、钢垫板、拧紧螺母压实。片材与缝面之间充填密封材料，片材与坝面之间充填弹性树脂砂浆。

4）灌浆法适用于迎水面伸缩缝局部处理。灌浆材料可选用弹性聚氨酯、改性沥青浆材等。沿缝凿宽、深 5～6cm 的 V 形槽；在处理段的上、下端骑缝钻止浆孔，孔径 40～50mm，孔深不得打穿原止水片，清洗后用树脂砂浆封堵；骑缝钻灌浆孔，孔径 15～20mm，孔距 50cm，孔深 30～40cm；用压力水冲洗钻孔，埋入灌浆管；冲洗槽面，用快凝止水砂浆嵌填 V 形槽；逐孔洗缝；灌浆自下而上逐孔灌注，灌浆压力为 0.2～0.5MPa 至灌浆结束。

5）补灌沥青适用于沥青井止水结构的渗漏处理，沥青井加热可采用电加热法或蒸汽加热法。井内沥青膏加热温度控制在 120～150℃内；打开出流管检查沥青熔化和老化程度。补灌的沥青膏经熔化熬制后灌注井内，灌注后膏面应低于井口 0.5～1.0m，灌后对井口、管口加盖保护。

3. 浆砌石坝体渗漏的处理

由坝体及防渗面板裂缝引起的坝体渗漏已如前文所述。由其他原因造成坝身渗漏，可根据具体情况处理。

（1）水泥砂浆重新勾缝。当坝体石料质量较好，仅局部区域由于施工质量较差，如砌缝中砂浆不够饱满，或砂浆干缩产生裂缝而造成渗漏时，均可采用勾缝方法处理。

（2）灌浆处理。当坝体砌筑质量普遍较差，大范围内出现严重渗漏，勾缝无效时，可采用从坝顶钻孔灌浆，在坝体上游部分形成防渗帷幕的方法处理。

（3）上游面加厚坝体。当坝体砌筑质量普遍较差，渗漏严重，勾缝无效，但又无灌浆条件时，可放空水库在上游面加厚坝体起防渗层作用。

（4）上游面增设防渗层。当坝体石料质量差，抗渗能力不足，以及砌筑质量差等引起严重渗漏时，可采取在上游面增设混凝土防渗面板（墙）、防水砂浆防渗层、粘贴防渗土工膜或喷浆防渗层等方法处理。

4. 基础及绕坝渗漏处理

通常均要求对坝基和坝肩进行灌浆处理。

（1）加深加密帷幕。当查明是帷幕深度不够或帷幕失效时，可加深原帷幕。防渗性能差的帷幕应加密灌浆孔；断层破碎带贯穿坝基、渗漏严重的应加深、加厚帷幕。

（2）补充接触灌浆。混凝土与基岩接触面产生渗漏等情况，可采用补充接触灌浆法处理。接触灌浆孔深应钻至基岩面以下 2m，当同时补做帷幕时，接触段灌浆应单独划分为一孔段，并先行钻灌，然后继续钻进做帷幕补强灌浆。如果帷幕补强灌浆是采用自下而上的灌浆方式，则应分别进行。

（3）进行固结灌浆。若有断层破碎带贯穿坝基造成渗漏，除在该处适当加深加厚帷幕外，应根据破碎带构造情况增设钻孔，进行固结灌浆。

（4）增设排水孔改善排水条件。当查明是排水不畅或排水孔堵塞时，可设法疏通，必要时增设排水孔以改善排水条件。

（5）绕坝渗漏处理。对于土质地基的绕坝渗流，可采用开挖回填或加深刺墙进行处理，即把防渗墙向岸坡延伸，加强阻渗作用。对于岩石岸坡，山体岩石破碎的可采用灌浆作帷幕，对山体岩石节理裂隙发育的可采用水泥灌浆或化学灌浆；岩溶渗漏可采用灌浆、堵塞、阻截、铺盖和下游导排等措施处理。

5. 水下修理措施

混凝土坝与浆砌石坝在运用中出现裂缝、漏洞等病害，由于某些原因不能降低库水位时，为防止病害发展，保证工程正常运用，就需要在水下进行修理。水下修理的特点是工作环境较差、对材料的选用有一定要求、修补材料的输送和修理操作要防止水的影响。

（1）水下嵌缝或粘贴堵漏。水下嵌缝或粘贴堵漏须潜水进行。

1）麻丝、桐油灰嵌堵。施工时，由潜水员先将裂缝或漏洞清洗干净，然后用螺丝刀将麻丝桐油灰掺石棉绳、棉絮等嵌入裂缝或漏水孔洞内，并锤击密实。如要求有水硬性时，可在油灰内掺入少量水泥。

2）瓷泥黏堵。先将裂缝漏水处表面清刷干净，再将瓷泥（即高岭土）掺水拌和制成条状，然后粘贴在漏水处，并尽力压紧。

3）水下环氧粘贴。水下粘贴裂缝，可选用环氧焦油砂浆或酮亚胺环氧砂浆等水下环氧材料。为防止粘贴材料在水中发生离析，需将其在水上装入有边框的模板，然后下至粘贴部位并加压顶紧。对于深水粘贴裂缝堵漏，可用螺杆加力器加压，对于浅水粘贴裂缝堵漏，可用支撑加压。

（2）水下浇筑混凝土堵漏。坝基面的接触渗漏、断层破碎带的表面止漏等，可用水下浇筑混凝土的方法进行处理。水下浇筑混凝土的方法较多，其中的导管法运用较多。水下混凝土配合比应做专门设计，坍落度为 18～21cm。施工时导管下端应始终埋入混凝土中 1～5m，防止产生脱空现象。

第四节　溢洪道的养护与修理

一、溢洪道的日常养护

溢洪道的安全泄洪是确保水库安全的关键。

1. 正常溢洪道的养护

有些水库的溢洪道泄水机会并不多，宣泄大流量的机会则更少。但由于大洪水出现的随机性，溢洪道每年都应做好宣泄大洪水的准备，这就要求把工作的重点放在日常养护上，时刻保证溢洪道能正常工作。

正常溢洪道的养护需做到以下几点。

（1）核查水库的集水面积、库容、地形地质条件和水、沙量等资料，按设计标准验算溢洪道的过流能力。当不满足要求时应采取措施解决。

（2）检查溢洪道的宽度和深度是否符合设计尺寸；汛期过水时观测过水能力能否达到设计要求；每年汛后检查各部位淤积或坍塌堵塞情况；检查拦鱼栅和交通桥等建筑物对溢洪道过水能力的影响等。发现问题及时解决。

（3）经常检查溢洪道建筑物结构完好情况，损坏及时维修。溢洪道陡坡段底板被冲刷或淘空时，要用混凝土进行填补；防渗或排水系统失效应立即翻修；边墙内填土不良或因墙内填土侧压力过大使边墙开裂甚至倾倒，应采取改善措施；溢洪道两岸边坡开挖过陡或未做截流导渗设施，可能引起边坡塌方时，则应削坡放缓并补做截流导渗设施等。

（4）应注意检查溢洪道消能效果。中、小型水库采用鼻坎挑流时，要注意观察水流是否冲刷坝脚，冲坑深度是否在继续发展。有些溢洪道出口过分靠近土坝，又无可靠消能设备时应及时提出改建方案。

（5）有闸门控制的溢洪道应经常检查闸门及启闭机情况，保证在使用时正常灵活。

（6）严禁在溢洪道周围爆破、取土、修建无关建筑。注意清除溢洪道周围的漂浮物，禁止在溢洪道上堆放杂物。

2. 非常溢洪道的管理养护

非常溢洪道只是在特大暴雨洪水情况下考虑启用。因此，使用的机会要比主溢洪道少得多，但决不能因此忽视其管理养护。

非常溢洪道的养护需做到以下几点。

（1）副坝做自溃式非常溢洪道，应注意检查副坝和地基情况。要保证在非常情况下能够自行冲开，又要做好冲不开时人工爆破的准备，汛前准备好爆破器材。

（2）副坝人工爆破做非常溢洪道。要求提前做好药室，平时要注意保护，保证药室干燥。每年汛前都要准备好爆破器材，必要时对炸药和爆破设施要进行检查试验，以防在非常情况下爆破失灵。

（3）垭口上筑子堤做非常溢洪道，平时要注意养护，保持完整。特别在汛期要注意防护，防止风浪冲击破坏。在不溢洪时，要保证不致决口垮堤。

二、溢洪道的病害处理

溢洪道在运用中存在的主要问题是泄洪能力不足、闸墩开裂、闸底板开裂、陡坡底板被掀起、边墙冲毁、消能工破坏等。

（一）溢洪道泄洪能力不足的处理

溢洪道泄洪能力不足是导致许多水库垮坝的一个重要原因。在我国 241 座大型水库的 1000 次事故中，因泄洪能力不足而漫坝失事的占 42%，因超设计标准洪水而漫坝失事的占 9.5%。所以在运营管理过程中应注意检查核算和处理。

溢洪道的过水能力主要决定于控制段，与堰顶水头、堰型和溢流宽度有关。根据控制堰的堰顶高程、溢流前缘（即所有闸孔、闸墩宽度相加）及溢流时的堰顶水头（水深）可以验算校核。

1. 溢洪道泄洪能力不足的主要原因

造成溢洪道泄洪能力不足的主要原因有以下几个。

（1）原始资料不可靠。如有的水库集雨面积的采用值远小于实际汇水面积；有的水库降雨资料不准；有的水库水位—容积关系曲线不对；水库淤积后实际库容比设计值小等。

（2）水库的设计防洪标准偏低。

（3）计算模型代表性差，过流措施取值不符合实际。

（4）溢洪道开挖断面不足，未达到设计要求的宽度和高程。

（5）溢洪道控制段前淤积及设置拦鱼设施等碍洪设施；为多蓄水而在溢洪道上筑挡水堰；在溢洪道进口处随意堆放弃碴，形成阻水等。

（6）由于大坝沉陷变形出现鞍形坝顶，汛期不能蓄至最高洪水位，堰顶水深不足。

2. 加大溢洪道泄洪能力的措施

其主要是加宽和加深溢洪道过水断面。要加大溢洪道泄洪能力，可采取以下措施。

（1）加宽溢洪道。如果地形条件允许，挖方量不大，则应首先考虑加宽断面的方法。如果溢洪道是与土坝紧相连接，则加宽断面应在靠岸坡的一侧进行。

（2）降低溢洪道底板高程。如果岸坡较陡，不便加宽溢洪道，则考虑降低堰顶高程。在这种情况下，需增加闸门的高度。在无闸门控制的溢洪道上，降低堰顶高程将使正常蓄水位降低、兴利库容相应减小。因此，可以考虑在加深后的溢洪道上建闸以保证兴利库容。

（3）增设溢洪道。在有条件的情况下，也可增设新的溢洪道。

（4）加高大坝。通过加高大坝，抬高上游库水位，增大堰顶水头。这种措施应以满足大坝本身安全和经济合理为前提。

（5）增大流量系数。宽顶堰的流量系数一般为 0.320～0.385，实用堰的流量系数一般为 0.42～0.44。因此，可将宽顶堰改为流量系数较大的曲线形实用堰以增大泄洪能力。

（6）提高侧收缩系数。改善闸墩和边墩的头部平面形状可提高侧收缩系数，从而增加泄洪能力。

（二）底板破坏及修理

溢洪道在泄洪期间泄槽段内流速大，流态混乱，往往在下游段形成冲刷。溢洪道泄水时底板上承受有水压力、水流的拖曳力、脉动压力、动水压力、浮托力和地下水的渗透压力等，并要经受温度变化或冻融交替产生的伸缩应力，还要抵抗自然的风化和磨蚀作用。往往在陡坡的底板、消力池底板或冲坑附近受到冲刷，加之底板表面不平整，缝隙中进入动水，底板下渗水浮托力过大等，易引起破坏；也有在陡坡弯段上，因离心力的作用，使水面倾斜、撞击和发生冲击波。

1. 防止底板破坏的措施

保证底板结构在高速水流下安全的措施可归结为 4 个方面，即封、排、压、光。

（1）"封"就是要求截断渗流。用堰前齿墙或防渗帷幕将上游库水截断；底板末端用齿墙将下游尾水隔离；底板间的分缝用止水材料或其他措施密封，以减少浮托力和动水压力对底板的破坏。

（2）"排"就是做好排水系统，将未被截住的渗漏水从底板下迅速排出。泄槽段底板下设置排水系统，排水系统故障对底板安全威胁很大，需及时翻修重做。岩基上的底板或有较好反滤措施的土基上的底板的排水系统一般有板面排水和板下排水两种形式。板下排水由纵向排水支管、横向排水支管和排水干管组成；板面排水则由横向排水支管直接经竖向排水主管排至板面。

（3）"压（或拉）"就是利用底板自重抵抗浮托力和脉动压力，使其不致漂起掀动。在地基条件许可时，可用锚筋或锚桩拉住底板以减少底板的厚度。

（4）"光"就是要求底板表面光滑平整。底板不平往往是在高速水流作用下被掀翻或产生空蚀的重要原因。所以要彻底清除施工时残留的钢筋头和混凝土柱头等，局部的错台必须磨成斜坡。

2. 底板破坏的抢护与维修

当溢洪道泄洪期间发现底板损坏而又不能停止泄洪时，应采取临时抢护措施，可采用抛投块石，土袋、石笼等防止破坏扩大。待泄洪过后采取措施修复。修复前应查明破坏原因，消除不安全因素。

（三）地基土被掏空破坏及处理

当泄槽底板下为软基时，由于底板接缝处地基土被高速水流引起的负压吸空，或者板下排水管周围的反滤层失效，土壤颗粒随水流经排水管排出，均容易造成地基被掏空，产生底板沉陷开裂等。前者处理是做好接缝处反滤，并增设止水；后者处理是对排水管周围的反滤层重新翻修。

（四）泄槽底板下滑的处理

泄槽底板可能因摩擦系数小、底板下扬压力大、底板自重轻等原因，在高速水流作用下向下滑动。为防止土基上的底板下滑，截断沿底板底面的渗水和防止被掀起，可在每块底板端部做一段横向齿墙，如图7.38所示，齿墙深度为0.4～0.5m。

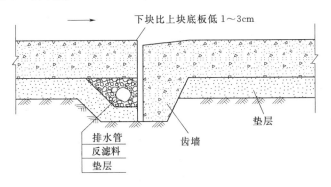

图7.38　基底板接缝布置图

岩基上的薄底板，因自重较轻，有时需用锚筋加固以增加抗浮性。锚筋可用直径为20mm以上的粗钢筋，埋入深度1～2m，间距1～3m，上端应很好地嵌固在底板内。土基上的底板如自重不够，可采用锚拉桩的办法。

（五）空蚀的处理

泄槽段空蚀的产生主要是边界条件不良所致，如过流面不平整、弯道不符合流线形状，底板纵坡由缓变陡处处理不合理等。过流面不平整缺陷包括表面轮廓线走样、升坎、跌坎、局部凸凹和蜂窝麻面、残留钢筋头等。

对空蚀的处理，首先是对产生空蚀的部位进行修补，其次可通过改善边界条件、高速水流掺气免蚀等，尽量防止空蚀产生。

（六）溢洪道裂缝处理

溢洪道经常出现裂缝的部位有闸墩、底板、边墙、消力池、溢流堰等。裂缝产生的原因主要是由于温差过大、地基沉陷不均以及材料强度不够等。位于岩基上的结构物，裂缝多由温度应力引起；在土基上的结构物，裂缝多因沉陷不均所致。如岸墩、边墙等与土坝或岸坡相接的结构物，往往由于墙后填土过早，在施工期便产生了早期裂缝；有的运用期间，墙背土压力超过了设计值，或因排水系统失效，增大了墙背侧压力而产生后期裂缝。

边墙的裂缝，尤其是高于正常水位的裂缝，也一样要重视并进行处理，以免遇到汛期高水位时裂缝扩展陷于被动。

细小而不再继续发展的裂缝，虽对安全影响不大，但也应及时处理，以防内部钢筋被锈蚀。底板上的裂缝，有的会因过水时水流渗入缝内引起底板下浮托力增加，以致把整块底板冲走。

对于大的裂缝，或者发展快的裂缝，常是发生险情的前兆，必须及时处理，更不应忽视。

裂缝修理的方法参见混凝土坝与浆砌石坝有关内容。

第五节　水闸的养护与修理

一、水闸的日常养护

1. 闸门的日常养护

衡量闸门养护保养合格的标准是：位置准确、启闭自如、埋件耐久、封水不漏和清洁无锈。闸门养护的内容有以下几项。

（1）要经常清理闸门、门槽上附着的水生物和杂草污物等，避免钢材腐蚀，保持闸门清洁美观、运用灵活。

（2）闸门面板及主要构件经常养护，防止出现局部变形、杆件弯曲、裂纹或断裂、焊缝开裂及气蚀等病害，防腐涂膜出现破损、鼓包、脱落等现象应及时修补。闸门各部位的紧固部件无松动和损坏；所有运转部位润滑完好。

（3）支承行走装置经常润滑和防锈，不出现滚轮锈死而由滚动摩擦变为滑动摩擦；防止压合胶木滑块劈裂变形，表面保持一定光滑度。

（4）闸门止水保持完好，破损、老化及时更换；止水橡皮适时调整，门后无水流散射现象；及时清理缠绕在水封上的杂草、冰凌或其他障碍物，及时拧紧或更换松动锈蚀的螺栓，定期调整橡胶水封的预压缩量，使松紧适当；打磨或涂抹环氧树脂于水封座的粗糙表面，使之光滑平整；对橡皮水封要做好防老化措施；木水封要做好防腐处理，金属水封要做好防锈蚀工作等。

（5）门槽及预埋件的养护。经常清理门槽处的碎石、杂物，以防闸门卡阻；对各种轮轨摩擦面采用涂油保护，预埋铁件要涂防锈漆，发现预埋件有松动、脱落、变形、锈蚀等现象时要进行加固处理。

（6）异常振动的防治。闸门工作时，往往由于水封漏水、开度不合理、波浪冲击、闸门底缘型式不利或门槽型式不适当等，使闸门发生振动，从而使闸门结构遭受破坏。因此，一旦发现闸门有异常振动现象应及时检查，找出原因，采取相应的处理措施。

2. 启闭机的日常养护

衡量启闭机养护工作好坏的标准是动力保证、传动良好、润滑正常、制动可靠、操作灵活、结构牢固、支承坚固。启闭机的日常养护内容包括以下几项。

（1）启闭机金属结构表面卫生清洁，无铁锈、氧化皮、焊渣、油污、灰尘、锈迹及掉漆。

（2）启闭机轴承无损伤、变形或严重磨损，润滑油脂要足够并保持清洁，轴承工作时无噪声、发热现象；各滑轮组转动灵活，滑轮磨损量不超过有关标准。

（3）启闭机各传动部位润滑良好，定期更换和加注润滑油；启闭机运行时各机械部件均无冲击声和其他杂音；启闭机齿轮箱各轴头、检查孔等无漏油、渗油现象。

（4）启闭机的连接件保持紧固，无松动现象，启闭机制动装置整洁、无污物，工作灵活、可靠，刹紧时无滑动、冒烟、噪声等现象，制动带与制动轮接触面积不小于总面积的75%，启闭机机械限位装置运行可靠、动作准确。

（5）电动机主要操作设备应保持清洁干净，接触良好，机械传动部件要灵活自如，接头要连接可靠，限位开关要经常检查调整，保险丝严禁用其他金属丝代替。电动机绝缘良好，工作时无异常响声，金属结构有良好的接地。

（6）启闭机钢丝绳经常涂抹防水油脂，定期清洗保养，无锈蚀、断丝、硬弯、松股、缠绕等缺陷，钢丝绳在任何部位均不得与其他部件相摩擦。

3. 水闸建筑物与其他设施日常养护工作

水闸建筑物与其他设施日常保养包括以下内容。

（1）严禁在水闸上堆放重物，以防引起地基不均匀沉陷或闸身裂缝。

（2）定期清理机房、机身、闸门井、操作室以及照明设施等，并要充分通风。

（3）拦污栅必须定期进行清污，特别是在水草和漂浮物多的河流上更应注意。在多泥沙河流上的闸门，为了防止门前大量淤积，影响闸门启闭，要定期排沙，并防止表面磨损。

（4）备用电源、照明、通信、避雷设备等要经常保持完好状态。

二、水闸的损坏及处理

（一）水闸建筑物裂缝与处理

1. 闸底板、闸墩的裂缝与处理

混凝土强度不足、温差过大及地基不均匀沉陷等容易引起闸底板裂缝。闸底板刚度较小，很容易由于地基不均匀沉陷引起裂缝。

闸底板裂缝修补前应采取稳定地基的措施：一是卸载，如将墙后填土的边墩改为空箱结构，或拆除增设的交通桥等；二是加固地基，常用的方法是对地基进行补强灌浆，提高地基的承载能力。

混凝土裂缝主要采用修补和补强处理。闸墩裂缝最常见的是发生在弧形闸门闸墩的牛腿与闸门之间，多呈铅直向且贯穿闸墩。处理时，多采用预应力拉杆锚固法，一般是沿闸墩主拉应力方向增设高强度预应力钢筋（拉杆），主拉杆的布置应与主拉应力大小、方向相适应，呈扁形分布。主拉杆上游端通过钢板与锚筋连接，下游端穿过牛腿，杆端配置螺帽并施加预应力。

2. 翼墙裂缝与处理

地基不均匀沉陷和墙后排水设备失效是造成翼墙裂缝的两个主要原因。由于不均匀沉陷而产生的裂缝，首先应通过减荷稳定地基，然后再对裂缝进行修补处理。因墙后排水设备失效，应先修复排水设施，再修补裂缝。

3. 护坦裂缝与处理

护坦裂缝产生的原因有地基不均匀沉陷和底部排水失效等。因地基不均匀沉陷产生的裂缝，可待地基稳定后，在缝上设止水，将裂缝改为沉陷缝；底部排水失效应先修复排水设备。

4. 钢筋混凝土的顺筋裂缝与处理

钢筋混凝土顺筋裂缝是沿海地区挡潮闸普遍存在的一种病害现象。产生的原因是海水渗入混凝土接触钢筋而产生电化学反应使钢筋锈蚀。锈蚀引起的体积膨胀致使混凝土顺筋开裂。

顺筋裂缝的修补：沿缝凿除保护层，将钢筋周围的混凝土凿除 2cm；对钢筋彻底除锈并清洗干净；在钢筋表面涂上一层环氧基液，在混凝土修补面上涂一层环氧胶，再填筑修补材料。修补材料应具有抗硫酸盐、抗碳化、抗渗、抗冲、强度高、凝结力大等特性。目前常用的有铁铝酸盐早强水泥砂浆及混凝土、抗硫酸盐水泥砂浆及细石混凝土、聚合物水泥砂浆及混凝土和树脂砂浆及混凝土等。

（二）消能防冲设施的破坏及处理

要加固与修复消能防冲设施，必须了解产生破坏的原因。如果是由于水力计算或结构设计方面的问题，则应重新进行计算或设计，并按设计要求改建；如因施工质量和材料强度问题，或由于冰冻原因而引起建筑物损坏，则应提高材料的强度。

1. 消力池、护坦冲刷破坏处理

消力池、护坦冲刷破坏处理措施有以下几个。

（1）局部补强处理。护坦冲刷破坏可进行局部修理，必要时可增设一层钢筋混凝土防护层，以提高护坦的抗冲能力。

（2）为防止因护坦、海漫破坏引起消力池基础被淘空，可在消力池末端增设一道钢筋混凝土防冲齿墙，如图 7.39 所示。

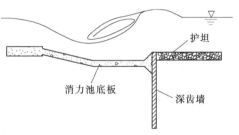

图 7.39　钢筋混凝土防冲齿墙

（3）对于岩基水闸，可在消力池末端设置鼻坎，将水流挑至远处河床；对软基水闸，在消力池末端可设置尾槛以减小出池水流的底部流速。也可采取降低护坦与海漫高程、增大过水断面来减小水流冲刷，保护基础不被淘空。

（4）加深消力池或增建第二级消力池。经校核计算，原消力池深度或长度不满足消能要求，同时下游水位低，消力池出口尾坎后水面明显地形成二次跌水，可考虑采取加深消力池或增设辅助消能设备。但当加深消力池有困难时，也可考虑增建第二级消力池，使水流流经二级消能后与原河道水流衔接。

（5）增加海漫长度与提高抗冲能力。如消能效果差，水流在海漫末端的流速仍超过河床允许流速形成冲坑或淘刷海漫，可以加长海漫长度以增加防护距离。此外，可选用堆石、铅丝石笼等柔性材料作海漫，可适应河床地形的冲深变化。

（6）改建为挑流消能。当河床纵坡较陡，在泄流时下游水位浅，水流出消力池后成急流状态下泄。可考虑改建为挑流消能型式。利用挑流鼻坎消能，可采用垂直齿墙或混凝土桩防冲。

2. 下游河道及岸坡的破坏及修理

水闸下游河道冲刷原因有：消力池设计不当，下游水深不足，水跃不能发生在消力池内；消力池设计过高，从消力池排出的水重新获得过大能量。

引起岸坡冲刷的原因有：上游河道的流态不良使过闸水流的主流偏向一边；水闸下游翼墙扩散角设计不当产生折冲水流。

河床冲刷破坏的处理方法主要是消除产生原因。冲刷坑不严重时可不作处理，冲刷坑较深时填石处理。河岸冲刷的处理方法应根据冲刷产生的原因来确定，可在过闸水流的主流偏向的一边修导水墙或丁坝，也可通过改善翼墙扩散角以及加强运用管理等来处理。

（三）渗漏处理

水闸的渗漏主要是指闸基渗漏和侧向绕渗等。闸基渗漏会引起渗透变形，直接影响水闸的稳定性；严重的侧向绕渗将引起下游边坡的渗透变形，可造成翼墙歪斜、倒塌等事故。因此，要认真分析，查清渗水来源，采取针对性措施。处理原则仍为"上截下排"，即防渗和排渗相结合。

1. 延长或加厚原铺盖

可加大铺盖尺寸。如原铺盖损坏严重，引起渗径长度不足，应将这些部位铺盖挖除，重新回填翻新。当铺盖与闸底板、翼墙间，或岸墙与边墩等连接部位的止水损坏后，要及时进行修补，以确保整个防渗体系的完整性。

2. 帷幕灌浆

底板、铺盖与地基间的空隙是常见的渗漏通道，一般可采用水泥灌浆堵闭，或增设或加厚防渗帷幕。建在岩基上的水闸，如基础裂隙发育或较破碎，可考虑在闸底板首端增设防渗帷幕或加厚原有帷幕。

3. 侧向绕渗处理

侧向绕渗处理措施较多，如经常维护岸墙、翼墙及接缝止水，确保其防渗作用；对于防渗结构破坏的部位，应用开挖回填，彻底翻修的方法；若原来没有刺墙的，可考虑增设刺墙；对于接缝止水损坏的，应补做止水结构。

（四）空蚀及磨损的处理

水闸产生空蚀的部位一般在闸门周围、消力槛或翼墙突变等部位。这些部位往往由于水流脱离边界产生过低负压区而产生空蚀。空蚀的处理可采取改善边界轮廓、对低压区通气、修补破坏部位等措施。

对因设计不周而引起的闸底板、护坦的磨损，可通过改善结构布置来减免；对难以改变磨损条件的部位，可采用抗蚀性能好的材料进行护面修补。

（五）砂土地基管涌、流土的处理

砂土地基上的水闸，地基发生的管涌、流土会造成消能工的沉陷破坏。这种破坏产生的主要原因是渗径长度不足或下游反滤失效。因此，应首先采取措施防止地基发生管涌与流土，然后再对破坏部位进行修复。防止地基发生管涌与流土的措施有加长或加厚上游黏土铺盖、加深或增设截水墙、下游设置透水滤层等。

（六）钢闸门的防腐处理

钢闸门常在水中或干湿交替的环境中工作，极易发生腐蚀。一旦金属结构锈蚀，必须进行防锈处理。闸门及其他金属结构主要采用涂膜防腐，即在金属表面涂上覆盖层，如油漆、镀铝、锌、铬、镍等将基体与电解质隔开，杜绝形成腐蚀电池的条件。

1. 钢闸门表面处理

钢闸门防腐，首先进行表面处理。表面处理就是清除钢闸门表面的氧化皮、铁锈、焊渣、油污、旧漆及其他污物，要求表面无油脂、无污物、无灰尘、无锈蚀、表面干燥、无失效的旧漆等。表面处理方法有人工处理、火焰处理、化学处理和喷砂处理等。

（1）人工处理就是靠人工铲除锈和旧漆。

（2）火焰处理就是对旧漆和油脂有机物，借燃烧使之碳化而清除；利用加热后金属母体与氧化皮及铁锈间的热膨胀系数不同而使氧化皮崩裂、铁锈脱落。处理用的燃料一般为氧—乙炔焰。此种方法比人工处理效果好。

（3）化学处理是利用碱液或有机溶剂来除漆，利用无机酸清理铁锈。除旧漆可利用纯碱石灰溶液（纯碱∶生石灰∶水＝1∶1.5∶10）或其他有机脱漆剂。除锈可用无机酸与填加料配制的除锈药膏。化学处理劳动强度低，工效较高，质量较好。

（4）喷砂处理方法是用喷砂除锈除漆。它用压缩空气驱动砂粒通过专用的喷嘴以较高的速度冲到金属表面，依靠砂粒的冲击和摩擦以除锈、除漆。此种方法工效高、质量好，但工艺较复杂，需专用设备。

2. 涂料保护

用人工合成树脂涂覆。可分为底漆和面漆两种，底漆主要起防锈作用，应有良好的附着力，漆膜封闭性强，使水和氧气不易渗入；面漆主要是保护底漆，并有一定的装饰作用，应具有良好的耐蚀、耐水、耐油、耐污等性能。同时还应考虑涂料与被覆材料的适应性。

3. 喷镀保护

喷镀保护是在钢闸门上喷镀一层锌、铝等活泼金属，使钢铁与外界隔离从而得到保护。同时，还起到牺牲阳极（锌、铝）保护阴极（钢闸门）的作用。喷镀有电喷镀和气喷镀两种，水工上常采用气喷镀。

气喷镀所需设备主要有压缩空气系统、乙炔系统、喷射系统等。常用的金属材料有锌丝和铝丝，一般采用锌丝。金属丝经过喷枪传动装置以适宜的速度通过喷嘴，由乙炔系统热熔后，借压缩空气的作用，把雾化成半熔融状态的微粒喷射到部件表面，形成一层金属保护层。

第八章

水利工程事故应急抢险

第一节　土石坝应急抢险

第二节　混凝土坝与浆砌石坝险情抢护

第三节　溢洪道险情及处理

第四节　水闸险情及处置

第五节　堤防抢险

水利工程应急抢险是指通过监测、检查发现水利工程出现事故苗头，或已出现险情，或事故已经发生时，组织人力、物力对工程进行抢护，以消除险情，或控制事态发展，或者延缓事故进程，从而避免和减少事故损失的行动。

应急抢险是水利工程应急管理活动应急响应阶段的工作内容。通过编制应急预案，提前做好人员、物资、设备、技术准备；加强监测检查，发现险情及时反应；从容应对，有条不紊地投入应急抢险行动中，以便有效控制事故发生发展进程，打断事故链向下游传播的渠道。

水利工程事故应急管理应当立足于预防，出现险情是预防失败的表现。应急抢险是不得已而采取的措施，是最后一道防线。但实践证明，由于自然规律的未知性，环境条件的多变性，管理资源和精力的有限性，不是所有事故都是可以预防的。在水利工程管理过程中险情时常出现、事故时有发生。所以不能掉以轻心，不能存在侥幸心理，时刻准备抢险。

应急抢险的目标是预防与采取抢险措施相结合，尽量避免损失或把损失降低到最低程度。做到遇到险情时，有准备、有对策，并尽最大努力，采取一切措施，减少事故灾害的影响。所谓"当无事时，应该像有事那样谨慎；当有事时，应该像无事那样从容镇静。"

应急抢险工作要求事前加强检查观测、及时发现险情，正确识别判断险情、合理拟定抢护方案、快速实施抢险，做到"抢早""抢小"。

工程管理单位应根据工程性质和环境情况，准确判断险情的类型和程度，认真编制事故应急预案，选择针对性抢险措施，以便险情发生时迅速有力地抢险。

第一节　土石坝应急抢险

土石坝是一类相对不安全的坝型。一般来说，事故类型有风浪淘刷、渗水、塌坑、漏洞、裂缝、管涌、流土、滑坡、蚁害、漫坝等。1981 年，原水利电力部水管司对全国 1000 件土石坝工程事故原因调查分析显示，坝体裂缝占 12.9％，防渗铺盖裂缝占 6.7％，坝体漏水占 7％，坝头山体漏水占 3.1％，管涌占 5.3％，其他建筑物漏水占 9.6％，坝体滑坡、坍塌占 7.8％，岸边塌滑占 3.1％，护坡破坏占 6.5％，冲刷破坏占 11.2％，空蚀破坏占 3％，闸门启闭失灵占 4.8％，白蚁钻洞及其他事故占 6.6％。

可以看出，运行中的土石坝主要病害是大坝的裂缝和渗漏，其次是大坝的滑坡和坍塌。

一、土石坝漫溢的应急抢险

如泄水设施全部开放而水位仍继续上涨，根据上游水情和预报，水位将有可能超过坝顶高程时，应采取措施避免漫溢。土石坝是散粒体结构，洪水漫顶极易引起溃坝事故。

（一）土石坝漫顶的原因

土石坝出现洪水漫顶的主要原因如下。

（1）遇超标准洪水。上游发生特大暴雨，来水超过设计标准，水位高于坝顶。

（2）资料不符合实际或计算错误。设计时对水位、波浪等计算成果错误，致使在最高水位时漫顶。

（3）坝体高度不足。施工中堤坝未达到设计高程，或由于地基软弱、填土夯压不实，以致产生过大的沉陷量，使坝顶低于设计值。

（4）水库溢洪道、泄洪洞尺寸偏小或有堵塞；溢洪道闸门不能开启或开启速度慢。

（5）水库没有设置非常溢洪道或非常溢洪道失灵。

（6）地震、潮汐或水库侧岸滑坡，产生巨大涌浪而导致漫顶。

（二）土石坝漫顶抢护原则与抢护措施

土石坝漫顶的抢护原则是增大泄洪能力以控制水位、加高堤坝以增加挡水高度及减小上游来水量以削减洪峰。

1. 加大泄流能力控制水位

加大泄洪建筑物的泄流能力，限制库水位的升高是防止洪水漫顶、保证大坝安全的主要措施。可以打开引水管泄水阀门加大泄量，也可以安装排水虹吸管泄洪。对于设置有非常溢洪道的水库应启用非常溢洪道；没有设置非常溢洪道但有副坝和天然垭口的水库，当危及主坝安全，采取其他抢险措施已不能保坝时，可破副坝和降低天然垭口来降低库水位。

规模大或具有两个以上的非常溢洪道时应安排先后启用，以控制下泄流量，避免对下游带来危害。同时，库水的骤然下降可能使主坝上游坡产生滑坡，其修复工程量较大，必须慎重选用。

2. 减小来水流量

利用上游水库蓄水拦洪或启用蓄滞洪区分洪，以减小洪峰流量，保证水库安全。

3. 抢筑子堰（子堤）、增加挡水高度

在坝顶内侧抢筑子堰时，至少要离开坝肩 0.5～1.0m，以免向库内滑动。堰后留有余地供防汛抢险时可以往来奔走。

填筑子堰要全坝同时进行、分层夯实，不能分段填筑，以免洪水从低处漫出而措手不及。为使子堰与原坝结合良好，填筑前应预先清除坝顶的杂草、杂物，刨松表土，并在子堰中线处开一条深、宽各为 0.3m 的结合槽。子堰的取土点一般应在坝脚 20m 以外，以不影响工程安全和防汛交通为宜。

子堰形式由物料条件、原坝顶的宽窄及风浪大小来选择，一般有以下几种。

（1）土料子堰。采用土料分层填筑夯实而成。子堰一般顶宽不小于 0.6m，上、下游坡不陡于 1∶1，从坝顶的外侧边开始上土，逐渐向临水面推进，每层土厚 30cm，分层夯实，如图 8.1（a）所示。

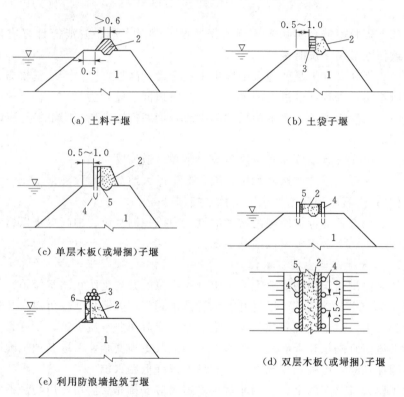

（a）土料子堰　　　　　　　　　　（b）土袋子堰

（c）单层木板（或埽捆）子堰

（d）双层木板（或埽捆）子堰

（e）利用防浪墙抢筑子堰

图 8.1　抢修子堤示意图（单位：m）
1—坝身；2—土料；3—土袋；4—木桩；5—木板；6—防浪墙

土料子堰具有就地取材、方法简便、成本低以及汛后可以加高培厚成为正式坝身而不需拆除的优点。但其体积较大、抵御风浪冲刷能力弱，下雨天土壤含水量过大，难以修筑坚实。适用于坝顶较宽、取土容易、洪峰持续时间不长和风浪较小的情况。

（2）土袋子堰。由草袋、编织袋、麻袋等装土填筑，并在土袋背面填土分层夯实而成，如图 8.1（b）所示。填筑时，袋口应向背水侧，最好将袋口缝合，并互相紧靠错缝；袋内装土不宜过满，袋层间稍填土料（尤其是塑料编织袋），以便填筑紧密；袋后用土筑戗，土戗高度与袋顶齐平，顶宽 0.3～0.6m，后坡 1∶1。

土袋子堰体积较小而坚固，能抵御风浪冲刷，但成本较高，汛后必须拆除。土袋子堰适用于坝顶较窄、附近取土困难和风浪较大的情况。

（3）单层木板（或埽捆）子堰。坝顶较窄、风浪较大、洪水即将漫顶的情势危急之处，在坝顶临水一边先打一排长 1.5～2.0m 木桩，入土 0.5～1.0m，桩距 1.0m，在木桩后用钉子或铅丝将单层木板或预制埽捆（长 2～3m、直径 0.3m）固定于木桩上，在木板或埽捆后面填土分层夯实筑成子堰，如图 8.1（c）所示。

（4）双层木板（或埽捆）子堰。在坝顶窄和风浪大且有建筑物阻碍之处，可在坝顶两侧打木桩，前后排木桩用铅丝拉紧，然后在木桩内壁钉木板或埽捆，中间填土夯实，如图 8.1（d）所示。这种子堰在坝顶占的面积小，比较坚固。

（5）埽枕子堰。用于坝顶不宽，风浪较大，水将漫顶之处。用秸料扎成 0.6～0.8m 直径的埽枕，推滚到临水侧坝顶边线内。用长 1.0～1.2m 的柳橛，将扫枕钉实在坝顶上，柳橛的间距约 1m。埽枕后面用土浇戗、夯实，务使之与扫枕紧密结合。

（6）利用防浪墙抢筑子堰。当坝顶设有防浪墙时，可在防浪墙的背水面堆土夯实，或用土袋铺砌而成子堰挡水。当洪水位有可能高于防浪墙顶时，可在防浪墙顶以上堆砌土袋，并使土袋相互挤紧密实，如图 8.1（e）所示。

情况紧急时抢做子堰，如附近无土可取，可以暂借用大坝背水坝肩部分的土料，但只允许挖取浸润线以上部分，挖取宽度以不影响汛期坝上交通为原则。借用后应随即补足，在坝顶狭窄或险工坝段不宜借用。

近些年国内外开发研制了几种工具式子堰类型，如与防浪墙和河堤挡墙结合的悬臂式金属结构子堰、充水模袋式子堰等，可以在出险时快速安装。

二、散浸的抢护

由于筑坝土料选择不当，或碾压不密实等原因，在持续高水位的情况下浸润线明显抬高，下游坡及附近地面土体过分湿润或发软，或有水流渗出的现象，称为散浸。散浸如不及时处理，有可能发展成为管涌、漏洞、发生滑坡等险情。

（一）险情及出险原因
出现散浸的原因主要有以下几个。

（1）坝基漏水或坝身修筑质量不好。

（2）坝身单薄，断面不足，浸润线可能在下游坡出露。

（3）坝身土质多砂，透水性大，迎水坡面未做截渗层。

（4）浸水时间长，坝身土壤饱和。

（二）散浸的抢护原则及方法

散浸的抢护原则是"临水截渗，背河导渗"，降低浸润线，稳定坝身。切忌背河使用黏土压渗：若渗水不能逸出，势必导致浸润线进一步抬高，使险情恶化。

1. 临水帮戗

临水帮戗的作用在于增加防渗层，减少渗水。用透水性小的黏土抛筑，或用篷布、土工膜隔渗，上压土袋。水深不大，附近有黏性土壤，取土较易时采用临水帮戗。黏土前戗抛筑顶宽 3～5m，长度超出散浸段两端 5m，戗顶高出水面约 1m。断面如图 8.2 所示。

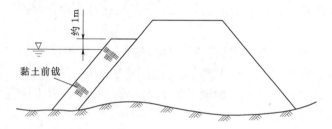

图 8.2　临水帮戗示意图

2. 背水修筑压渗台

背水坡用透水性大的砂石做反滤排水。坝身断面不足，背坡较陡，当渗水严重有滑坡可能时，可修筑柴土后戗，既能排水又能加大坝断面以稳定坝坡。修筑方法是，挖除散浸部位的烂泥草皮，清好底盘，将芦柴铺在底盘上，柴梢向外，柴头向内，厚约 0.2m，上铺稻草或其他草类，厚 0.1m，再填土厚 1.5m，做到层土层夯，然后再按以上做法铺放芦柴、稻草并填土，直至阴湿面以上。断面如图 8.3 所示。

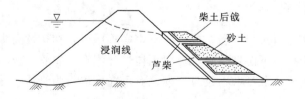

图 8.3　柴土后戗示意图

在砂土丰富的地区，也可用砂土代替柴土修做后戗，称为砂土后戗，也称为透水压渗台。其作用同柴土后戗，其断面如图 8.4 所示。

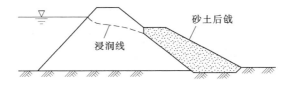

图 8.4　砂土后戗示意图

3. 抢挖导渗沟

当背水坡大面积渗透，继续发展可能滑坡时，可开沟导渗（构造如图 7.7～图 7.9 所示）。开挖导渗沟能有效地降低浸润线，使堤坡土壤恢复干燥，有利于堤身的稳定。

从背水坡散浸顶点或略高于顶点的部位到堤脚外止，每隔 6～10m 顺坝坡方向开挖导渗沟，在沟内填砂石将渗水排走。砂石缺乏而芦柴较多的地方，可采用芦柴沟导渗，即在直径为 0.2m 的芦柴外面包一层厚约 0.1m 的稻草或麦秆等细梢料，捆成与沟等长，放入背水坡开挖成的宽 0.4m、深 0.5m 的沟内，使稻草紧贴坝土，其上用土袋压紧，下端柴梢露出坝脚外。

4. 修筑反滤层导渗

在局部渗水严重、坝身土壤稀软、开沟困难的地段，可直接用砂石、土工织物或梢料在渗水坝坡上修筑反滤层，其断面及构造如图 8.5（a）所示。在缺少砂石料的地区，可采用芦柴反滤层，即在散浸部位的坡面上先铺一层厚 0.1m 的稻草或其他草类，再铺一层厚约 0.3m 的芦柴，其上压一层土袋（或块石），使稻草紧贴土料，如图 8.5（b）所示。也可用土工织物作反滤压土袋导渗。

三、塌坑抢护

水库在持续高水位情况下，在坝上游坡、坝顶、下游坡及坝脚附近突然发生局部下降而形成的险情称为塌坑。一般说来，在塌坑竖直方向的下部存在渗漏通道，是一种危及大坝安全的险情。

（一）塌坑原因

1. 坝基渗漏造成塌坑

一般由坝基渗漏造成塌坑险情。主要表现为以下两种类型。

（1）坝基渗流造成基础损坏，引起土坝沿渗漏通道发生竖向塌坑。渗流沿坝基透水层、岩溶通道、基岩断层破碎带，较大张性裂隙渗漏，将基础掏空，最终使大坝破坏。

（2）渗流沿大坝与基岩边界渗漏，冲蚀并带走坝体中的土粒，淘空坝体

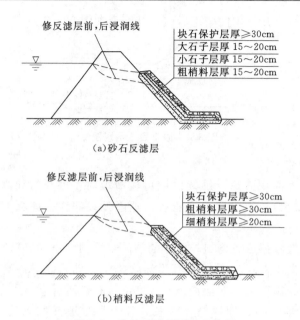

(a)砂石反滤层

(b)梢料反滤层

图8.5　修筑反滤层导渗示意图

而使大坝破坏。坝基岩体存在顺河向层面、节理裂隙等，造成大坝底边界渗漏通道时，易出现这种情况。

前者隐患暴露较早，易于抢救；而后者隐患暴露较迟，难以抢救。

2. 输水管接触渗漏和损坏断裂造成的塌坑

输水管与土坝的结合部位容易形成集中渗漏，及输水管破坏、接头损坏，放水时流水负压力和淘刷作用将漏洞周围土体带走，形成塌坑。

3. 其他原因造成的塌坑

如坝体局部沉陷造成，或鼠、獾、白蚁等动物巢穴造成的塌坑。

（二）塌坑抢护措施

依险情出现的部位，查出其发生的原因，提出方案，采取相应措施。若仅是局部塌陷（蚁穴等）或湿陷塌坑，采用翻挖分层回填夯实即可；如果水位较高，一时难以查明原因，也可以作临时性的回填处理，防止险情继续扩大；若背水坡塌坑并伴有渗水、管涌或漏洞等其他险情，可采用填筑反滤导渗材料的办法处理。

（1）翻坑夯实。无渗水的局部塌陷，先将塌坑内的松土翻出，然后按原坝体部位要求的土料回填。如有护坡，必须按护坡施工的要求，恢复到原坝坡状况为止。对均质土坝而言，翻筑所用土料，如塌坑位于坝顶部或临水坡时，宜用渗透性能小于原坝体的土料，以利截渗。如位于背水坡时，宜采用渗透性能大于原坝体的土料，以利排渗。

（2）填塞封堵。临水坡的塌坑，坑口在库水位以上或在不深的水下。使用草袋、麻袋或编织袋装黏土直接填塞封堵坑口，必要时可再抛投黏性土加以封堵和帮宽，以免从塌坑处形成渗水通道。

（3）填筑滤料。塌坑发生在坝的背水坡，伴随发生管涌、渗水或漏洞等，已形成跌窝，除尽快对坝的迎水坡渗漏通道进行堵截外，先将塌坑内松土或湿软土清除，然后在背水坡塌坑处，按导渗要求，铺设反滤层，进行抢护。

四、滑坡抢护

（一）滑坡产生的原因

1. 绕坝渗漏引起坝肩下游滑坡

对于坝肩没有截渗措施，又没有设置足够的绕坝水流导排系统，或没有对导排系统周边坝基、坝体内可冲蚀介质进行保护，则发生绕渗可能引起大坝坝肩下游滑坡等险情。这种险情往往发生在水库高水位时，因此十分危险。

2. 坝身散渗引起滑坡

在各种土坝中，均质土坝的浸润线为最高。对于填筑质量差、浸润线位置较高的均质土坝或宽心墙土坝，若其下游坝坡较陡、浸润线出逸点高（明显高于坝脚排水棱体顶部），在水库满蓄维持一定时间后易发生滑坡。产生这种滑坡的原因，主要是渗透水自上游向下游方向渗过坝体时增大了滑动力，降低了渗透浸润区坝体的抗剪强度。这种滑坡发生在水库高水位时，十分危险，一旦发生难以抢救。

（二）滑坡抢护原则与抢护方法

造成滑坡的原因是滑动力大于阻滑力。因此，滑坡的抢护原则就是设法减少滑动力与增加阻滑力，即"上部削坡减载，下部固脚压重"。

汛期水库高水位时，大坝因渗流等作用发生下游滑坡是最危险的。必须采取"前截后导"，以临水坡为主，背水坡为辅，临背并举的措施。

如果水库不能降低水位或放空时，则抢护临水坡的滑坡，要比背水坡困难得多。一般而言，在上部削坡减载亦不可行（挡水作用），因此，固脚压重是抢护这种滑坡的基本措施。

当发现滑坡征兆后，应根据情况进行判断，若有机会则应竭尽全力进行抢护。抢护就是采取临时性的局部紧急措施，排除滑坡的形成条件，从而使滑坡不继续发展。其主要措施有固脚阻滑、滤水培坡、滤水土撑等。具体措施包括以下几个。

（1）调度运用手段。在水库水位下降时发现上游坡有弧形裂缝或纵向裂缝时，应立即停止放水或减小放水量以减小降落速度，并在上游坝坡脚抛掷砂石料或砂袋，作为临时性的压重和固脚。

当坝身渗漏引起下游滑坡时，应将水库水位降至可能的高度以减小渗漏，防止滑坡裂缝进一步发展。

（2）临水截渗。在上游坝坡抛土防渗，有条件的抢筑黏土戗台截渗；在下游滑坡体及其附近坝坡上设置导渗沟，进行排水，降低坝体浸润线。

（3）防止雨水入渗。导走坝外地面径流，将坝面径流排至可能滑坡范围之外。做好裂缝防护，避免雨水灌入。

（4）压重固脚。当坝体已出现滑动裂缝，而且裂缝已达较深部位，则应在滑动体下部及坝脚处用砂石料、土袋等压坡固脚。

（5）滤水后戗。适用于断面单薄、边坡过陡、有滤水材料和取土较易处。如是背水坡滑坡，险情严重，可在其范围内全面抢护导渗后戗，既能导出渗水，降低浸润线，又能加大大坝的断面，可使险情趋于稳定。

若背水坡排水不畅、滑坡严重、范围较大、取土又较困难的坝段，可在坝坡脚修筑滤水土撑，如图 8.6 所示。

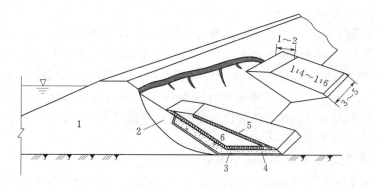

图 8.6　滤水土撑（单位：m）
1—坝体；2—滑动体；3—砂层；4—碎石；5—土袋；6—填土

（6）削坡减载。在保证坝体有足够挡水能力的前提下，将主裂缝上部坝体进行削坡，以减轻土坝上部的自重荷载。

（7）滤水还坡。这是采用反滤结构，恢复坝的断面抢护滑坡的措施，方法同第七章。用于土料渗透系数偏小引起浸润线升高，排水不畅而形成的背水坡严重滑坡。

五、管涌与流土抢护

砂砾土基中的细颗粒在渗流作用下，在孔隙的孔道中发生移动并被水流带出基础以外，出现孔眼冒砂翻水现象，称为管涌，又称泡泉；渗透水流使坝基的局部土体表面隆起或成块状松动而被渗水带走的现象，称为流土。

管涌、流土一般发生在下游坝脚附近的洼坑、水沟、稻田中，多呈孔状出水口，冒出黏粒或细沙。出水口孔径小的如蚁穴，大的可达几十厘米；少则出现一两个，多则出现孔群，冒沙处形成"沙环"，故又称"土沸"或"砂沸"。有的出现土块隆起、膨胀、浮动和断裂等现象，俗称"牛皮包"。

管涌险情，随着水位上升，高水位持续时间增长，涌水量和挟沙量相应增多，孔口不断扩大，如不及时抢护，就有可能导致坝身局部坍塌。管涌的发展是导致漏洞、塌坑甚至堤坝溃决的常见原因。

（一）险情及出险原因

出现管涌险情的主要原因有以下两个。

（1）砂质地基在施工时清基不彻底，未能截断坝下渗流，渗水经地基在背河逸出。

（2）坝基表层为黏性土，深层为透水地基，由于天然或人为因素破坏了上游天然铺盖，而下游取土过近过深，引起渗透坡降过大，发生渗透破坏。

（二）管涌和流土的抢护方法

发生管涌的入渗点一般在坝上游水下透水层的露头处，或上游黏土铺盖在高水头下被击穿部位。由于汛期库水深，很难在临水面进行处理，一般只能在背水面采取"排水留砂"措施。抢护原则是"反滤导渗，留有渗水出路，制止涌水带出泥沙"。这既可使沙层不再破坏，又可降低渗水压力，使险情得以稳定。

1. 滤水围井

当管涌、流土发生数目不多、面积不大时，可用抢筑围井的方法；数目虽多但未连成大面积，也可用反滤围井分片处理；水下的管涌、流土，当水深较浅，也可采用此法。根据所用导渗材料不同，有土工织物反滤围井、砂石反滤围井、秸料反滤围井等。

（1）土工织物反滤围井。当上、下游水头差较小时可以采用。先把带有尖、棱的石块和杂物清除干净并加以平整，铺筑符合反滤要求的土工织物，然后在其上压沙袋或砂砾石透水料，周围用土袋垒砌做成围井。围井范围须围住管涌、流土出口。围井高度以能使渗水不挟带泥沙从井冒出为宜。

（2）砂石反滤围井。其施工方法与土工织物反滤围井基本相同，只是用砂石反滤料代替土工织物。按反滤要求，分层抢铺粗砂、小石子和大石子，每层厚度为20～30cm。如发现填料下沉，可继续补充滤料，直至稳定为止。围井筑好、险情稳定后，再在围井下端用竹管或钢管穿过井壁，将围井内的水位适当排降，以免井内水位过高，导致围井附近再次发生管涌、流土和井壁倒塌，造成更大险情。对小的管涌或流土群，可用无底的水桶、汽油桶等套在出水口处，在桶中抢填砂砾反滤料做成反滤围井。

（3）梢料反滤围井。一时难以得到土工织物和砂石料的地方，可采用梢料代替。细梢料可采用麦秸、稻草，粗梢料可采用柳枝和秫秸等。

2. 反滤压盖

在出现管涌流土较多且连成一片的情况下，采用反滤压盖处理可以降低渗压，制止泥沙流失。有土工织物反滤压盖、砂石反滤压盖、梢料反滤压盖。

（1）土工织物反滤压盖。适用于面积较大情况。把带有尖、棱的石块和杂物清除干净并加以平整，铺一层透水土工织物，其上铺砂石透水料厚 40～50cm，最后压块石或沙袋一层。

（2）砂石反滤压盖。在料源充足的前提下，应优先选用砂石反滤压盖。先清理范围内的杂物和软泥，对其中涌水涌沙较严重的出口用块石或砖块抛填以削减水势，抛铺一层厚 15～30cm 的粗砂，其上再铺小石子和大石子各一层，厚约 20cm，最后压盖块石一层予以保护。

（3）梢料反滤压盖。用于缺少砂石和其他材料时。采用梢料反滤压盖，其清基要求、削减水势均与土工织物、砂石反滤压盖相同。用柳枝扎柴排，厚 15～30cm，铺草垫厚 5～10cm，再压以土袋或块石，使柴排沉入水内管涌位置。

3. 透水压渗台

适用于管涌或流土较多、范围较大，反滤料缺乏，但沙土料源比较丰富的地方。在下游坡脚用透水性大的沙土修筑平台，以平衡渗压、延长渗径、减小渗流水力坡降，并能导出渗水，防止涌水带沙，使险情趋于稳定。其修筑形式如图 8.7 所示。

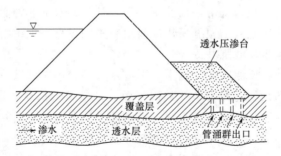

图 8.7　透水压渗台示意图

4. 水下管涌抢护

在土坝下游的取土集水坑或鱼塘中发生管涌，须在水下抢护。抢护时可结合具体情况采取填塘、筑水下反滤层、抬高塘坎和排沟水位等方法。但要注意抢筑反滤铺盖不能随意降低坑塘内积水位。

六、贯穿漏洞应急抢险

贯穿漏洞是水库在高水位情况下，土坝出现贯穿坝身或基础的漏水孔洞。漏洞多发生在中、小型土坝中，由渗流集中而形成。漏洞出口一般位于坝外坡下部或坡脚附近。若漏洞出流浑浊，或由清变浑，或时清时浑，均表示漏洞正在迅速扩大，土坝有可能塌陷，甚至可能溃决。因此，对待漏洞的险情必须全力以赴、迅速抢护。

（一）贯穿漏洞的原因

土坝出现贯穿漏洞的原因有以下几个。

（1）坝体垂直裂缝与水平裂缝没有及时处理。

（2）水工建筑物周围接触渗漏发展而来。

（3）坝基处理不合格、坝体填筑质量不佳，集中渗流贯穿坝身。

（4）生物损害，如鼠獾巢穴、白蚁洞穴击穿形成。

（5）散浸、管涌处理不及时，逐渐演变成漏洞。

（二）贯穿漏洞应急抢险原则

漏洞应急处理原则是"前堵后排、临背并举"，即临河封堵，中间截渗和背河反滤导渗。首先在坝上游坝面上找到漏洞进口及时堵塞，同时在坝下游漏洞出口采用滤导措施制止土料冲刷流失，切忌在背水坡漏洞出水处强塞硬堵，以免造成更大险情。

"前堵"是关键，"后排"是保证。可概括为"深水探洞、临水截洞、背水导渗"12字法则。

（三）漏洞的探测

临水堵塞必须首先探寻漏洞的进水口。常用探寻进口的方法有观察水流、探漏杆探测和潜水探漏。

1. 观察水流

漏洞较大时，其进口附近的水面常出现漩涡，若漩涡不明显，可在比较平静的水面上撒些碎麦秸、锯末、谷糠等，若发生旋转或集中一处，进水口可能就在其下面。有时也可在漏洞迎水侧的适当位置，将有色液体倒入水中，并观察漏洞出口的渗水，如有相同颜色的水逸出，即可断定漏洞进口的大致位置。当风浪较大时不宜观察。

2. 探漏杆探测

探漏杆是一种简单的探测漏洞的工具，杆身是长1～2m的麻秆，用白铁皮两块（各剪开一半）相互垂直交接，嵌于麻秆末端并扎牢，麻秆上端插两根羽毛，如图8.8所示。制成后先在水中试验，以能直立水中、上端露出水面10～15cm为宜。

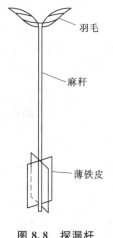

图 8.8　探漏杆

探漏时在探杆顶部系上绳子，绳的另一端持于手中，将探漏杆抛于水中漂浮。若遇漏洞，就会在漩流影响下吸至洞口并不断旋转，此法受风浪影响较小，深水处能使用。

3. 潜水探漏

当漏洞进口处水深较大，水面看不见漩涡，或为了进一步摸清险情，确定漏洞离水面的深度和进口的大小，可由水性好的人或专业潜水人员潜入水中探摸。此法应注意安全，事先必须系好绳索，避免潜水人员被水吸入洞内。

（四）漏洞抢护方法

1. 临水截洞

堵塞进水口是漏洞抢护的有效方法，有条件的应首先采用。抢堵时切忌在洞口乱抛石或土袋，以免架空增加堵漏难度。不允许在进口附近打桩，也不允许在漏洞出口处用封堵法，否则将使险情扩大，甚至造成堤坝溃决的后果。

（1）软楔堵塞。在水浅、流速小、只有一个或少数洞口且人可下水接近洞口，洞口周围土质较硬的情况下，可用网兜制成软楔，也可用其他软料如棉衣、棉被、麻袋、草捆、编织袋等将洞口填塞严实，然后用土袋压实并浇土闭气，如图 8.9 所示。

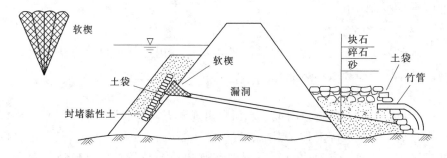

图 8.9　临河堵漏洞背河筑反滤围井示意图

当洞口较大时，可用数个软楔（如草捆等）塞入洞口，然后用土袋压实，再将透水性较小的散土顺坡推下，铺于封堵处，以提高防渗效果。

（2）铁锅、门板堵洞。在洞口不大、周围土质较硬时，可用大于洞口的铁锅（或门板）闸住洞口（锅底朝下，锅壁贴住洞缘），然后用软草、棉絮塞紧缝隙，待漏洞基本断流后，在其上再抛压土袋或填黏土闭气。

（3）软帘覆盖。如果洞口土质已软化，或进水口较多、范围又较大，可用土工膜、篷布或芦席等软性材料叠合，一端卷入线杆等圆形重物，一端固定在水面以上的堤坡上，顺堤坡滚下，随滚随压土袋，用土袋压实并浇土闭气。

（4）临水月堤与前戗。当漏洞较多，范围较大且集中在一片时，如漏洞处水不太深，可在一定范围内用土袋修做月堤进行隔水，然后在其中浇土闭气。当洞口一时难以寻找，且水深较浅时，可在临水坡面抛洒黏土填筑前戗防漏。

（5）串球堵塞。对于规模较大、坝前水深大的大、中型水库，可采用"小球"探洞、牵引"大球"堵塞洞口。

"小球"可用湿密度接近于 $1.0g/cm^3$ 的材料（如湿松木等）做成，球径 $10\sim20cm$；"大球"由棉絮包裹土石、用铅丝捆扎而成，"大球"的直径视漏洞出口漏量而定。为了争取主动，有用"大球"串的，即"小球"牵引第一"大球"（球径0.8m），接着牵引第二"大球"（球径1.6m），再接着第三"大球"（球径2.4m）。

应该注意的是，漏洞进口很可能不止一处，为此，抢护时应多备几串"小球""大球"，以便争取在短时间内将漏洞所有进口全部封堵。

2. 背水导渗

探找漏洞进口和抢堵均在水面以下摸索进行，要做到准确无误不遗漏，并能顺利堵住全部进水口难度很大。为了防止漏洞扩大，在探测漏洞进口位置的同时，应根据条件在漏洞出口处做反滤导渗以稳定险情。

背水导渗用于进口位置难以找到或因水急洞低无法封堵的浑水漏洞，或进口封堵不严仍漏浑水时的抢护措施。渗流已在背水堤坡或出水池周围逸出，要迅速抢修砂石反滤层或反滤围井进行导渗处理。或背河抢做围堤，蓄水平压。通常采用的方法有反滤压盖、透水压渗台（适用于出口小而多）和反滤围井（用于集中的大洞）等办法。修筑方法见"管涌、流土抢护"内容。

七、风浪淘刷的抢护

大坝临水坡在风浪连续作用下，伴随波浪往返爬坡冲洗及负压力作用，使坝坡土料或护坡被水流冲洗淘刷，遭受破坏等。

（一）险情及出险原因

坝坡受风浪的连续冲击和淘刷，轻者坝的临水坡冲刷成陡坎，造成坍塌险情，重者出现滑坡，致使坝身遭受严重破坏以至溃决。出现风浪淘刷险情的主要原因如下。

（1）无护坡，或坝体碾压不密实及基础不良等出现沉陷裂缝塌坑，或者护坡反滤不合格，块石护坡砌筑质量差。

（2）坝前水深大、吹程大、风速强及风向指向大坝等。汛期江河涨水，水库拦蓄洪水以后，水面加宽，当风速大、风向顺水库方向时，形成冲击力强的风浪。

（二）抢护方法

风浪淘刷的抢险原则是"破浪固堤"。一般是利用漂浮物来削减风浪冲力，用防浪护坡工程在堤坡受冲刷的范围内进行保护，其具体抢护方法有以下几种。其中前3种措施都可以缓和流势，减缓流速，促淤防塌，起到破浪固堤的作用。

1. 柴排护坡防浪

在风浪较小时，可用柳、苇、梢料捆扎成直径为10cm的柴把，然后扎成宽2m、长3m的防浪排铺在坝坡上，并压上石块等重物，将其一端系在堤顶木桩上，随水的涨落拉下或放下，调整柴排上下的位置，如图8.10所示。应该注意的是，抢护风浪险情尽量不要在坝迎水坡上打桩，必须打桩时，桩距要大，以免破坏土体结构，影响抗冲能力。

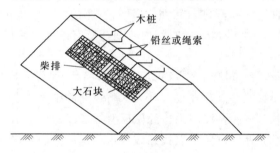

图8.10　活动防浪排

2. 浮排防浪

将梢径为5～15cm的圆木（竹）用铅丝扎成排，圆木的间距为0.5～1.0m，排的宽度不小于防护长度，木排方向与波浪传来的方向垂直。根据水面宽度和风浪的情况，同时可将一块或数块木排连接起来，放于防浪位置水面，并用绳子系牢，固定于堤顶的木桩上。

3. 桩柳防浪

在堤身受风浪冲击的范围内打桩铺柳，直至超出水面1m左右，也能起到固堤防浪的作用。

4. 土袋与土工织物护坡抗冲

在堤防临水坡抗冲性差、风浪袭击较严重的堤段，当地又缺乏秸、柳、圆木等软料时可用草袋或麻袋、塑料编织袋装土或砂石，放置在波浪上下波动的范围内，袋口用绳缝合，互相叠压成鱼鳞状。一般风浪达到4级时可使用土、砂袋防浪，风浪达到6级时可用石袋。

用土工织物或土工膜铺设在坝坡上，以抵抗波浪对大坝的破坏作用。可用彩条编织布铺于防护部位，其上压土袋、块石等防护。

八、土石坝与建筑物、岩石边坡结合部位渗水及漏洞抢护

（一）渗水及漏洞产生的原因

土坝与输、泄水建筑物的岸墙、边墩等结构物或岩石边坡结合部位，由于接坡过陡，土料回填不实，建筑物与土坝变形不一致等引起沉陷不均，产生裂缝。一旦水库水位升高，水体沿岸墙、翼墙、边墩与土坝结合部位裂缝流动，可能造成集中渗漏。严重时在下游背水面造成渗水漏洞险情。

（二）抢护方法

土石坝与建筑物、岩石边坡结合部位渗水及漏洞抢护原则是"临水截渗、背水导渗"。

1. 临水截渗

当漏洞进水口较小时，一般用土工膜等软性材料堵塞，并盖压闭气；当漏洞进水口较大不易堵塞时，可利用软帘、网兜、薄板等覆盖的办法进行堵截；当漏洞进水口较多，情况又复杂，洞口一时难以寻找，且水深较浅时，可在临水坡面进行黏土外帮，以起到防漏作用。具体有塞堵法、盖堵法、戗堤法等。

（1）塞堵法。此法适用于水浅、流速小，只有一个或少数洞口，人可下水接近洞口的地方。当漏洞进水口较小，周围土质较硬时，可用棉衣、棉被、草包或编织袋等物堵塞。

（2）盖堵法。用铁锅、软帘、网罩和薄木板等物，先盖住漏洞进水口，待漏洞基本断流后，在其上再抛压土袋或填黏土闭气。

（3）戗堤法。当坝的临水坡漏洞口较多较小，范围又较大，进水口难以找准或查找不全时，可采用抛黏土填筑前戗或临水筑月堤的办法进行抢堵。

2. 背水导渗

在临水截堵漏洞的同时，必须在背水漏洞出口处抢做反滤导渗，以制止坝体土流出，防止险情继续扩大。通常采用的方法有反滤压盖、透水压渗台（适用于出口小而多）和反滤围井（用于集中的大洞）等办法。

第二节　混凝土坝与浆砌石坝险情抢护

一、混凝土坝与浆砌石坝常见险情

1. 异常渗漏

混凝土坝与浆砌石坝出现异常渗漏，常造成坝基和坝肩损坏、坝体扬压

力提高，有引起垮坝等风险。出现下列情况时，可认为大坝出现异常渗漏，应特别引起注意。

（1）重力坝建基面渗压异常，渗压值超过设计值。

（2）重力坝基岩内部破碎带和软弱夹层渗压异常，渗压值超过设计值。

（3）重力坝坝基渗水浑浊（携出固体物质）、渗水水质化学成分异常。

（4）拱坝坝肩基岩内顺河构造或层面组成的侧裂和底裂面渗压异常，渗压超过设计值。

（5）拱坝坝肩基岩渗水携出固体物质量增加，渗水水质化学成分异常。

2. 建筑物裂缝及止水破坏

建筑物发生裂缝和止水设施破坏，通常会使工程结构的受力状况恶化和工程整体性的丧失，对建筑物的稳定、强度、防渗能力等产生不利影响。发展严重时，可能导致工程失事。出险原因有以下几个。

（1）建筑物超载或受力分布不均，使工程结构拉应力超过材料强度。

（2）地基承载力不一或地基土壤遭受渗透破坏，渗流出逸区土壤发生流土或管涌、冒水冒沙，使地基产生较大的不均匀沉陷，造成建筑物裂缝或断裂和止水设施破坏。

（3）坝体混凝土施工温度控制失效，造成混凝土深层裂缝和贯通裂缝。

（4）地震、爆破、水流脉动，使建筑物震动造成断裂、错动和地基液化、急剧下沉。

3. 岩溶渗漏险情

岩溶渗漏包括灰岩和红砂岩地层中的两类岩溶渗漏。在石灰岩地层或含钙等可溶性物质成分较高的红砂岩地层中，由于地下水的作用，往往早已形成了复杂的岩溶。在这类地基上修建的水库，汛期高水位时，坝基、坝肩、库盆在渗水压力流的冲蚀下，岩溶中的充填物（如泥土等）被带走，形成岩溶漏水通道。

岩溶水库漏水的特点是突然发生且漏量大。其危害主要体现在以下方面。

（1）大量漏水使水库水位迅速消落，造成水库大坝上游滑坡或库壁覆盖层大体积滑坡，使大坝遭受破坏，使坝基、坝肩或库壁发生新的渗漏通道。

（2）坝基、坝肩的岩溶漏水通道在带走岩溶中的充填物后，进一步冲蚀坝基、坝体中的可冲蚀料，而使大坝岩溶漏水通道方向发生连续塌坑，酿成新的险情。

4. 水库漫顶

除少数近年新建的水库外，大多数水库均已运行多年。由于泥沙淤积、库区围垦，不少水库的有效库容、滞洪库容已明显减少。因此，与原设计情况比较，同频率洪水的水库水位将增高，溢洪道不能宣泄设计洪水。另外，当出现超标准洪水时，也可能出现漫顶现象。

5. 近坝库区山体滑坡

水库蓄水后，明显改变了水库周边和库盆的水文地质条件和工程地质条件。一些存在不利产状和构造的山体或古滑坡，在库水位长期浸泡下有可能向库内坍滑。由于坍滑山体（即滑坡体）规模、位置、滑床产状和性质等条件的不利组合，在汛期大暴雨的作用下，滑坡滑入水库，其滑体动量在水库中产生的涌浪有可能漫过坝顶。

二、混凝土坝与浆砌石坝险情抢护的基本措施

重力坝是一种较安全的坝型，一般坝体裂缝和止水渗漏、坝基与绕坝渗漏等不会造成垮坝，洪水短时间漫坝也不会造成混凝土坝与浆砌石坝损坏。目前国内外还没有重力坝垮坝记录。

拱坝坝肩破坏可能引起垮坝，但在出险时是无法抢护的，这需要在平时检查维修。

所以，混凝土坝与浆砌石坝出现险情时，在汛期应控制库水位，采取临时措施；待汛后作出处理设计，及时进行除险施工。

当水库大坝出现任何与水库水位有关的险情时，首先就应立即放水，只要输水建筑物本身是安全的，无疑应按其最大输水能力放水。但是，输水建筑物的泄流能力一般有限，因此，对于大型和重点中型以及其他溢洪道有闸控的水库，还应开闸放水；对于那些无闸控的溢洪道，则应酌情或选择地形地质适合的垭口或对溢洪道进行开挖或爆破。

混凝土坝与浆砌石坝可以炸开导流底孔泄洪，也可在适当位置炸开缺口泄洪。

水库泄洪时，注意收集各监测设施的监测数据，发现大坝安全隐患，为汛后除险加固提供依据。

第三节　溢洪道险情及处理

溢洪道是不经常使用的建筑物，有的水库可能几年都不泄洪，在工程管理中容易疏忽大意，对工程故障和隐患不能及时发现。而溢洪道出险都是在汛期高水位情况下，一旦出现险情将会直接危及大坝安全。

一、出险类型

溢洪道在运用过程中常见的险情类型有以下几种。

（1）溢洪道闸门不能开启。

（2）进口岸坡坍塌。

（3）侧墙淘刷、蛰陷、倾斜甚至倒塌，威胁与其相连的大坝安全。

（4）泄槽冲刷破坏，陡坡底板掀起。

（5）消力池破坏。

（6）溢洪道泄量不足等。

二、出险原因

溢洪道出险的原因有以下几个。

（1）闸门启闭机械和金属结构养护不到位，缺少备用启闭设施和备用动力。

（2）进口段遭受大流顶冲，风浪淘刷。

（3）溢洪道超标准运用，泄流量超过设计流量。

（4）闸下游泄流不匀，出现折冲水流。

（5）防渗排水设施损坏，泄槽底板与侧墙扬压力过大。

（6）基础不均匀沉陷，底板破裂变形。

（7）消能设计不合理，消能工、岸墙、护坡、海漫及防冲槽等受到严重冲刷，使砌体冲失、蛰裂、坍陷形成淘刷坑。

三、溢洪道险情抢护

水闸不能开启险情抢护见本章第四节。

溢洪道泄量不足可降低溢洪道底高程，采取在溢洪道上开槽的方法。土石坝应启用非常溢洪道或炸副坝泄洪；混凝土坝与浆砌石坝可以在坝顶炸缺口泄流。

异常冲刷险情应急处理的原则是固基缓流，增强抗冲能力。具体工程处理技术有以下几个。

（1）抛投抗冲体。当溢洪道泄洪期间发现底板冲刷损坏，应在冲刷部位抛投块石、混凝土块、铅丝石笼、竹篾石笼、装土的麻袋、草包、工土布编织袋，也可抛柳石枕。

（2）土工编织布防冲。先用黄沙密实回填冲刷坑，黄沙上铺盖编织布，再用编织袋装沙压盖土工布。

（3）潜锁坝。涵闸下游海漫或河床被淘刷危及建筑物安全时，可在下游修潜锁坝，用以抬高尾水位，降低水面比降和流速而防止冲刷。

（4）筑导流墙。如溢流道侧墙倒塌或泄水超过侧墙高度产生漫溢，对土石坝坝脚产生冲刷威胁土坝安全时，除对冲刷部位进行抢护外，还可用砂土袋抢筑导流墙，将尾水和坝脚隔离。

【案例8.1】 美国奥罗维尔坝溢洪道险情抢护

奥罗维尔坝坐落在加利福尼亚州北部奥罗维尔湖上，于1962年动工，1968年建成。高约230m，是美国最高大坝。大坝有两个溢洪道，即主溢洪道和紧急溢洪道。

2017年2月上旬，美国加利福尼亚州北部连日降雨，导致水库水位上涨，奥罗维尔坝开始泄洪。2月7号，工作人员注意到在主溢洪道泄槽中下部出现一个长60m、深9m的巨型冲坑。11日，58年来首次启用紧急溢洪道。然而，多年未用的紧急溢洪道在洪水冲蚀下沙石俱下，形成危情，紧急溢洪道面临坍塌危险。

当地政府下令疏散下游几个县的居民，并采取用石块封堵冲坑和利用主溢洪道继续泄洪降低水位等一系列措施除险。12日，当地官员发布紧急声明，要求附近处于低洼地带以及下游地区的居民立刻疏散、撤离。近20万人离家避险。

大坝主溢洪道于2月12日再次开始排水，排水量为2830m³/s左右，是平时排水量的两倍。直升机于13日清晨将装满石块的大袋子吊运到溢洪道堵塞大洞防止冲坑进一步扩大。经连夜排水后，水库水位到13日开始下降，到15日已经没有洪水从紧急溢洪道溢出，危险基本解除。

第四节　水闸险情及处置

涵闸及穿堤管道往往是防汛中的薄弱环节。由于设计问题、施工质量差、管理运用不善等方面的原因，汛期常出现水闸滑动、闸顶漫溢、涵闸漏水、闸门操作失灵、消能工冲刷破坏、穿堤管道出险等险情。

一、水闸滑动抢险

（一）水闸滑动失稳的主要原因

水闸滑动失稳的主要原因有以下几个。

（1）闸上游水位偏高，水平水压力过大。

（2）扬压力过大，减少了闸室的有效重量，从而减小了抗滑力。

（3）防渗、止水设施破坏或排水失效，导致渗径变短，造成地基土壤渗透破坏，降低地基抗滑力。

（4）发生地震等，产生附加荷载。

（二）水闸滑动抢险方法

水闸滑动抢险的原则是"减少滑动力、增大抗滑力"。其抢护方法如下。

1. 闸上加载增加抗滑力

在闸墩、桥面等部位堆放块石、土袋或钢铁块等重物，加载量由稳定核算确定。加载时注意加载量不得超过地基承载力，加载部位应考虑构件加载后的安全和必要的交通通道，险情解除后应及时卸载。

2. 下游堆重阻滑

在水闸可能出现的滑动面下端，堆放土袋、石块等重物。其堆放位置和数量可由抗滑稳定验算确定。堆重阻滑如图 8.11 所示。

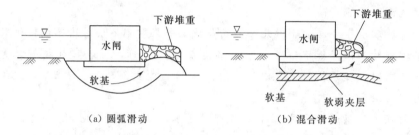

(a) 圆弧滑动　　　　　　　　　　(b) 混合滑动

图 8.11　下游堆重阻滑示意图

3. 蓄水反压减少滑动力

在水闸下游一定范围内，用土袋等筑成围堤，壅高水位，减小上下游水头差，以抵消部分水平推力，如图 8.12 所示。围堤高度根据壅水需要而定，断面尺寸应稳定、经济。若下游渠道上建有节制闸，且距离又较近时，关闸壅高水位也能起到同样的作用。

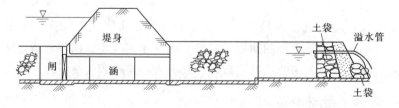

图 8.12　下游围堤蓄水反压示意图

二、闸顶漫溢抢护

涵洞式水闸埋设于堤内，防漫溢措施与堤坝的防漫溢措施基本相同，这里介绍的是开敞式水闸防漫溢抢护措施。

造成水闸漫溢的主要原因是设计挡洪标准偏低或河道淤积，致使洪水位超过闸门或胸墙顶部高程。抢护措施主要是在闸门顶部临时加高。

1. 无胸墙开敞式水闸漫溢抢护

当闸孔跨度不大时，可焊一个平面钢架，其网格不大于 $0.3m \times 0.3m$，用临时吊具或门机将钢架吊入门槽内，放在关闭的闸门顶上，靠在门槽下游侧，然后在钢架前部的闸门顶分层叠放土袋，迎水面用篷布或土工膜挡水；也可用 $2\sim4cm$ 厚木板拼紧靠在钢架上，在木板前放一排土袋压紧，以防漂浮，如图 8.13 所示。

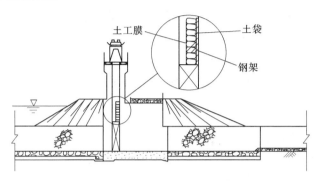

图 8.13　无胸墙开敞式水闸漫溢抢护

2. 有胸墙开敞式水闸漫溢抢护

可以利用闸前的工作桥在胸墙顶部堆放土袋，迎水面要压篷布或土工膜挡水，如图 8.14 所示。堆放的土袋应与两侧岸墙相衔接。注意防闸顶漫溢的土袋高度不宜过大。若洪水位超出过多，可考虑抢筑闸前围堰，以确保水闸安全。

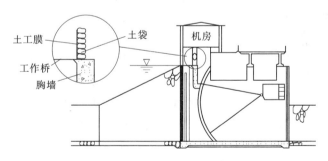

图 8.14　有胸墙开敞式水闸漫溢抢护

三、闸门不能开启或不能关闭的抢护

在洪水来临时，泄洪闸门不能正常开启，或引水闸门不能正常关闭等，不仅危及工程本身的安全，而且由于对洪水失控，对下游地区将造成灾害。有时某些水闸在高水位泄流时会引起闸门和闸体的强烈振动，常造成险情。

（一）闸门不能关闭或开启的原因

（1）闸门面板损坏，或止水装置损坏。

（2）闸门动力装置失效，如停电或供配电系统故障、电动机故障、液压装置故障。

（3）启闭装置故障，如机座损坏、地脚螺栓失效以及卷扬机钢丝绳断裂。

（4）由于开度指示器不准确，或限位开关失灵，闸门底部存在障碍物等，致使闭门力过大，超过螺杆许可压力而引起闸门变形、启闭机螺杆弯曲而不能正常操作。

（5）闸门歪拉斜吊，或门槽内有异物出现卡阻。

（二）抢护措施

1. 闸门不能打开的抢护

闸门不能打开时的抢护措施有以下几个。

（1）当闸门启闭螺杆折断，无法开启时，可派潜水人员下水用钢丝绳系住原闸门吊耳，临时抢开闸门。

（2）采用多种方法仍不能开启闸门或闸门开启不足，而又急需开闸泄洪时，可立即报请主管部门，采用炸门措施强制泄洪。这种方法只能在万不得已时才采用，同时尽可能只炸开闸门，不损坏闸的主体部位，最大限度地减少损失。

2. 闸门不能关闭的抢护

闸门不能关闭时的抢护措施有以下几个。

（1）闸门止水橡皮损坏，可在损坏的部位用棉絮等堵塞。闸门局部损坏漏水，可用木板外包棉絮进行堵塞。

当闸门不能关闭时，应首先考虑利用检修闸门或事故闸门挡水。

（2）若孔口尺寸不大、水头较小时，闸门漏水可用篷布封堵。方法是：将篷布拖至漏水进口以外，篷布底边下坠块石使其不致漂起，再在顶边系绳索，岸上徐徐收紧绳索，使篷布张开并逐渐移向漏水进口，直至封住孔口。然后把土袋、块石等沿篷布四周逐渐向中心堆放，直至整个孔口全部封堵完毕。不能先堆放中心部分，而后向四周展开，这样会导致封堵失败。

（3）临时闸门封堵。当孔口尺寸较大、水头较高时，可按照涵闸孔口尺寸，用长圆木、角钢、混凝土电线杆等杆件加工成框架结构，框架两边可支撑在预备门槽内或闸墩上。然后在框架内竖直插放外裹棉絮的圆木，使其一根紧挨一根，直至全部孔口封堵完毕。如需闭气止水，可在圆木外铺放止水土料。

（4）钢筋网封堵涵管进口或闸门孔洞。采用网孔不大于 20cm×20cm 的钢筋网拦住进水孔口，再抛以土袋或其他堵水物料止水。

（5）用钢筋空球封堵涵管进口或闸门孔洞。用钢筋焊一空心圆球，其直径相当于孔口直径的 2 倍。待空球下沉盖住孔口后，再将麻包、草袋（装土70％）抛下沉堵。如需要闭气止水，再在土袋堆体上抛撒黏土。也可用草袋装砂石料，外包厚 20～30cm 的棉絮，用铅丝扎成圆球，并用绳索控制下沉，进行封堵。

四、消能工程破坏的抢护

涵闸和溢洪道下游的消能防冲工程，如消力池、消力坎、护坦、海漫等，在汛期过水时被冲刷破坏是常见的现象，可根据具体情况进行抢护。

1. 断流抢护

条件允许时，应暂时关闭泄水闸孔；若无闸门控制且水深不大时，可用土袋堵塞断流。然后在冲坏部位用速凝砂浆补砌块石，或用双层麻袋填补缺陷，也可用打短桩填充块石或埽捆防护。若流速较大，冲刷严重时，可先抛一层碎石垫层，再采用柳石枕或铅丝笼等进行临时防护。一般要求石笼（枕）的直径为 0.5～1.0m，长度在 2m 以上，铺放整齐，纵向与水流方向一致，并连成整体。

2. 筑潜坝缓冲

除对被冲部位进行抛石防护外，还可在护坦（海漫）末端或下游做柳枕潜坝或其他形式的潜坝，以增加水深，缓和冲刷，如图 8.15 所示。

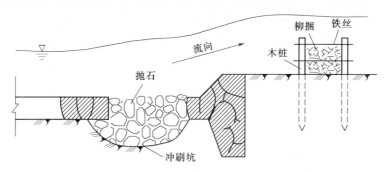

图 8.15　柳捆壅水防冲示意图

第五节　堤　防　抢　险

多数堤防是土质材料筑成。土质堤防的险情有部分与土石坝类型相同，又有其独特的出险类型。如堤防有需要抵抗洪水主流冲刷、穿堤建筑物多等造成的险情。有些堤段碾压层面处理不合格，上下层土结合不好，在土料层间接触面渗水会产生接触冲刷险情；堤基和堤岸受到洪水主流冲刷，易产生崩塌。其他与土石坝类似险情有散浸、管涌、流土、脱坡（滑坡）、跌窝、裂缝、漏洞、漫溢、浪坎等，这些险情发生、发展又可能产生决口。

堤坝险情的抢护措施应根据具体情况而定。

一、堤身险情的抢护

土堤出现漫顶、散浸、塌坑、管涌与流土、塌坑、滑坡等险情原因与抢护措施与土石坝基本相同，不再重复叙述。本节只对其不同之处给予补充。

（一）管涌、流土与贯穿漏洞抢护措施

管涌、流土与贯穿漏洞抢护措施包括反滤围井、反滤压盖、透水压渗台、水下管涌等抢护与土石坝相同。因堤防内外水头差较小，堤防还可以采用减压围井抢护管涌、流土与贯穿漏洞。

减压围井可应用在临背水头差较小、高水位持续时间短、出险处周围地表较坚实完整未遭破坏，且缺少土工织物和砂砾反滤材料时。在管涌范围周围筑堤形成一个水池，不铺反滤层，利用池内水位升高做成水戗以平衡临河水压力、减少内外水头差以改善险情。围井的修筑方法可视管涌的范围、当地材料而定，有以下几种。

1. 土袋围井

在管涌或流土周围用土袋排垒无滤层围井，随着井内水位升高，逐渐加高加固，直至抑制涌水带沙，使险情趋于稳定为止。土袋围井的布置如图8.16 所示。

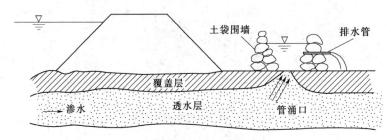

图 8.16　土袋围井示意图

2. 铁筒围井

对个别面积较小的管涌或流土，可采用无底铁桶、木桶或无底的大缸，紧套在出水口的上面，其四周用土袋围筑加固，做成无滤层围井，靠桶内水位升高减少渗水压力。

3. 背水月堤

当背水坝脚附近出现分布范围较大的管涌群时，可在坝的背水坡脚附近抢筑月堤，截蓄涌水，抬高水位。月堤可随水位升高而加高加固，直至抑制涌水带沙，险情趋于稳定为止。

利用水戗平衡水头差，围井需做得较高，但因井内水深过大易破坏围井周围土层，造成新的险情，故仅适用于临背水位差不大的情况。

（二）洪水漫堤的抢护

1. 洪水漫堤原因

除与土石坝等漫顶相同的原因如遇超标准洪水、风浪、堤顶高度不足等原因外，堤防漫顶还有可能因为河道内有阻水障碍物、洪水宣泄不畅而水位壅高，或因淤积严重过水断面减小而相应抬高水位等。

2. 漫堤抢护方法

洪水漫堤的抢护原则是加高堤坝增加挡水高度和减小上游来水量削减洪峰。

（1）增加河道泄洪能力。加强河道管理，事先清除河道阻水障碍物，增加河道泄洪能力。

（2）抢筑子堤，增加挡水高度。方法如本章第一节内容。

（3）采用分洪截流措施，减小来水流量。

大江大河堤防破坏将引起重要城镇、工矿企业和人民生命财产的重大损失。因此，需在上游选择合适位置建库或设置分洪区进行拦洪和分洪，以减小下泄洪峰流量，保证下游堤坝的安全。例如，长江中游的荆江分洪区，汉江中游杜家台分洪工程，黄河中游开辟的北金堤滞洪区和东平湖分洪区，淮河中游建立的蒙洼、城西湖等蓄洪区等。广东省在北江中游的佛山市三水区石角镇设置滞洪区，目的是保护广州市及下游佛山、中山、珠海等城市防洪安全。

二、穿堤建筑物险情

沿河两岸为了灌溉或排水，常跨堤修建水闸、管道、涵洞及电排站等建筑物，这些建筑物破坏了堤防的整体性，有可能出现建筑物破坏和建筑物与堤防接触部位渗漏等。引起的险情有接触渗漏、管涌、流土、集中渗流、堤内洞穴、堤防坍塌等，一旦发生险情，抢救不及时常常溃口成灾。

（一）穿堤建筑物险情产生的原因

穿堤建筑物险情产生的原因有以下几个。

（1）建筑物周边接触渗漏。穿堤建筑物多为刚性结构，与回填土堤沉陷量不同，尤其是接触部位堤防回填不实、处理措施不合理情况下，其与土堤的结合部位发生相对位移，产生剪切或张开裂缝，在汛期高水位持续作用下，水沿缝形成集中渗漏，产生淘刷与管涌。

（2）一些穿堤建筑物直接坐落在沙基上而没有做截水处理，在穿堤建筑物的边界产生接触冲刷险情。尤其是穿堤建筑物采用刚性基础，地基沉陷后变成吊脚工程形成渗漏通道。

（3）堤基土层间渗透系数相差太大，如粉沙与卵石间易产生接触冲刷；土堤直接修建在砂卵石基础上，在堤基与堤身接触部位产生接触冲刷。该类险情可以参照管涌险情来处理。

（4）穿堤建筑物的变形破坏引起结合部位不密实或破坏等。

（5）建筑物不均匀沉陷造成止水片、齿墙和截水环失效。

（6）涵箱管道断裂或接头变形，高速水流负压力与紊流冲刷淘空堤身。

（7）建筑物损坏坍塌造成堤身塌陷等。

（二）穿堤建筑物险情抢护

穿堤建筑物险情抢护处理原则是"临河堵灌、背河导渗"。因河水相对水库来说内外水头差较小，处理方法除可以应用土石坝贯穿漏洞处理措施外，还可以采取下列措施。

1. 临河堵漏

当漏洞发生在建筑物进口周围时，可用棉絮等堵塞。在静水或流速很小时，可在漏洞前用土袋抛筑月堤，内用黏土封堵。

2. 压力灌浆截渗

在沿建筑物周围集中渗流的范围内，用压力灌浆方法堵塞孔隙或空间，浆液可用水泥黏土浆（水泥掺土重的 $10\% \sim 15\%$）。为加速凝结、提高阻渗效果，浆内可加适量的水玻璃或氯化钙等速凝剂。

3. 洞内补漏

对于内径大于 0.7m 的涵闸、管道，可关闭闸门进入管内，用加速凝剂的混凝土、快凝水泥砂浆或环氧砂浆等填塞孔洞，孔洞较小可用沥青或桐油麻丝堵塞修补孔洞裂缝。

4. 反滤导渗

不能在迎水坡修补时，可在背水堤坡或出水池周围逸出点抢修砂石反滤层导渗，或筑反滤围井导渗、压渗。涵闸下游基础渗水处理也可采用修砂石反滤层或围井导渗的措施。

三、岸坡崩塌抢护

崩塌是堤防临水坡在水流顶冲下逐步塌陷后退的险情。河槽无滩地或滩地很窄，主流顶冲、深乱紧逼情况下，常发生此类险情。

（一）河堤崩塌的类型

崩岸是水流与河岸相互作用的结果，其形式随着崩岸部位、滩槽高差、主流离岸远近和河岸土质组成等变化而有所不同，大致可分为弧形矬崩、条形倒崩、浪崩和地下水滑崩等四类。

1. 弧形矬崩

一般发生在沙层堤基、水流冲刷严重的弯道"常年贴流区"。当岸脚受水流淘刷，洗空沙层后，堤身土体失去平衡，平面和横向呈弧形的阶梯状滑矬。迹象是：先在堤顶部或边坡上出现弧形裂缝，然后整块土体分层向下滑矬，由小到大，最后形成巨大的窝崩，一次弧宽可达数十米，弧长可达100m以上，年崩岸宽度可达数百米。从平面上看，弧形矬崩的崩窝是逐步发展的。第一次崩塌后，岸线呈锯齿状，突出处水流冲刷较剧；第二次崩塌，多出现在突嘴部位，从而使岸线均匀后退，其崩岸形状如图8.17（a）所示。

2. 条形倒崩

多出现底部沙层较厚、黏土覆盖层较薄或土质松散堤段，主流近岸而水位不高。当水流将下部淘空后，上层失去支撑绕某一支点倒入水中或沿裂缝切面下坠入河。崩塌后，岸壁陡立，崩塌土体呈条形，如图8.17（b）所示。一次崩宽比矬崩小，但崩塌频率比矬崩大且呈不间断连续崩退。

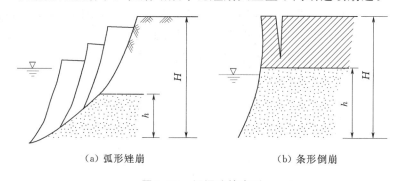

(a) 弧形矬崩　　　　　　　　　　　　(b) 条形倒崩

图 8.17　坍塌险情类型

3. 浪崩

堤坝受风浪的冲击淘刷或受波谷负压抽吸作用，轻则把堤坝冲成陡坎，使堤坝发生浪崩险情，重则使堤坝遭到严重破坏，甚至溃口成灾。浪崩发生在水面波浪作用范围，与前面"波浪淘刷"一节作用相同。

4. 滑崩

汛期河水位高于地下水位，河水补给地下水，因而对崩岸起抑制作用。枯水季节地下水回渗入河，或汛期洪水位陡涨急落以及水库大量泄水时，堤坝迎水坡失去支撑，加之堤坝浸水饱和，抗剪强度降低而发生崩塌（俗称落水险）。

（二）险情和出险原因

水流冲刷堤脚，使迎水坡陡立甚至出现倒坡，堤身土体失去支撑，或河水浸泡后堤身土体内部摩擦力和黏结力降低抵抗不住土体的自重和其他外力，使土体失去平衡而坍塌。堤坝发生坍塌有以下几种情况。

（1）主流或边溜的淘刷，如河流坐弯和转折处水流顶冲堤防，河流凹岸引起横向环流以及宽河道发生横河，水流直冲堤防等情况，均能造成堤防坍塌险情。

（2）堤坝基础为细粉砂土，不耐冲刷，常受溜势顶冲而被淘空；因地震使沙土地基液化，可能造成严重坍塌。

（3）堤岸护脚、护坡破坏，洪水流速超过堤岸不冲流速产生冲刷。

（4）风浪淘刷岸坡，堤坡失去稳定而崩塌。

（三）抢护方法

临水崩塌抢护原则是"缓流挑溜，护脚固坡，减载加帮"。抢护的实质：一是增强堤坝的稳定性，如护脚固基、外削内帮等；二是增强堤坝的抗冲能力，如护岸护坡等。其具体抢护方法有以下几种。

1. 外削内帮

高大堤坝出现崩塌，先在临水坡护脚，再将临河水上陡坡削缓，以减轻下层压力，降低崩塌速度，同时在背水坡坡脚铺砂、石、梢料或土工布作排渗体，而后在其上利用削坡土内帮，如图 8.18 所示。

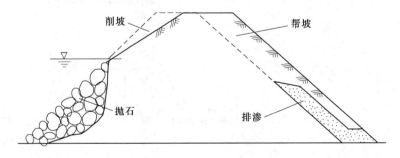

图 8.18　外削内帮示意图

2. 护脚防冲

堤防受水流冲刷，堤脚或堤坡已成陡坎，必须立即采取护脚固基措施。护脚工程按抗冲物体不同可分多种类型。

（1）抛石（土袋）固脚。抛石应用最为广泛。此方法关键是平面定位准确和控制移位，力求分布均匀。老点抛石加固应由远而近，目的是既可固脚稳坡，又可避免抛石成堆压垮坡脚；在崩岸强度大、岸坡陡峻、施工进度慢的守护段应改为由近到远，如图 8.19（a）所示。

水深流急之处，可用铅丝笼、竹笼、柳藤笼、草包、土工布袋装石抛护，图 8.19（b）所示为铅丝石笼护脚示意图。

抛柳石枕是一种行之有效的护脚措施。实践证明，沙质河床床沙粒径小，单纯抛石，床沙易被水流带走，不能有效地控制河岸崩塌。抛柳石枕形状规则、大小一致，能较准确地抛护在设计断面上，并具有整体性、柔韧性，能适应岸坡变化，抗冲性强，能有效地起到保护河床的作用。要求定位准确，凡抛枕断面不得预先抛石。图 8.19（c）所示为常用的柳石枕。

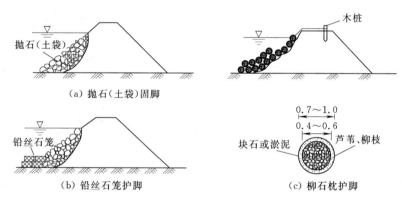

图 8.19　固脚、护脚防冲示意图（单位：m）

（2）挂柳护岸。在堤顶或背水坡打木桩，将小树头或大树枝用铁丝固定在木桩上，而后沉于坍塌部位水下。树枝重量不够时可绑缚块石、土袋等。图 8.20 所示为沉柳护坡示意图。

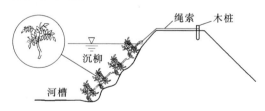

图 8.20　沉柳护坡示意图

（3）编织布软体排抢护。用聚丙烯编织布、聚氯乙烯绳网构成软体排，用混凝土块或土工布石袋压沉于崩岸段，用于崩塌抢护。

（4）丁坝挑流。当河槽有一定宽度且水不深时，可在崩岸段抢筑短丁坝，丁坝方向与水流直交或略倾向上游，其作用是挑托主流外移。

（5）退建。洪水顶冲大堤，堤防坍塌严重而抢护不及或抢护失效，就应该当机立断组织机械或劳力退建。在弯道顶部退建要有充分宽度，退建堤防也要严格按标准修筑。

四、决口溃堤应急处理

堤防决口抢险是指汛期高水位条件下，将通过堤防决口口门的水流以各种方式拦截、封堵，使水流回归原河道。堤防已经溃决时，在条件允许的情况下应迅速制止决口的继续发展：首先在口门两端抢堵裹头，防止口门继续扩大，而后实现堵口复堤。若发生多处决口，应按照"先堵下游，后堵上游，先堵小口，后堵大口"的原则进行堵口。对于较小的决口，可在洪水期抢堵。在洪峰堵复有困难的，一般应在洪水过后水位较低或下次洪水到来之前的低水位时堵复。

堵口抢险对减小受灾面积和缩小灾害损失有着十分重要的意义。对一些河床高于两岸地面的悬河决口，及时堵口复堤可以避免长期过水造成河流改道。但堵口抢险技术上难度较大，应精密策划、快速组织、果断实施。

堵口抢险主要牵涉以下两个方面：一是封堵施工的规划组织，包括封堵时机的选择；二是封堵抢险的实施，包括裹头、沉船和其他各种截流方式，防渗闭气措施等。

（一）堵口的工程布置

应充分利用地形条件，就地取材，根据具体情况进行堵口工程的布置。一般堵口工程分为主体工程（堵坝）、辅助工程（挑流坝）和引河等三大部分。有些河道不具备布置堵口工程的条件，则只有在原地堵口。堵口工程的平面布置如图 8.21 所示。

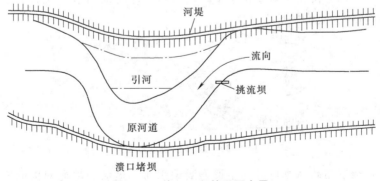

图 8.21 堵口工程的平面布置

1. 堵坝

堵坝一般布置在决口附近，迫使主流仍回原河道。堵坝的位置应慎重确定，若有适当滩地，可将堵坝修筑在滩地上。但也有因受地基、地形、河势等条件限制，被迫退后修筑遥堤（远离河槽的大堤）的。

可选择单堤进占和双堤进占方案。

（1）单堤进占。当水头差较小时，采用单堤由溃口两端向中间进占，坝后填土料。

（2）双堤进占。当水头差较大时，可做两道堤，从溃口两端同时向中间进占。两坝间距8～10m，中间填土与坝后土料同时填筑。

无论是单堤进占还是双堤进占，堤后土料都应随坝同时填筑升高，防止被水流淘刷冲毁。最后合龙时可采用石枕、竹笼、铅丝笼，背水面以土袋或砂袋填压。

2. 挑流坝

挑流坝是把主流挑离决口处，如丁坝等。其布置方法如下。

（1）有引河的堵口，挑流坝应布置在堵口同岸上游，将主流挑向引河，如图8.21所示。

（2）在无引河的情况下，挑流坝应布置在口门附近上游河湾处，将主流挑离口门，减少口门流量，还可以削杀水势，减小水流对堵口截流工程的顶冲作用，以利堵口。

（3）挑流坝的长度要适当，过长占用行洪道，对稳定也不利，过短挑开水流作用不大。如水流过急，流势较猛，一道挑流坝难挡水势，可修两道或两道以上的挑流坝，坝间距离一般为上游挑流坝长度的2倍。

3. 引河

引河是在滩地上修筑明渠分流主流洪量。引河的选线要根据地形、地质、施工条件等多种因素确定。引河进口应选在堵口上游附近，出口位置应选在原河道受淤积影响小的深槽处。

（二）抢险施工准备

堤防溃口事故具有明显的突发性质，堤防决口抢堵是一项十分紧急的任务。应按照应急管理的要求，提前在抢险的组织、材料、设备、人员技术等方面做好充分准备。

堵口前要对口门附近河道地形、地质情况等进行勘查分析，测量口门纵横断面及水力要素，要考虑各种材料的来源、数量和可能的调集情况，封堵过程中不允许停工待料，特别是不允许在合龙阶段出现间歇等待的情况。

要考虑好施工场地的布置，充分利用机械施工和现代化的运输设备。传统方式以人力为主，耗时长、花费大，而且失败的可能性也较大。因此，要力争采用机械化、专业化、科学化的施工方式，提高抢险施工的效率。

1. 抢堵材料

抢堵材料包括土袋、块石、石笼、埽工、钢管与木桩等，有时用废旧汽车、沉船等堵口。

（1）块石。在溃口直接抛投石料，要求石块不能太小，溃口水流速度越大，所用的石料也应越大。

（2）铅丝笼、竹笼装石或大块混凝土。当石料比较小时，可采用铅丝笼、竹笼装石的方法组成较大的整体。也可用大块混凝土抛投体进行合龙。对于龙口流速较大者，也可将几个抛投体连接在一起，同时抛投，以提高合龙效果。

（3）埽工。用柳枝、芦苇或其他树枝先扎成内包石料、直径为 0.1～0.2m 的柴把子，再根据需要将柴把子捆成尺寸适宜的埽捆。埽工进占适用于水深小于 3m 的情况。

2. 抢堵方案确定

应提前对抢堵工程布置及材料、人员、设备等资源需求，施工方法、程序进度、保障措施和备用方案等做出策划。

3. 决口封堵时机的选择

堤防一旦出现决口，必须迅速采取措施抢护。在决口较窄时，采用大体积料物，如篷布、石袋、石笼等及时抢堵，以免溃口扩大，险情进一步发展。

在溃口已经扩开的情况下，为了控制灾情的发展，同时也要考虑减少封堵的困难，要根据各种因素精心选择封堵时机。恰当的封堵时机选择，将有利于实现封堵复堤，减少封堵抢险的费用和减少决口灾害损失。

（三）决口抢险的处理技术

堵口方法要因地制宜；抢堵速度要快，一气呵成；注意保证工作人员的人身安全。为了实现溃口的封堵，通常可采取以下方法步骤。

1. 抢筑裹头

土堤一旦溃决，水流冲刷扩大溃口，以致口门发展速度很快。如能及时抢筑裹头，就能防止事态进一步发展，减少此后封堵的难度。同时，抢筑坚固的裹头，也是堤防决口封堵的必要准备工作。

要根据决口处的水位差、流速及地形、地质条件，确定有效抢筑裹头的措施。重要的是选择抛投料物的尺寸，以满足抗冲稳定性的要求，及选择裹头形式，以满足施工要求。通常，在水浅流缓、土质较好的地带，可在堤头周围打桩，桩后填柳或柴料厢护或抛石裹护。在水深流急、土质较差的地带，则要考虑采用抗冲流速较大的石笼等进行裹护。

2. 截流

（1）立堵。堵口截流一般采用立堵的方法。堵口时用土和其他料物，从口门两堤头按拟定的堵口堤线向水中相对进堵，逐渐缩窄口门，最后进行合龙。有填土进堵、打桩进堵等方法。

采用立堵法最困难的是实现合龙。合龙时龙口处水头差大、流速高，使抛投物料难以到位。一般采用巨型块石笼抛入龙口以实现合龙。在条件许可的情况下，可从口门的两端架设缆索，以加快抛投速率和降低抛投石笼的难度。

（2）装配式箱型结构截流。装配式箱型结构截流技术，其基本构想是：依托我国交通战备器材"多用途浮箱"快速拼组大面积高承载力平台的相关技术，设计一种具有堵口截流、大幅度减小口门处流速和动水压力的特殊用途器材。浮箱可采用组装式（类似于组装板房）以利储存运输，使用时可以快速组装；箱内灌水或填土石等压重，箱间采用链锁装置或用钢丝绳串联以利防冲。可以用此器材在决口处实施截流，然后采用土石堵口技术完成后续作业。

（3）沉船截流。当堵口处水深流急时，可采用沉船堵口。在船上装土、砂、石等，在口门处将船排成"一"字形，将船凿漏下沉，然后在船的背水面抛土袋和土料断流。沉船截流可以大大减小通过决口处的过流流量，从而为全面封堵决口创造条件。

在应用沉船截流时，最重要的是保证船只能准确定位。在横向水流的作用下，船只的定位较为困难，可以在河中布置定位船或在河对岸拉绳索定位，防止沉船不到位。同时，船底部难与河滩底部紧密结合，在决口处高水位差的作用下，沉船底部流速仍很大，淘刷严重，必须迅即抛投大量料物堵塞空隙。

在实现沉船截流减少过流流量的步骤后，应迅速组织进占堵口，以确保顺利封堵决口。

（4）打桩进占。当堵口处水深不超过2m时可采用打桩进占合龙。具体做法是先在两端加裹头保护，然后沿坝轴线打一排桩，其桩距一般为1～2m，若水压力大，可加斜撑以抵抗水压力。计划合龙处可打3排桩，平均桩距0.5m，桩的入土深度为2～3m，用铅丝把打好的桩连接起来。接着在桩上游面用层草层土或竖立埽捆，或立木板、铁板等向中间进占，同时后面填土。进占到一定程度，可只留合龙口门，然后将石枕、土袋、竹笼等抗冲能力强的材料迅速放进口门合龙，最后按反滤要求闭气封堵。

【案例8.2】　在1998年的长江抗洪过程中，借助部队在工具和桥梁专业方面的经验，采用了"钢木框架结构，复合式防护技术"进行堵口合龙。这种方法是用40mm钢管间隔2.5m沿堤线固定成数个框架。钢管下端插入堤基2m以上，上端高出水面1～1.5m做护栏，将钢管以统一规格的连接件组成框网结构，形成整体。在其顶部铺设跳板形成桥面，以便快速在框架内外由上而下、由里而外填塞料物袋，以形成石、钢、土多种材料构成的复合防洪墙。

3. 防渗闭气

防渗闭气是整个堵口抢险的最后一道工序。实现封堵进占后，堤身仍然会向外漏水，若不及时防渗闭气，复堤结构仍有被淘刷冲毁的可能。要采取阻水断流的措施。

通常，可用抛投黏土的方法实现防渗闭气。也可采用养水盆法，在堤后修筑月堤蓄水以减少漏水，也可用土工膜等材料防止封堵口的渗漏。

（四）复堤

决口封堵形成的截流坝都是临时抢筑起来的，其质量难以控制，一般达不到正式堤防所要求的标准。因此汛后必须对封堵工程进行清查，弄清截流坝的结构、所用物料以及破坏情况，勘探堵口河段地质情况和地形的变化，分析截流坝与河势及原有堤防间的关系，然后制订出复堤计划，作出复堤设计。

复堤通常是在汛后或封堵截流后没有水过流的条件下进行的，应按照《堤防工程施工规范》（SL 260—2014）的有关质量标准要求执行，其质量标准要求与决口两端堤防的标准相同。

参 考 文 献

［1］ 罗云，姜华. 建设工程应急预案的编制与范例 ［M］. 北京：中国建筑工业出版社，2006.

［2］ 北京海德中安工程技术研究院. 建筑施工应急救援预案及典型案例分析 ［M］. 北京：中国建筑工业出版社，2007.

［3］ 陈国华. 国外重大事故管理与案例剖析 ［M］. 北京：中国石化出版社，2010.

［4］ 王军. 突发事件应急管理读本 ［M］. 北京：中共中央党校出版社，2009.

［5］ 胡昱玲，毕守一. 水工建筑物监测与维护 ［M］. 北京：中国水利水电出版社，2010.